U0333956

Materials and Human Society

Brief Introduction to Materials Science and Engineering

CAILIAO YU RENLEI SHEHUI

CAILIAO KEXUE YU GONGCHENG RUMEN

材料与人类社会

材料科学与工程入门

毛卫民　编著

高等教育出版社·北京

前　言

自1977年恢复高考以来，中国内地高等学校录取大学本科生的数量逐年增多，自1997年至今仍保持稳定升高的趋势；其中录取本科新生的数量在高考生中所占的比例虽有所波动，但大体呈上升趋势。目前录取本科新生的数量约360万，高考生中本科录取率超过38%；由此可见，高中毕业生接受普通高等本科教育的机会越来越多。材料科学与工程专业（以下简称材料专业）是非常重要的工程学科，对国民经济发展具有举足轻重的影响。2004年以来材料专业本科新生招生人数随全国高等学校录取人数的增长而不断增长，占全部新生的比例也保持起伏增长，达到1.8% ~ 1.9%的水平。目前中国内地800多所公立普通高等学校中有约370所学校招收材料专业的本科学生，占全国本科院校的43.72%；其中包括了121所“211”重点大学，约占公立普通高等学校总数的14.3%。招收材料专业本科生的数量为7万 ~ 8万人。如果考虑到非公立学校招收材料专业的本科生，以及各类专科生，则会是一个更加巨大的数字。材料专业本科生绝对数量的稳步增长有力地支撑了材料学科和材料工业的发展。

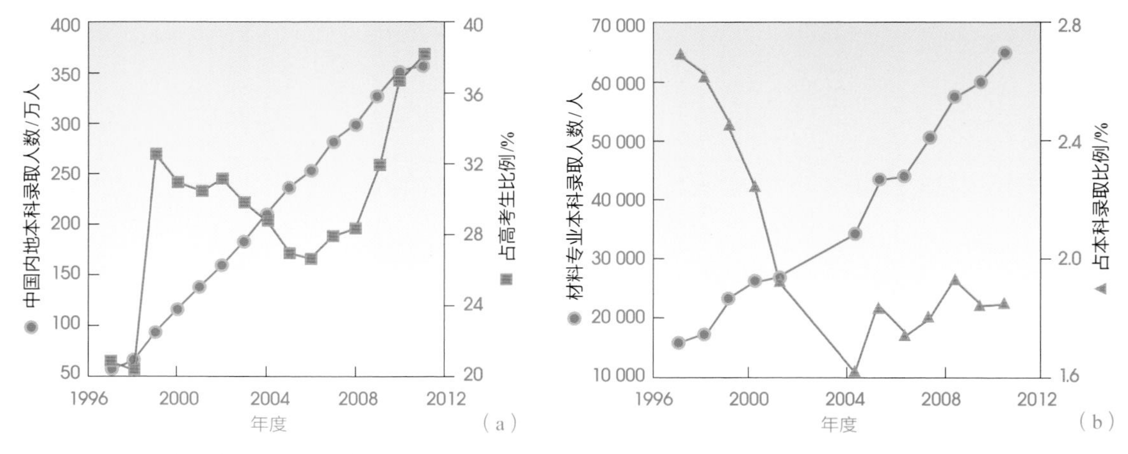

图0.1　中国内地本科录取情况（a）及材料专业本科录取情况（b）（教育部《中国教育统计年鉴》数据）

根据教育部发展规划司公布的数据，中国内地1997年入学的材料专业本科生，到2001年毕业时有200多人没有完成学业；而2005年入学的材料专业本科生，到2009年毕业时没有完成学业的学生则上升到2 000多人，未毕业人数明显上升。材料专业未毕业人数增多除了入学人数增加的影响外仍存在比较复杂的其他原因。对于高中理科毕业生来说，比较容易了解物理、化学、生物等与高中课程直接相关的基础学科，对机械类专业也容易有直观的理解，对电子类专业则更容易引起兴趣；反之对材料专业则不太容易有适当的了解。作为一个工科的专业，普通公众也往往并不能理解“材料”一词真正的专业含义及所涉及的专业范围。在高考分数的制约下高考生难免存在盲目报考材料专业的现象。另一方面，新生进入高校学习后往往很难从高考巨大的被动学习压力下迅速转换角色、并适应高等学校以自觉自主学习为主的氛围；加上缺乏对材料专业特点的了解，难免会出现不能跟上学习进度、半途要求转换专业、甚至不能正常毕业的现象。面对这种现状，我们很有必要对应届理科高中毕业生及大学一年级学生开展材料专业学习的入门教育。

针对上述问题，作者以理科高中生的知识水平为基础，在众多学者和专家的帮助下参考相关的文献资料草拟本书，从多个角度系统而科学普及性地阐述了材料及材料科学与工程学科、材料与人类社会的进步、材料在现代社会中的广泛应用、材料的服役及材料科学与工程学科的知识范围。另外，专门聘请了多方面的专家，以当今一些新颖而生动的实例介绍了形形色色高技术新材料的发展。本书注意由浅入深、循序渐进，系统而全面地介绍了材料专业入门知识；撰写过程中注重材料的历史背景、发展进程、对现代社会的关键性推动作用，以及材料与当今重大社会新闻事件的密切联系。本书不追求对材料专业知识的深入介绍，而是保持专业科普水平，并注意尝试使读者对材料专业产生学习或了解的兴趣。本书可为理科高考学生及其家长提供材料专业及学科基本情况的介绍，为材料专业学生提供入门教育素材，也可帮助其他工科学生拓宽知识面；普通公众也可以从中获得相应的科普知识。因此，本书可以供理科高中毕业生、毕业生家长及所在中学作为报考高等学校时选择专业的参考；可用做高等学校材料专业低年级学生专业入门的教材或非材料专业工科高年级学生的选修课教材；亦可作为普通公众的科普读物。

在本书的成稿过程中，大量的专家、学者及社会各界人士参与了编写工作，或为本书的编写提供了指导和帮助。北京大学拱玉书教授对编写与西亚历史相关的内容给予了指导，并提供了图片资料。本书特别邀请浙江大学赵新兵教授编写了热电材料方面的文稿（5.10节）。内蒙古科技大学任慧平教授、安徽工业大学朱国辉教授、新疆众和公司左宏高工、联想公司毛昌民高工、中国商用飞机公司李东博士、德国马普钢铁研究所Raabe教授、德国IMA材料研究和应用公司Grahnert博士为本书提供了图片资料；中南大学张新明教授和广西大学曾建民教授为本书提供了实物资料；中房驰昊公司董事长王学东先生为本书提供了图片及实物资料。

北京科技大学许多专家、教授参与了本书的编写，或以各种形式提供了帮助。董建新教授编写了高温合金方面的文稿（5.2节）；高学绪教授编写了磁致伸缩材料方面的文稿（5.6节）；龙毅教授编写了磁热材料方面的文稿（5.7节）；廖庆亮副教授编写了纳米材料方面的文稿（5.11节），黄运华教授提供了协助；杨洲教授和何万里讲师合作编写了液晶材料方面的文稿（5.12节）；郑裕东教授编写了生物医用材料方面的文稿（5.13节）；经于广华教授组织，滕蛟副教授和杨美音博士为编写磁电阻材料提供了多方面的素材（5.8节）。另外，李延祥教授和潜伟教授为本书提供了大量冶金史方面的图片和系统资料；康永林教授、唐荻教授、任学平教授、蔡庆伍教授等提供了材料开发和材料加工方面的实物及图片；李晓刚教授提供了金属腐蚀失效方面的图片和资料；孙加林教授、曹文斌教授、陈俊红副教授等提供了无机非金属材料方面的图片和咨询。何业东教授、郭志猛教授、冯强教授等提供了必要的咨询与资料；杨平教授、冯惠平高工提供了实物样品和图片。王开平高工为本书进行了全国材料专业调研并提供了调研资料，同时为本书承担了大量的制图工作，并审核、校对了全书的文稿。在本书收集图片的过程中，北京科技大学材料学院、新金属材料国家重点实验室、冶金工程研究院以及其他许多各界人士提供了热情的帮助。

作者谨向上述各位专家、学者、朋友表示诚挚的谢意。本书还获得了北京科技大学“十二五”教材建设基金的资助。由于作者的认识水平有限，书中谬误在所难免，恳请广大读者和有关专家批评指正。

作者

2014年10月

目　录

第1章

材料及材料科学与工程学科

本章将引入材料的基本概念，进而简要介绍材料专业所涉及的大致范围及材料专业人才培养的概况。

1.1　材料的基本概念及其与人类的关系

1.1.1　人类赖以生存的物质环境

清晨醒来，睁开眼睛会看到房间里的桌椅门窗。起身穿衣，整理床铺，会看到内衣外衣、床单被褥。洗漱清理、准备早餐会接触到卫生洁具、锅灶碗筷，它们都有各自的特性和用途。我们是否有时会想到或问到，这些东西是用什么做的、怎样做成的？走出家门，看看我们赖以生活的各种不同的居所往往会产生出温馨的感觉。或许我们会利用不同的交通工具上学，如自行车、轨道交通、公交车等，使我们便捷地来到学校。

图1.1　桌椅门窗

图1.2　内衣外衣

图1.3　床单被褥

图1.4　卫生洁具

图1.5　锅灶碗筷

(a)

(b)

图1.6　居民小区

（a）

（b）

（c）

图1.7 市内交通工具。（a）自行车；（b）地下轨道交通；（c）公交车

如果我们假期外出旅行，或许会乘坐私家汽车、火车、轮船、飞机，这些现代交通工具可以使我们舒适、迅速地到达世界的各个角落。打开电视机，我们可以掌握全世界的新闻资讯、欣赏全球的娱乐节目；拿出手机，我们可以随处与亲友、同学通话；打开计算机，我们可以借助互联网与世界各地取得联系。

观察日常的衣食住行、社会生活会发现，我们生活在一个极为丰富多彩的物质环境里。这个环境是我们舒适、方便、高质量生活的基础。而且，这个环境与野生动植物生存的自然环境有本质的不同：它是由人类自己创造出来的。我们所接触到的这些物质并不是以简朴的原生态形式存在的物质，而是人们按照一定的思想设计，并借助复杂的加工、处理、组合、安装等过程而制作出来的设施、工具、器具等对于人类非常有用的物件。

(a)

(b)

(c)

(d)

图1.8　长途交通工具。(a)汽车；(b)火车(朱国辉供图)；(c)轮船；(d)飞机

(a)

(b)

(c)

图1.9　家用电器。(a)电视机；(b)手机；(c)计算机

1.1.2　材料的概念

有时我们会把制成特定有用物件的物质称为某种材料，那么什么是材料呢？材料显然归属于物质的范畴，但并不是所有物质都是材料。从上述的日常生活体验可以简单地归纳出材料的定义为：用于制造有用物件的物质。材料的定义虽然非常简单，却包含了广泛而深刻的含义。

材料定义中“制造”一词一定涉及了人类的劳动行为，即人类为实现特定目的而借助某种劳动来改造物质。材料定义中“有用”一词就限定了相应劳动行为的目的是为了把特定物质改造成具备某种实际使用功效的物件(通常不包括食用)，而“有用”也指的是对人类有用。借助人类的劳动行为并实现对人类有用的目的是材料的基本属性；由此可见，材料是一个以人为本的概念。

英国学者达尔文著书认为，人类和现代猿起源于共同的祖先。考古发现，在距今300万年至350万年前的漫长年代，地球上的古猿逐渐向人类转变；其

图1.10 以石头为工具的旧石器时代原始人类（北京古人类文化遗址博物馆）

间古猿先转变为直立人或称为猿人，然后再转变为智人及随后的现代人。古猿在向直立人转变过程中先从森林的树上迁移到地面觅食生存，然后学会行走；其解放出来的前肢有机会抓取天然石块和木棒以帮助采集和捕猎。在长期使用石块的过程中，古猿逐渐体会到需要选择更便于使用的石块，甚至借助摔碎、敲打或研磨石块以获得所需要的形状。此时石块已经成为生存所需的工具，摔碎、敲打或研磨石块是对天然石块的制作加工，是最初始的劳动形态，而制作成功的石质工具需要满足事先根据以往积累的经验和体会而设想的形状。这里可以看出，古猿思维能力的提高以及在思维能力驱使下借助劳动来改变外界环境的行为不仅可以极大地改变古猿的生存能力，同时也使得古猿开始脱离动物的生存形态转向“人”。人与动物最原始的区别在于深入思考能力、工具的使用和劳动能力等，因此恩格斯说劳动创造了人。

古猿向直立人转变过程中经常需要制作加工石质工具，或者说需要把天然石料制作加工成石质工具，用于更好地采集和捕猎。如果我们对照一下材料的定义就会发现，天然石料就是制作工具的“材料”。由此可见，材料与人类同时出现，与人类社会共生；没有人及与之相伴的劳动也就没有材料。最早被人类认做材料而使用的物质中就包括了天然石料。

1.1.3 人类社会的材料特征

实际上，材料不仅与人类社会共生，而且与人类社会同步发展。人类出现后最初的社会形态为原始社会，最初使用的工具主要是石器，因此把使用石器的时代称为石器时代。石器时代跨越的时间范围为距今大约300万年前至公元前4000年。其中300万年前至15 000年前的前一阶段称为旧石器时代，其间约几十万年前世界各地陆续出现了直立人，晚期则逐渐形成了现代人类。15 000年前至公元前4000年的阶段称为新石器时代，出现了农业并逐渐开始了陶器的制作和广泛使用。例如大约公元前5000—前3000年黄河流域及中原地区的仰韶文化期间就有过大量陶器的生产和使用。新石器时代晚期原始社会开始解体。

约公元前4000年西亚的两河流域（即今伊拉克境内的幼发拉底河和底格里斯河）及其附近地区先后出现了冶炼铜的技术，随后北非的尼罗河流域、东亚的黄河流域、南亚的印度河流域和南欧的爱琴海地区也陆续出现了冶炼铜的技术。用铜制作的工具、器具和武器具有更好的使用特性和更长的寿命，使人类社会的生产力明显提高；由此公元前4000年以后开始大规模使用铜器的时

图1.11 位于陕西高陵杨官寨距今5 500 ~ 5 000年新石器时代仰韶文化晚期的烧陶遗址（中华人民共和国国家文物局，2011）

代称为铜器时代，或青铜器时代。在这个阶段地球气候变得温和湿润，土壤逐渐肥沃，动植物繁衍，为人类社会的发展提供了良好的自然环境。同时人类社会出现了私有制和不同阶级的划分，逐渐形成了奴隶制社会。在这个阶段出现了两河流域、尼罗河流域、黄河流域和印度河流域、爱琴海地区等古代人类文明，其中黄河流域的中华文明是全球唯一的自古连续不间断地延续至今的世界文明。

约公元前2000年在小亚细亚（即今天土耳其亚洲部分的区域内）可能已经出现了人工冶炼铁的技术。约公元前1400年在两河流域出现了成规模的冶铁技术，随后在公元前1100—前700年开始向外传播。在地壳中铁矿石分布广泛，很容易获得，因此冶铁技术迅速传播；用铁制作的工具、器具和武器比青铜器更加坚固、耐用和锋利，因而得到越来越广泛的应用，极大地促进了人类社会生产力的发展。此后大规模使用铁器的时代被称为铁器时代。公元前9—前10世纪中国因出现了冶铁技术而进入铁器时代，公元前8世纪欧洲和埃及进入铁器时代。此时奴隶制社会的生产力已发展到一定程度，奴隶制逐渐解体；其间在欧洲出现了封建制度，在中国出现铁器的西周时期则出现了分封制度。

图1.12　河南南陵考古发现的春秋时期的炼铜炉（华觉明，1999）

图1.13 河南鲁山望城岗汉代冶铁遗址（北京科技大学冶金与材料研究所，2011）

综上所述，人类社会的发展始终伴随着材料技术的不断更新和新型材料的推广应用，因此人类社会的不同发展阶段也以所使用的先进材料来表征。由此可以大体看出材料技术的发展与人类社会的密切联系，及其对文明进步的关键性推动作用。

1.2 材料的基本特征

回过头来重新观察人类所生存的社会环境不难发现，我们整日被形形色色的材料所包围，我们所生活的物质社会实际上是由不同材料构成的社会。

1.2.1 服役环境对材料的要求

现代社会中各种材料服役于特定的工作环境，因此需要材料具备各种特定的能力。例如，一个斜拉跨河桥上日常会通过大量的车辆和人流，因此使得水泥桥墩承受向下很大的压力，而斜拉钢索则须沿钢索长度方向承受很大

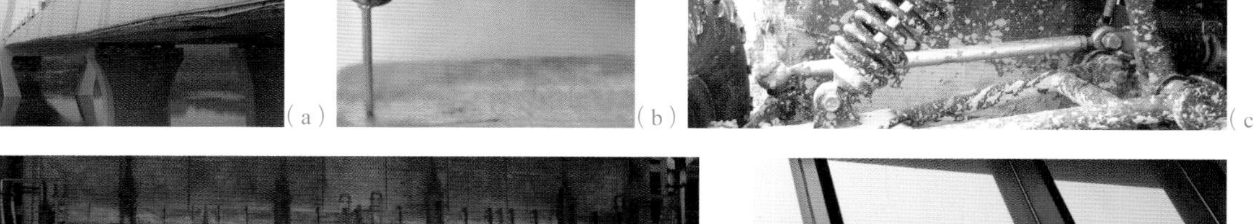

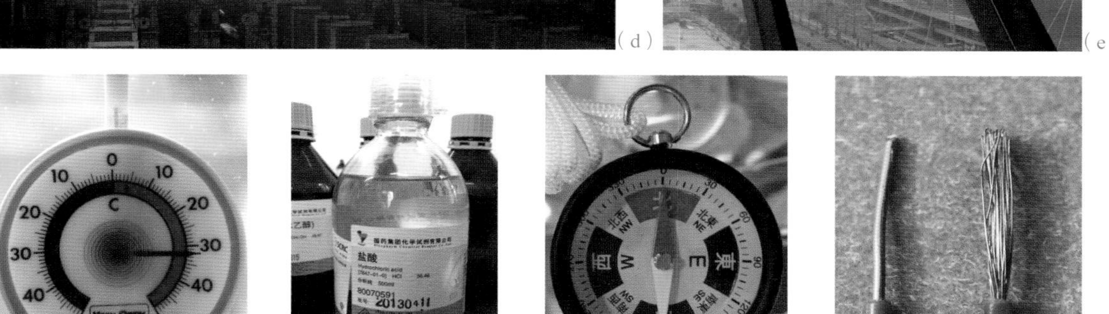

图1.14 材料的各种服役环境举例。(a)桥梁的桥墩和钢索;(b)铁锤的冲击作用;(c)承受弹力的弹簧;(d)工业炉子内的高温氧化环境;(e)透光的窗玻璃;(f)热胀冷缩控制的温度指示;(g)盛放腐蚀性化学试剂的玻璃容器;(h)地磁原理的指南针;(i)导电铜线

的拉力。木工用铁锤敲打铁钉使之在铁锤的冲击作用下钉入木板，因此要求制作铁锤的材料不仅要很硬，而且也要有很强的承受冲击载荷而不断裂的能力。运输车辆在行驶过程中难免遇到颠簸路面，需要在车体和车轮之间安装弹簧装置以减少振动；弹簧材料需要具有良好的弹性变形能力，且可长期使用而不易损坏。日常生活中和工业上会使用各种加热炉，在高温条件下炉子内的材料在强氧化气氛下工作，且同时会受到力的作用；因此炉体材料不仅应具备在高温下承受载荷的能力，而且还应具备抗氧化的能力。由此可见，很多材料须具备承受各种外来载荷作用的能力。承受各种载荷力作用的能力称为材料的力学性能，有时也称为机械性能。

玻璃窗是我们日常生活中经常接触的建筑物组成部分。窗上的玻璃不仅需要承受一定载荷，而且还要具备良好的透光性，以使人能够看到窗外的物体，且阳光可以照射到室内。把两种热膨胀系数不同的金属片叠压在一起绕制成环形弯曲状双金属片，利用两种不同金属在温度变化时膨胀程度的差异而改变双金属片弯曲状态，并带动指针旋转以指示温度，这就是双金属温度计的工作原理。在这里利用的是双金属片的热胀冷缩特性及其差异。在化学实验中所使用的许多腐蚀性化学试剂通常会装在玻璃容器内，因此要求这些玻璃容器具有很强的化学稳定性，不与腐蚀介质发生化学反应。对于一些遇到光容易发生分解变质的试剂，还需要使用深色、甚至不透光的容器。利用地球磁场与磁性物质相互作用的原理可以制作指南针，用以指示方向，这是中国古代的四大发明之一；用于制作指南针的材料需要具备特定的磁性。我们经常会接触到电源线、电话线、互联网线等各种导线，金属铜是制作导线的主要材料，其电阻率对导电能力有重要影响。除了力学性能以外，这里介绍的各种服役环境主要对材料提出了其他方面的性能要求，往往是力学性能以外的其他物理性能，甚至化学性能。

1.2.2 不同材料的物理和化学本质

为了满足服役环境对材料的种种要求，材料本身须具备一些特定的基本性质。从化学的角度出发，物质包括纯净物和混合物。纯净物还分成单质和化合物两大类。根据材料的化学组成及其相关特征，大体可以把材料划分成金属材料、无机非金属材料和有机高分子材料三大类。有时也需要把金属材料、无机非金属材料或有机高分子材料混合在一起构成复合材料，例如在房屋建筑中把钢筋与水泥、砂石混合后制成钢筋混凝土。

人们已经认识到不同化学组成的几千万种物质都是由不同种类和形式的原子组成的。可以把化学元素周期表所罗列的112种单质元素粗略地划分成90种金属元素和22种非金属元素，包括氦、氖、氩、氪、氙、氡等稀有气体。在人类社会密切接触的地壳中含有氧48.6%、硅26.3%、铝7.73%、铁4.75%、钙3.45%、钠2.74%、钾2.47%、镁2.00%、氢0.76%、钛0.56%，以及0.64%的其他元素。

表 1.1 化学元素周期表

原子序数 元素符号
元素名称
相对原子质量

非金属 金属

周期	IA 1	IIA 2	IIIB 3	IVB 4	VB 5	VIB 6	VIIB 7	VIII 8	VIII 9	VIII 10	IB 11	IIB 12	IIIA 13	IVA 14	VA 15	VIA 16	VIIA 17	O 18
1	1H 氢 1.008																	2He 氦 4.003
2	3Li 锂 6.941	4Be 铍 9.0122											5B 硼 10.811	6C 碳 12.011	7N 氮 14.007	8O 氧 15.999	9F 氟 18.998	10Ne 氖 20.17
3	11Na 钠 22.990	12Mg 镁 24.305											13Al 铝 26.982	14Si 硅 28.085	15P 磷 30.974	16S 硫 32.06	17Cl 氯 35.453	18Ar 氩 39.94
4	19K 钾 39.098	20Ca 钙 40.08	21Sc 钪 44.956	22Ti 钛 47.9	23V 钒 50.942	24Cr 铬 51.996	25Mn 锰 54.938	26Fe 铁 55.84	27Co 钴 58.933	28Ni 镍 58.69	29Cu 铜 63.54	30Zn 锌 65.38	31Ga 镓 69.72	32Ge 锗 72.59	33As 砷 74.922	34Se 硒 78.9	35Br 溴 79.904	36Kr 氪 83.8
5	37Rb 铷 85.467	38Sr 锶 87.62	39Y 钇 88.906	40Zr 锆 91.22	41Nb 铌 92.906	42Mo 钼 95.94	43Tc 锝 99	44Ru 钌 101.07	45Rh 铑 102.91	46Pd 钯 106.42	47Ag 银 107.87	48Cd 镉 112.41	49In 铟 114.82	50Sn 锡 118.6	51Sb 锑 121.7	52Te 碲 127.6	53I 碘 126.905	54Xe 氙 131.3
6	55Cs 铯 132.91	56Ba 钡 137.33	57-71 La-Lu 镧系	72Hf 铪 178.4	73Ta 钽 180.95	74W 钨 183.8	75Re 铼 186.21	76Os 锇 190.2	77Ir 铱 192.2	78Pt 铂 195.08	79Au 金 196.97	80Hg 汞 200.5	81Tl 铊 204.3	82Pb 铅 207.2	83Bi 铋 208.98	84Po 钋 （209）	85At 砹 （210）	86Rn 氡 （222）
7	87Fr 钫 （223）	88Ra 镭 226.03	89-103 Ac-Lr 锕系	104Rf 铲 （261）	105Db 钍 （262）	106Sg 镇 （263）	107Bh 铍 （264）	108Hs 镙 （265）	109Mt 铸 （266）	110Ds 钛 （269）	111Rg 轮 （272）	112Cn 镉 （277）	……					

镧系	57La 镧 138.905	58Ce 铈 140.12	59Pr 镨 140.91	60Nd 钕 144.2	61Pm 钷 147	62Sm 钐 150.4	63Eu 铕 151.96	64Gd 钆 157.25	65Tb 铽 158.93	66Dy 镝 162.5	67Ho 钬 164.93	68Er 铒 167.2	69Tm 铥 168.934	70Yb 镱 173.0	71Lu 镥 174.96
锕系	89Ac 锕 （227）	90Th 钍 232.03	91Pa 镤 231.03	92U 铀 238.02	93Np 镎 237.04	94Pu 钚 （244）	95Am 镅 （243）	96Cm 锔 （247）	97Bk 锫 （247）	98Cf 锎 （251）	99Es 锿 （254）	100Fm 镄 （257）	101Md 钔 （258）	102No 锘 （259）	103Lr 铹 （260）

多数金属元素的化学性质比较活泼，因此在自然界中通常以化合物的形式存在，往往为氧化物。金属元素的共同物理特性包括易导电、易导热、有延展性等。一个固体物质在外力作用下会发生一定变形，当外力去除后固体物质能够恢复原来几何形状的那种变形称为弹性变形；根据胡克定律，外力的大小与弹性变形的大小成比例，比值为劲度系数。当外力去除后固体物质不能恢复原来形状而保留一定程度永久变形的那种变形称为塑性变形。物质发生塑性变形的特性即表现为延展性。金属中原子借助金属键互相结合在一起。在外力作用下金属中的原子可以发生相对滑动而不破坏金属键，并因此造成了金属的延展性。以金属元素为基础，由两种或两种以上金属或金属与非金属组成的金属体系称为合金。合金仍具备易导电、易导热、有延展性等物理特性，包括一些具备一定程度金属键性的金属间化合物。由金属或合金构成的材料称为金属材料。常见的金属材料包括钢铁、铝合金、铜合金、钛合金、镁合金等。多数钢铁材料的密度范围为7.7 ~ 7.9 g/cm^3，纯铝、纯铜、纯钛、纯镁的密度分别为2.70 g/cm^3、8.96 g/cm^3、4.51 g/cm^3、1.74 g/cm^3；其中铝合金、钛合金和镁合金属于低密度轻质金属材料。金属材料具有良好的塑性，可以在各种复杂载荷的作用下可靠地服役或使用；但其化学性质活泼也使其易于发生氧化和腐蚀行为。

碳的化合物及其衍生物总称为有机化合物，或简称为有机物，其中绝大多数有机化合物中均含有氢。诸如一氧化碳、二氧化碳、碳酸、氰酸、含碳的盐类、碳与金属间的化合物等简单的化合物仍应归属于无机化合物。工业用有机化合物主要来源于石油、天然气、煤等。在有机化合物中高分子化合物是指相对分子质量很大的化合物；其相对分子质量通常在数千以上，甚至可以趋近于无穷大。例如甲烷CH_4的相对分子质量为16，苯C_6H_6的相对分子质量为78，而属于高分子化合物的聚氯乙烯的相对分子质量在12 000 ~ 160 000的范围。通常把相对分子质量大于5 000或10 000的化合物称为高分子化合物；但高分子化合物相对分子质量的界限往往并不十分明确。一些高分子化合物的化学组成和结构十分复杂。但大多数高分子化合物虽然相对分子质量很高，其化学组成并不复杂；它的每个分子都是由一种或几种较简单的低分子，即低相对分子质量的分子重复链接而成。构成高分子化合物的简单低分子化合物称为单体。如聚氯乙烯大分子是由氯乙烯单体（$CH_2{=}CHCl$）重复链接而成为…—CH_2—CHCl—CH_2—CHCl—CH_2—CHCl—…，这一链接也可以缩写成分子通式$\mathrm{-[CH_2-CHCl]-_n}$，其中$—CH_2—CHCl—$称为聚氯乙烯的链节。这种类型的高分子化合物又称为聚合物。以聚合物为基本组分的材料称为有机高分子材料，或聚合物材料。常见的有机高分子材料包括塑料、橡胶、纤维、涂料等。多数有机高分子材料的密度在1 ～ 2 g/cm^{3}的范围，属于轻质材料。用有机高分子材料所制作的构件劲度系数很低，因而具备良好的弹性。有机高分子材料内原子间的化学键基本为共价键，不能电离也没有自由电子，因而具备良好的绝缘性和化学稳定性，不导电、耐腐蚀。有机高分子材料内的碳、氢等元素易使其在高温下燃烧，因此其工作温度通常不超过300 ℃。有机高分子材料的性能会随服役或放置时间的延长而恶化，表现为在外界日晒、温度、湿度、载荷等环境作用下变脆、龟裂、变软、发黏、褪色、失去光泽等不可逆的现象，称为老化。

多数无机化合物以离子键为主或包含一定离子键特征，其化学稳定性很高；但离子键性使其不具备延展性和其他金属特性。以这类化合物构成的材料称为无机非金属材料。不具备延展性的材料表现出很大的脆性，即在外力值提高到一定程度后材料直接由弹性变形转变为断裂，不发生塑性变形。传统的无机非金属材料主要涉及日用陶瓷、搪瓷、工业陶瓷、玻璃材料、耐火材料、水泥、砖瓦、石灰、石膏等。这些均是以硅酸盐化合物为主要组分的材料，因此也统称为硅酸盐材料或陶瓷材料。工业技术的发展推动着许多新型陶瓷材料不断涌现。现代无机非金属材料还包含了由氧化物、氮化物、碳化物、硼化物、硅化物以及各种其他无机化合物构制成的材料。这些化合物可以是非金属元素的化合物，也可以是金属元素的化合物。多数无机非金属材料的密度在2 ～ 3.5 g/cm^{3}的范围。无机非金属材料内原子间的化学键性也决定其具备良好的绝缘体和化学稳定性，不导电、耐腐蚀；而且其化合态结构使其在高温下也能保持很高的稳定性，适合在高温、腐蚀、暴晒、寒冷、潮湿、辐射、重压等恶劣、复杂的环境下使用。

1.2.3 材料的基本力学性能与结构材料

当力作用于材料时会传递到内部不同的截面上，单位截面面积上所承受的力称为内应力或应力。当应力达到某一临界值使材料发生塑性变形时，称该材料发生了屈服现象，相应的应力称为材料的屈服应力，或屈服强度。材料屈服后须不断提高应力以使其继续发生塑性变形，应力提高到一极限值后材料会发生断裂现象，相应的应力极限值为极限强度；如果是在拉伸变形条件下发生的断裂，则相应的应力极限值称为拉伸强度，或抗拉强度。能承受高负荷力的材料应具有高的强度。

假设在一个铁钉上悬挂重物，当重物的质量提高到某一较高值时会观察到铁钉出现弯曲现象，即铁钉在重物的作用下因屈服而出现少量塑性变形；同时变形后铁钉承受外力能力的提高可使其继续支撑重物。此时须及时卸下重物，更换更粗或强度更高的铁钉。如果将重物悬挂在一支粉笔上，当重物的质量提高到某一较高值时粉笔会在没有任何警示信号的情况下即刻折断，使重物落地，并可能使重物损坏。如果材料断裂前有塑性变形现象，一方面可以提高承载能力而使其继续支撑重物，另一方面也发出了载荷过重的警示。由此可见，塑性对于受力材料来说也是非常重要的。

用铁锤以一定速度敲击铁钉时，铁锤和铁钉都会受到冲击力的作用，但通常不会破碎、断裂；而用粉笔做的锤子，即使敲击木钉时粉笔锤也会即刻破碎，显然粉笔很脆，即为脆性材料。铁则不属于脆性材料。与脆性相反的概念为韧性。韧性表示的是材料抵抗冲击作用而不被破坏的能力，数值上表现为材料由完整转变成断裂的过程中所吸收的能量，它是表示材料强度和塑性的综合指标。只有强度没有塑性的材料，其韧性会很差；强度很低的材料，其韧性也不会很高。

铁钉可以钉入木板，而木钉却不可以钉入铁板，因此通常认为铁比木头硬。在材料领域通常用硬度表示一种物质抵抗外来物质侵入或迫使其塑性变形的能力。在一定程度上，硬度是强度的另一种表达形式。

强度、塑性、韧性、硬度等材料所具备的性能都与其所遭受外力的作用有关，因此这些性能都属于材料的力学性能。材料服役的力学环境可能非常复杂，因此还有许多其他的力学性能指标。当材料的服役环境主要对材料力学性能有特定要求时，所使用的材料就称为结构材料，如上述桥墩、钢索、铁锤、弹簧等。

1.2.4 材料的其他基本物理性能与功能材料

不同材料均具备一定的热传导能力和热膨胀系数，这些热学特征均可以得到利用。热传导能力良好的铝、铜等金属材料常用来制作各种设备的散热部件或导热良好的部件，如发动机、制冷设备的散热片等；热传导能力很差的材料则可以用做隔热部件，如工业炉的隔热砖、隔热板、隔热膜、隔热管、隔热棉、隔热漆等。材料的热胀冷缩特性及不同材料热膨胀系数的差异可以用来显示温度。有时为了减小温度对构件尺寸的影响，还需要发展低膨胀材料。

光线照射到材料上后会出现反射、折射、透射、吸收，以及激发出其他光线等光学特性。常见的民用玻璃就是利用材料的透光性；调整玻璃的化学成分还可以控制玻璃透过不同颜色的可见光，或借助对特定颜色光波的吸收而滤除该颜色。显微镜、望远镜、照相设备的镜头以及各种棱镜、透镜多采用光学玻璃制作，并利用其对可见光的折射原理成像；而镜子则是利用了材料对光线的反射特性。一些材料在受到外来射线照射后会发出激光，因而是制作激光器的重要材料。一些材料的折射率和相应的全反射原理可以用于通信设施，如制作通信光学纤维。

铁是可以被磁化的物质，其磁化特性可以被用来制作变压器、发电机、电动机的铁芯，以及电磁铁等。一些金属氧化物如Fe_3O_4可以制成永磁体，用做基于电磁作用原理的特定的电磁部件。在磁场作用下一些物质会出现胀缩现象，称为磁致伸缩；在交变磁场下磁致伸缩会因材料产生不断伸缩的机械振动而发生机械波，可用于制造水下探测声呐设备的关键部件。

各种材料均具备一定的导电能力。导电优良的银、铜、铝等金属可用于导电材料；导电能力极差的陶瓷、塑料等可用于制作绝缘材料，如高压电线的绝缘子，常规电路中的绝缘磁柱、绝缘磁片、绝缘磁管，导线的绝缘包皮等；导电能力介于导体和绝缘体之间的半导体材料可广泛用于制作各种二极管、晶体管、集成电路等电子器件。一些材料在液氮温度以上的较高温度下就可以实现电阻为零的超导电性，是用于制作诸如高速交通运输、重要医疗检测仪器和物理研究设备等的关键材料。在材料的电学性质中，介电特性也是十分重要的性质，许多物质有很高的相对介电常数，可用于制作电容器并大幅提高电容器的容量。外来电场、作用力或温度的变化可使一些材料的介电性质发生改变，分别称为铁电效应、压电效应和热释电效应，这些特性在工程上也有重要的应用价值。一些半导体材料的电阻率会随其所在环境的温度、压力、气氛、光照、核辐照、噪声或湿度等因素的变化而发生改变，因而可以用来制作各种传感器材料。当在恒电压下上述环境条件发生变化时，传感器内的电流变化可以定量预报出相关环境参数变化的幅度，甚至可以因此驱动某些设备或装置借以把环境参数调整到所需的数值水平。

材料所具备的热学、光学、磁学、电学等性能，以及这些物理性能随环境温度、压力、气氛、光照、湿度等的变化而改变的行为都被用来在特定场合使用。材料还存在许多其他可利用的物理性能，因此还会有许多其他的物理性能指标。当材料的服役环境主要对非力学的物理性能有特定要求时，所使用的材料就称为功能材料。

1.2.5　材料的加工制作

根据材料的基本化学性质可以把材料划分为金属材料、无机非金属材料、有机高分子材料；根据材料应用时所发挥的主要性能特点可以把材料划分为结构材料和功能材料。另外，根据材料的来源还可以把材料划分成天然材料与人工材料。人工材料包括上述钢铁、合金、硅酸盐化合物、聚合物等；天然材料则包括石料、砂、泥浆、黏土、天然金刚石、矿石、宝石、玉石、天然铜、天然金、陨铁、棉、麻、丝、木材、芦苇、草、树脂、动物角、皮革、毛、天然橡胶，等等。

材料的最初始来源几乎均来自地球，并借助人类的加工制作成为有用的物件。现以制作汽车外壳的钢板为例，简述材料的制作过程。将从铁矿山采集的以氧化铁为主的铁矿石在以焦炭为燃料的高炉内熔化，其中氧与碳结合而将铁还原成铁水；此时铁水的含碳量较高，称为生铁。将生铁水转入炼钢炉中去除各种残留杂质和多余的碳，并调整成分而形成所期望的钢水成分。将钢水注入结晶器中使之连续地凝固成200 ~ 250 mm厚的较宽的钢坯。随后将钢坯加热到1 000 ~ 1 200 ℃的温度范围做热变形加工，即将钢坯导入互相反向滚动的钢辊内，在钢辊上下压力所引起的压应力σ的作用下降低厚度，这一变形加工

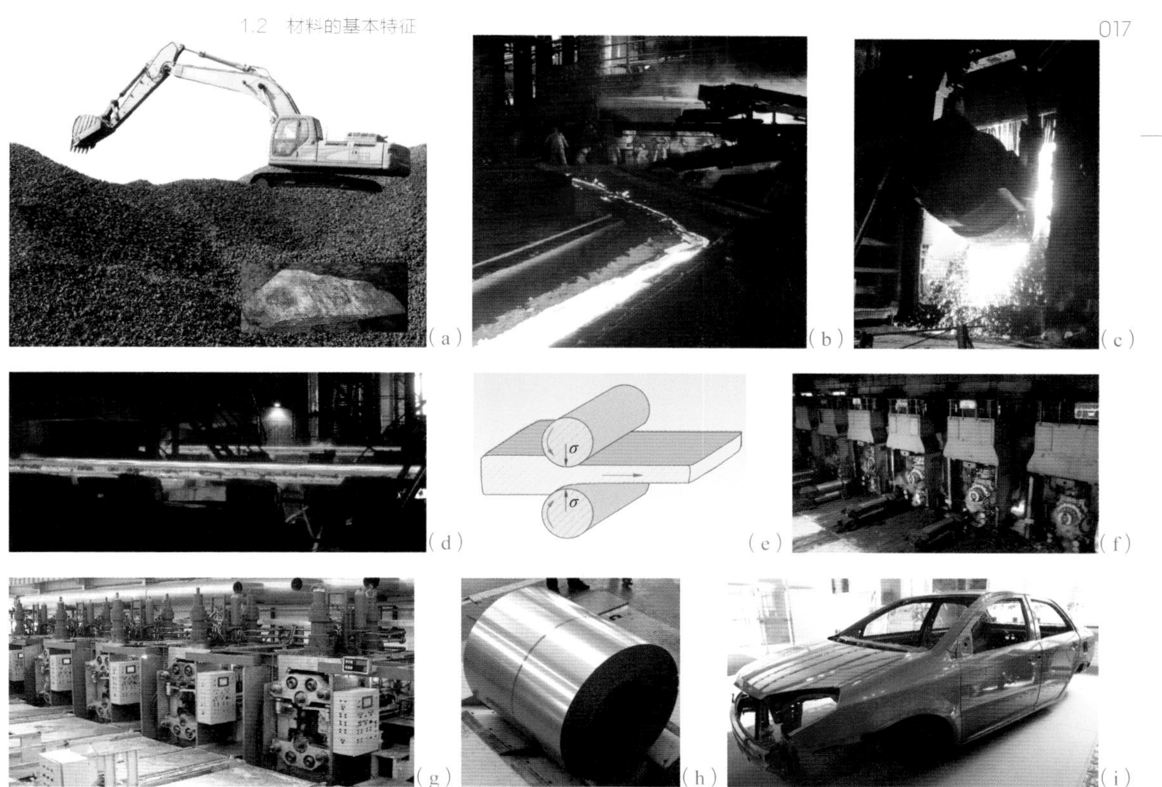

图1.15 汽车外壳的生产过程（任慧平、唐荻、蔡庆伍等协助供图）。（a）赤铁矿 Fe_2O_3（背景为磁铁矿 Fe_3O_4）；（b）高炉出铁；（c）转炉炼钢；（d）连铸成坯；（e）轧制变形；（f）连续热轧；（g）连续冷轧；（h）成卷冷轧钢板制品；（i）汽车外壳面板制品

过程称为轧制，在高温下轧制称为热轧。在工业上通常采用一系列轧机串联排列的方式连续不断地把钢板轧薄成2 ~ 3 mm厚的热轧板，以提高生产效率，称为连续热轧。然后可以采用类似的方式在室温将热轧板连续轧薄成约1 mm厚或更薄的冷轧板，称为连续冷轧。冷轧板须在保护气氛中做适当加热处理以使成卷冷轧钢板制品获得所需力学性能。较厚的热轧板经加工成一定几何形状后可用做汽车的底板，较薄且具有优良表面光洁质量的冷轧板加工成所需的几何形状后可用做汽车外壳的面板。

不仅是汽车钢板，其他钢铁材料以及许多金属材料都会有类似的生产加工过程。它们通过金属冶炼技术从化合物状态还原成金属态后会经历凝固、热变形加工、冷变形加工、适当的加热处理而制成板、带、箔、棒、丝、线、管材及特定几何形状的型材，用于后续的加工。金属液体还可以直接在特定形状的模子中凝固成所需的形状，或利用金属在高温或室温的延展性经外力作用下的塑性变形而加工成所需要的构件形状。

中国古代传统制备陶瓷的原料主要由黏土、长石和石英三种组分构成，即多采用自然界中天然的原料。黏土是细颗粒的含水铝硅酸盐，其基础化学成分为 $Al_2O_3+2SiO_2+2H_2O$。长石是含钾、钠或钙的无水铝酸盐，例如正长石的成分为 $K_2O+Al_2O_3+6SiO_2$。石英通常是无水 SiO_2。将这三种主要原料以适当比例与辅料和水混合，压制成一定形状的坯件，然后在常规的窑炉中高温长时间加热，可制成具有一定力学性能的陶瓷构件。高温加热使细碎的原料结合成坚硬的整体构件，因此称为烧结。现代无机非金属材料的某些制备加工流程大体与传统陶瓷的加工流程类似，但通常采用高度精选的原料、严谨的成分设计、精确控制的加工工艺参数和新型的烧结设备，因而可以获得优良的性能。其中原料多为高纯度的人工特制的原料，并严格而科学地控制原料粉末的颗粒尺寸，随后采用真空烧结、保护气氛烧结、热压致密化烧结等先进技术手段，进而确保了构件的性能。根据不同无机非金属材料的许多特殊用途会有不同的制备加工过程。

单体是合成高分子化合物的原料。通常要经过聚合反应，把单体聚合起来生成聚合物或高聚物。一部分有机高分子材料仅由聚合物构成，但大多数有机高分子材料除了以聚合物为基本组分外，还需要有各种添加剂，如增塑剂、稳定剂、填充剂、着色剂、阻燃剂、润滑剂等。有机高分子材料经聚合加工后可以直接注入模子而制成各种形状的制品，也可以制成粉、颗粒、球、片、板、膜、棒、丝、纤维、块等不同形状的原料，用于后续的加工。

1.3 材料科学与工程学科的人才培养

1.3.1 材料科学与工程学科的特点与工科特征

从前面有关材料的描述可以看到，对于任何材料首先涉及其基本的化学组成，即它由哪些化学元素构成。在化学组成确定的情况下构成材料的各种化学元素原子的排列方式称为材料的内部结构，它对材料的应用有重要影响。材料的化学组成和内部结构可统称为结构。材料的结构问题涉及许多理论和规律，需要学习和研究。在高中化学中涉及的晶体的知识就是材料结构需要重点关注的内容。

材料在获得使用价值之前需要经过特定的加工制备过程，如对金属材料的冶炼、凝固处理、变形加工、成形制备等，对无机非金属材料的选料、压制成形、烧结等，对有机高分子材料的聚合、配料、注模制成等。这些加工制备过程涉及许多理论和规律需要学习和研究。材料的这类制备加工过程可统称为加工。

制成构件的材料应具备所设想的各种“有用”的工程性能，包括结构材料所必需的力学性能和功能材料所需具有的热学性能、光学性能、磁学性能、电学性能或声学性能等其他物理性能，乃至弹性和腐蚀性能等。材料所具备的种种特性可统称为性能。材料所表现出来的各种性能与其内在的结构有密切的关系，可用种种材料学理论及各种物理或化学原理加以阐述，有必要学习和研究。

材料制成构件并投入使用后需要关注其是否能实现事先所设想的工程能力，同时还要特别关注在温度、湿度、气氛、载荷等环境条件下能否长时间胜任工作并持续保持所需的性能。根据材料的基本性质把不同材料制成各种各样的制品或产品使用时，材料处于正发挥其性能的应用状态及相应的行为称为材料的服役。例如金属材料是否会因超载而变形，无机非金属材料是否会发生疲劳断裂，有机高分子材料是否会出现老化现象等。材料在服役过程中性能的恶化直接影响到其所服役设施的安全运行。在材料使用过程中的种种问题都可以简单地归纳为“服役”，或材料的服役行为。存在一系列的理论来阐述材料服役行为的规律，需要系统地学习和研究。

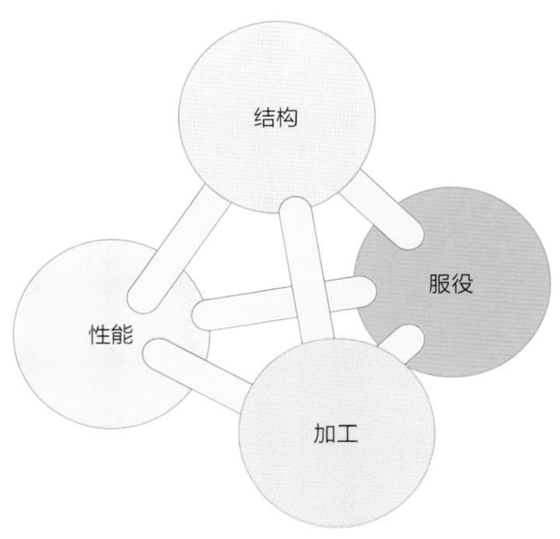

图1.16 材料的结构、加工、性能、服役四个要素之间的关系

综上可以看出，结构、加工、性能、服役是材料专业四个重要的方面，而且它们两两之间都存在密切的联系。如果把这四个方面做成四个两两相连的球，则构成一个四面体模型，四面体的四个顶点刚好是这四个要素的位置。作为一个学科，材料专业不仅要深入分析和研究这四个方面内在的理论和规律，而且要掌握它们两两之间及整体的内在联系原理和规律。

任何一个材料的制作和使用都会涉及上述四个要素，这里涉及大量的基本规律和原理问题，即科学问题，也涉及大量生产制造和安装服役的实际应用问题，即工程问题；因此材料专业的学科名称为：材料科学与工程。

诸如物理、化学、生物等专业所学习和研究的内容，往往是比较基础且对所有自然科学学科都有重要价值的原理和规律，因此属于理科专业。材料是用于制造有用物件的物质，该定义中“有用”一词自始至终实实在在地推动了人类历史的发展，并成为社会经济发展的基础；同时“有用”也就决定了材料科学与工程专业的工科性质。与其他工科专业一样，材料专业学习和研究的目的是要想方设法解决各种实际的工程问题、推动经济的发展。虽然总会遇到各种尚难克服的障碍，但工科的培养目标主要不是去研究和论证一件事情为什么不能成功。材料科学与工程专业中也会涉及大量的物理、化学甚至生物等基础知识的学习和探索，但当它们与材料结合后原则上就自然具备了强烈的工科背景。通常，材料学科主要不是追求对所有自然科学学科都有普遍价值的那些常规理科专业所追求的范围和领域。

如上所述，材料的结构、加工、性能、服役等四个方面都涉及系统的基础理论和实际的工程应用，且任何材料的研究和发展都不能离开这四个要素的任一方面，即需要整体掌握，因此材料科学与工程的“科学”和“工程”是一个整体，不宜割裂。即不应理解成真正存在纯“材料科学专业”或纯“材料工程专业”。如果把科学和工程割裂开，只从一个方面学习和研究，则不易成为材料领域全面而优秀的专业技术人才。正是由于材料学科中科学与工程的不可分割特性，使得在该专业领域内学习的学生对科技进步和经济发展做出了巨大的贡献，同时也造成在该专业学习的学生有更高的比例在大学尤其是在国际高水平大学从事硕士和博士的学习和研究工作。

1.3.2　材料科学与工程学科高等教育专业人才的培养

目前中国内地800多所公立普通高等学校中有约370所学校招收材料科学与工程专业（以下简称材料专业）的本科学生，每年招收数量在7万至8万人的规模，接近年录取本科新生的2%。根据内地经济发展水平、地理位置和人们的习惯认识，可以把内地22个省、5个自治区、4个直辖市划分成华东、华中、东北、华北、华南、西北以及西南7个大范围地域。根据2012年不同地域内普通高等学校材料专业本科新生分布的统计可以看出，材料专业招生人数大体与本地区经济发展水平，尤其是材料工业发展的水平相符，其中华东地区是材料科学与工程学科及材料工业最为活跃和发达的地区。华南地区虽然经济比较发达，但材料工业的整体容量尚不够大，与之相关的材料专业学科招生规模也相对较小。

表1.2　中国内地主要招生学校所在地区的划分

地域	所包括的省、自治区、直辖市
华东地区	上海、江苏、浙江、安徽、山东
华中地区	河南、湖北、湖南
东北地区	辽宁、吉林、黑龙江
华北地区	北京、天津、河北、山西、内蒙古
华南地区	广东、广西、海南、福建、江西
西北地区	陕西、甘肃、青海、宁夏、新疆
西南地区	重庆、四川、贵州、云南、西藏

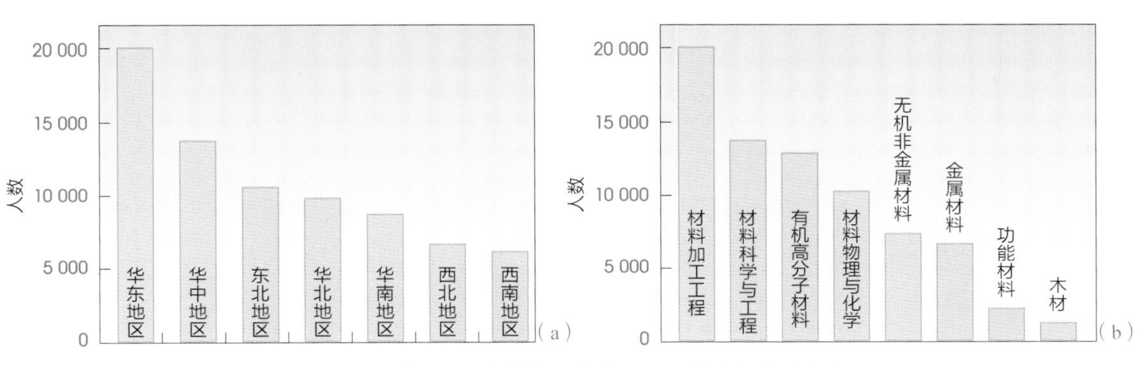

图1.17　2012年中国内地材料专业本科新生录取人数的地区（a）和二级学科（b）分布（王开平 等，2013）

按照中国内地目前的教育体系，材料科学与工程属于一个一级学科，其内还要更细致地划分成若干个二级学科。随着社会科技和经济的发展及教育体制的变革，材料专业内二级学科的划分一直不断发生变化，这使得在材料专业范围内二级学科的划分变得复杂而不统一。下面以简洁的方式适当介绍二级学科的划分和所涉及的专业范围。中国内地369个招收材料专业本科学生的公立大学中约有950个招收材料本科生的专业，按照其相同或相近的专业名称，经统计可以列出数目较集中的专业（不完全统计）；另外还有一些零星的其他材料类专业。其中材料加工工程类的专业更偏重于材料四要素中的加工，而金属材料、有机高分子材料、无机非金属材料类专业强调了材料的化学构成，即材料四要素中的结构。材料物理与化学类专业偏重于材料的物理与化学基础，与材料四要素中的性能联系密切。功能材料类专业偏重于服役环境以非力学性能为主的材料，与材料四要素中的服役和性能联系密切。大体上可以把后续不以纺织法加工制成二维制品的某些有机高分子材料或某些较长尺寸的纤维称为非织造材料，但纸张不属于非织造材料。木材属于天然高分子材料，由于其生产、加工、使用过程相关的知识有其特殊性，因此单独列出。复合材料与粉体材料中主要的材料化学构成可能是金属材料、无机非金属材料或有机高分子材料，因此可以分属于这三类二级学科。需要强调的是，不论上述二级学科偏重于材料四要素的哪个方面，任何学科都需要系统学习和研究材料的所有四个要素。

国内近十几年来经济的发展与转型，以及材料工业对创新型高新技术的迫切要求，促使高等学校材料专业不断调整专业结构和专业方向以适应社会发展的需求。目前的专业名称虽然一定程度地保持着金属材料、无机非金属材料、有机高分子材料、材料加工工程等传统二级材料学科，但不同程度地转换了原来的学科方向，或设置了新的学科方向。很多学校把原来传统的材料学科转换成以“材料科学与工程”一级学科命名的宽学科面专业，使学生不仅有机会具备更好的社会适应能力，而且在学习后期有了更多的选择和发展空间。许多学校都设置了功能材料、各种电子类材料、纳米材料、生物材料等以非力学性能为主要诉求的新型材料学科方向。同时，由于功能材料及其制备技术的迅速发展，材料物理与化学性能的研究日益活跃，也使材料物理与化学学科在原有的基础上得到增强、转型、更新和发展。

表1.3 2012年中国内地369个公立大学材料招生专业的名称及专业类型分布的不完全统计

相同或相近的专业名称	数目	可归类于二级材料类学科名称
材料成形与控制工程	184	材料加工工程
高分子材料与工程/天然高分子材料/纤维材料	138	有机高分子材料
材料科学与工程	123	材料科学与工程（一级学科）
材料化学	120	材料物理与化学
无机非金属材料与工程/宝石与材料工艺	83	无机非金属材料
金属材料与工程/机械类材料专业/船用材料	79	金属材料
材料物理	65	材料物理与化学
功能材料/生物功能材料/纳米材料	27	功能材料
复合材料与工程/粉体材料科学与工程	24	金属材料、无机非金属材料或有机高分子材料
新能源材料	18	功能材料
电子材料科学与技术/微电子/光电子/电子封装	17	功能材料
木材科学与工程	15	木材
焊接技术与工程	12	材料加工工程

可以把369所学校的所有材料学科大体归纳成金属材料、无机非金属材料、有机高分子材料、木材、材料加工工程、材料物理与化学、功能材料、材料科学与工程八大二级学科。其中前四个为传统学科，根据复合材料学科和粉体材料学科基体材料的主要特性，把它们分别纳入金属材料、无机非金属材料和有机高分子材料学科。传统的材料加工工程、材料成形与控制、焊接工程、包装工程等归结为材料加工工程，其中绝大多数为材料成形与控制专业。把材料物理、材料化学归结为材料物理与化学；把以各种类型非力学性能为主的材料学科归结为功能材料；把按照一级学科设置的专业归结为材料科学与工程。根据上述原则所统计归纳出的2012年中国内地所录取材料本科新生在上述八大二级学科的分布结果显示，鉴于材料工业巨大的用人和就业背景，材料加工工程专业的新生录取量达到最高的接近2万人，这还不包括材料科学与工程学科内着重向材料加工方向发展的学生数。另外，材料科学与工程一级本科学科是目前重要的学科调整和发展的方向，而传统的有机高分子材料方向仍保持了强劲的发展势头，体现出新型高分子材料持续发展的现状和未来。另一方面，传统的单一金属材料或无机非金属材料学科的数量不再突出，但衍生出许多功能材料新学科；同时与之相伴的材料物理与化学学科在原有基础上得到了明显增强。

材料专业本科生的培养目标大体为：在理科高中毕业生已掌握的数学、物理、化学等知识基础上，全面学习和扎实掌握材料专业所需要的系统基础知识及材料科学与工程的基础理论。在此基础上侧重学习所涉及各二级学科范围内的专业知识，掌握相关材料四要素之间关系的基本规律和原理。同时，也要学习和培训材料科学研究和技术发展方面的基本技能和现代研究方法，以及相应的实际应用能力。通过四年学习期望学生能够在相关材料领域具备良好的工程技术研究与开发能力，以及初步的从事新材料科学和新材料技术的研究能力。毕业生可成为在材料、机械、化工、汽车、能源、电子、信息、药物、生物、冶金、建筑、造船、仪器仪表、交通运输、航空航天等各种行业中从事材料的生产、质量检验、工艺与设备设计、新材料研究与开发的高级工程技术人才，或生产经营的管理人员；可在科研机构和高等学校从事教学与科学研究工作，也可成为本专业及相关专业研究生的优秀生源。

1.3.3 材料科学与工程的可持续发展

地球已经有几十亿年的历史。她为人类所提供的自然环境里包括了土地、水、矿物、空气、森林和草地等。在人类出现之后，被人类利用并给人类带来效益的自然物质称为自然资源。自然资源是一切材料的原始来源。目前人类所能获得的自然资源主要来自地球。地球是一个巨大而不规则的实心椭圆形球体，其平均半径约6 370 km，表面总面积为5.1×10^8 km^2，体积为$1\ 083.32\times10^9$ km^3，平均密度为5.52 g/cm^3。由地球表层向内延伸，可发现地球内部由三个圈层组成，即地壳、地幔和地核。地壳为地球的外层，厚度约为33 ~ 45 km，在喜马拉雅山脉的最厚处有60 ~ 80 km，在太平洋北半部海底的最薄处仅为8 km。地壳由各种岩石构成，表层分布着由岩石风化而成的松散土层和水，平均密度为2.67 g/cm^3，深处为2.7 ~ 2.9 g/cm^3。地核是地球内部的核心部分，位于地表下2 900 km。地核以铁镍物质为主，平均密度为10.7 g/cm^3，温度约为3 000 ℃。地幔是地壳与地核之间的中间层，上界面在地表以下约33 km，下界面约在984 km的深度。地幔由十分复杂的非结晶岩浆物质组成，靠近地壳部以硅镁为主，靠近地核部主要由金属的氧化物和硫化物组成。地幔密度由表及里逐渐增强，约为3.64 ~ 5.66 g/cm^3，温度约为1 200 ~ 2 000 ℃。

矿物是地壳中各种地质作用的自然产物，现已知的矿物有3 000多种，其中组成地壳岩石的主要矿物仅有20 ~ 30种，而矿石则是含有用组分的岩石集合体。地壳中蕴藏有90多种自然存在的化学元素，其中氧、硅、铝、铁、钙、钠、钾、镁等8种元素的含量，约占地壳总质量的98%，其余几十种元素的总含量不足3%。正是由于地壳中存在着丰富的化学物质，才构成了地球中丰富多样的矿产资源。

当材料及其制品被废弃后其大多数也会最终返回地球。可以示意性地给出材料的循环途径。应当指出，材料失效而被废弃后并不能在短时间内转变成可利用的自然资源。相对现代人类社会对自然资源开发利用的速度，整体自然资源再生的速度基本可以忽略，因此地壳中可直接利用的自然资源将会越来越有限。全世界可供开采的金属与非金属矿产资源为400余种。据统计，由于大量开采，许多重要的传统自然资源的可利用时间已经缩短到以数十年或数百年计算。与几百万年的人类历史相比，许多已知自然资源的利用期限已经屈指可数。

除了未探明的常规资源外，面对资源枯竭的压力人们也设想了许多人类至今尚未涉及的潜在资源，并进行了积极的探索。目前在南极的考察发现了220多种矿产资源，据已有的地质数据和测算，在南极大陆及周边海床，煤、铁和石油的储量均为世界第一。

地球表面的主要水体是海洋。全球海洋面积约为3.9亿平方千米，占地球总面积的70.8%。海洋的水体中还含有80多种元素，主要有氯、钠、镁、硫、钙、钾、溴、碳、硼、锶、氟。由它们构成了海水中的主要盐类，占海水总

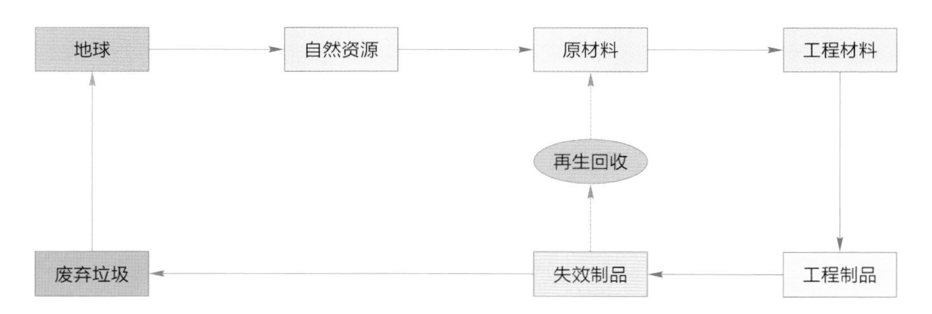

图1.18 材料的循环途径（毛卫民，2009）

含盐量的99.8%～99.9%。每立方千米海水中含氯化钠2 720吨、氯化镁380吨、硫酸镁170吨、硫酸钙120吨、碳酸钙及溴化镁各10吨。世界大洋中盐类物质的总质量约为5亿亿吨，体积为2 200多万立方千米。如果把这些盐类全部提取出来，均匀地撒在地球表面，盐层可厚达87.7米，有30层楼房那么高。在海水中还含有许多种浓度很低的金属元素如金、银等，可是由于海水体积庞大，其总量还是十分可观的，其中金548万吨、银5 480万吨、铀43.8亿吨（陆地上仅有100万吨）。

锰结核是大洋底部的铁锰氧化物组成的黑色团块，这种多金属锰结核含有锰、铜、镍、钴等50余种金属元素。锰结核在各大洋中的总储量为3万亿吨，比世界陆地上蕴藏的锰、铜、镍、钴、铁等金属储量还要高几千倍。单是太平洋底就有1.5亿平方千米的锰结核，约1.7万亿吨。其中含镍量就有164亿吨，可供世界消费2.4万年；铜88亿吨，可供使用1 000年；钴58亿吨，是陆地上储量的960倍，可供使用34万年；含锰最多，达4 000亿吨，是陆地上储量的67倍，可使用18万年。并且洋底的锰结核还在以每年1 000万吨左右的速度生长，每年从新生长出来的锰结核中提取的金属：铜可供全球使用3年，钴可供使用4年，镍可供使用1年。锰结核的生长率大大超过世界上的消耗率。海洋里有很多磷钙石[$Ca_3(PO_4)_2$]和重晶石（$BaSO_4$），磷钙石可做肥料和化工原料，重晶石粉主要用来控制井喷。在海底含金的砂金矿开采中，可筛选出一些贵重的矿产如金红石（TiO_2）、锆石（$ZrSiO_4$）、独居石[(Ce，Y，La，Th)PO_4]、砂锡矿（SnO_2）、磁铁砂（Fe_3O_4）等。从金红石中可提取制造火箭和卫星不可缺少的金属钛；从锆石中提取的锆是核反应的重要原料；从独居石中提取的钍，经加工后可代替铀做能源。目前已经有锰结核开采和利用的尝试。

太平洋底部的抱球虫软泥，含碳酸钙成分较高，是制造水泥的好原料。深海中的重金属软泥是富含铁、锰、铅、锌、银、金等多种金属的沉积物。据红海海底洼地的调查资料，深洼上部10米厚的重金属软泥估计总量超过5 000万吨，其中有铁2 430万吨，锌290万吨，铜106万吨，银4 500吨，金45吨。这说明重金属软泥也是一种重要的海底资源。

目前地壳以下更深层资源开发的难度太大，只能是一种潜在的可能，在短期内还不能从事有明显商业价值的利用。

近期的探月科考发现，月球上面的矿藏非常丰富。月球岩石中含有地球中全部元素和60种左右的矿物，其中6种矿物是地球没有的。仅月球表层5厘米厚的沙土中就含有上亿吨铁，主要是氧化铁。可开发利用的钛铁矿（$FeTiO_3$）的总资源量约为1 500万亿吨。月球上的氦-3蕴藏丰富，采用氦-3的聚变来发电，会更加安全。太阳在内部核聚变过程中，产生大量的氦-3，而这些氦-3经过太阳风的吹拂落到周围的行星。地球表面覆盖着厚厚的大气层，太阳风不能直接抵达地表，所以地球上氦-3的天然储量非常低，总量仅有10 ~ 15吨。月球几乎没有大气，太阳风可直接抵达月球表面，氦-3大量地“沉积”在月球表面，大约有5亿吨，可以为地球开发1万到5万年用的核电。月陆区广泛分布的斜长岩富含硅、铝、钙、钠等元素；月球还蕴藏有丰富的铬、镍、钾、镁、铜等矿产资源。月球上稀有金属的储藏量比地球还多。月球上主要岩石类型之一的克里普岩富含钾、稀土元素和磷，据估算，仅在风暴洋区克里普岩中稀土元素的资源量就为225亿到450亿吨；克里普岩中还蕴藏有丰富的钍和铀。然而就目前的技术尚不能以经济的手段对月球进行有效的开发和利用。

人们现在已经知道，大规模的工业生产以及现代化的大众生活不仅会大量消耗能源，而且也难免会造成环境污染。在工业生产的废弃物中含有大量的具有腐蚀性、毒性的物质，其中材料的生产是造成地球环境污染的一个主要原因。以水泥为例，生产每吨水泥都会产生接近一吨的二氧化碳气体，全世界每年生产十几亿吨水泥，因此会制造出十几亿吨的二氧化碳。二氧化碳在空气中停留时间长，对地球温室效应产生极大影响。在钢铁生产中不仅会产生大量的二氧化碳气体，而且还会排放出大量的二氧化硫和其他有害气体。可以看出，一方面材料工业的发展使得人类的生活不断地得到改善，而另一方面材料的生产也正在不断地侵蚀着人们的生存质量。

现代社会在飞速发展，而地球被污染的程度不断加重、地球可利用资源明显地日趋枯竭，这些都使人们不得不考虑人类社会可持续发展的问题。随着科学技术的不断进步，探索和开发新的自然资源越来越成为一种重要的潜在可能。在材料的生产和使用上除了要降低能耗、减少污染外，还要加强对失效废弃材料的回收再利用，进而节约自然资源。另外，可持续发展的一个重要方面还在于发展更充分有效利用自然资源的技术以及更加高效率使用材料的新技术。在当前材料工业的生产中，结构材料在数量上占有绝对统治的地位。结构材料的生产状态对自然资源的消耗和长远发展有决定性的影响。结构材料在使用过程中的失效形式主要是力学失效和腐蚀失效两大类。因此人们考虑到，如果使材料的力学性能成倍提高，则可以使需用的材料成倍节省；如果使材料的抵抗疲劳失效和腐蚀失效的时间能成倍提高，则又可以使需用的材料进一步成倍节省。在保持不进一步扩大自然资源消耗的前提下如何使材料的性能和寿命成倍提高，是目前材料科学与工程领域研究的重要课题。

思考题

1. 怎样理解和阐述材料的概念?
2. 同样是天然石料，为什么在人类出现之前不被称为材料，而之后则可称为材料?
3. 为什么说材料科学与工程专业为工科专业? 它涉及材料哪些方面的问题?
4. 在人类社会的可持续发展中，材料科学与工程学科将发挥怎样的作用?

参考文献

- 北京科技大学冶金与材料研究所. 2011. 铸铁中国：古代钢铁技术发明创造巡礼. 冶金工业出版社.
- 拱玉书. 2002. 西亚考古史. 文物出版社.
- 韩汝玢，柯俊. 2007. 中国科学技术史：矿冶卷. 科学出版社.
- 华觉明. 1999. 中国古代金属技术. 大象出版社.
- 刘家和，王敦书. 2011. 世界史：古代史编. 上卷. 高等教育出版社.
- 毛卫民. 2009. 工程材料学原理. 高等教育出版社.
- 王开平，毛卫民. 2013. 中国内地材料专业本科教育发展分析. 见：中国冶金教育学会材料科学与工程专业教学工作研讨会论文集. 包头，2013年7月：35-39.
- 中华人民共和国国家文物局. 2011. 中原文明，华夏之光：中华文明起源. 三秦出版社.

第2章

材料与人类社会的进步

本章将着重介绍材料的发展历史及其与人类社会进步的密切联系。

2.1 石器时代

人类在从猿到人漫长演化过程的开始阶段，会使用树枝、石块等自然界中的天然物体作为采集和狩猎的工具。石块比树枝及其他采集物、猎物都坚硬，可以对后者做切割加工；而有锋利边沿的石块更便于切割过程。当时演化中的人类逐渐发现，当天然石块不具备锋锐边沿时，可以借助砍、砸、磨等方式加工天然石块，使之形成锋利的边沿。考古证实，约300万年前已经出现了打制过的石质工具，即为石器；这也是石器时代开始的标志。300万年前也是猿借助劳动向人转变的开始。

2.1.1 旧石器时代

石器时代的初期，石质工具所使用的原料范围、加工水平、制作数量、质量和功能、应用范围、使用寿命等都非常有限，因此大体称为旧石器时代。天然石料主要是由具有氧化硅、氧化铝等氧化物结构的复合氧化物组成，按照今天的分类，属于无机非金属材料。旧石器时代的人类需要对天然石料实施制作加工，使其获得特定的加工树枝、采集物、猎物等的能力，选择不同的石料可使所制作的石质工具获得不同的使用性能和反复使用的寿命。由此可见，即使是在技术处于非常原始状态的旧石器时代，材料的使用也涉及了“结构”、“加工”、“性能”、“服役”等材料的四大要素。

旧石器时代人类制作石质工具时，先从天然石料上摔凿打下片状碎块，然后借助敲、砸、捶、打获得所期望的石器形状。如1964年贵州黔西观音洞出土的约24万年前旧石器时代早期的砍砸器，12 ~ 13 cm长，8 ~ 10 cm宽，手掌可握，体厚而边沿带刃口；可劈砍树枝、挖掘植物根茎、切割动物肉、敲碎动物骨头等。随着旧石器时代时间的延续，石器的制作水平和应用范围也逐渐改进和扩大。如1954年山西襄汾丁村出土的约7万年前旧石器时代中期的大三棱尖状石器，15 ~ 18 cm长，4 ~ 7.5 cm宽，器身粗大，经特殊制作使断面呈三角形、顶部呈尖锥状；不仅可以挖掘植物根茎，而且可以作为狩猎攻击和防卫的随身武器。

图2.1　约24万年前旧石器时代早期的砍砸器（中国国家博物馆，2010）

图2.2　约7万年前旧石器时代中期的大三棱尖状石器（中国国家博物馆，2010）

图2.3 200万至20万年前旧石器时代早期经火烘烧后的烧土（中国国家博物馆）

约150万年前已经出现了火的使用，旧石器时代后期火的使用已经非常普遍。火的使用可以帮助人们猎取大型动物，并可变生食为熟食；也可以用以照明、取暖，可使人类向更寒冷的地区迁徙，扩大了生存范围。考古证明，旧石器时代的人类离开森林来到地面后逐渐选择洞穴、岩厦作为生活和居住的地方，以避免自然环境的侵袭。在原始人类居住的洞穴内所发现的大量堆积的灰烬表明使用火已成为了日常行为。旧石器时代中期和晚期人类已经能够用树干、动物骨、兽皮等建造棚屋作为季节性居所，且发现有多个棚屋构成临时的聚集营地。棚屋的基部由石块加固，中央有火塘。火塘四周质地松散的土经过火的反复烘烧后会变成比较板结、坚硬的烧土，因此这一过程也称为烧结。土经过加热后的这种变化为人类进入新石器时代奠定了重要的基础。

2.1.2 新石器时代的陶器

旧石器时代晚期人类已经能够用树枝或草编织容器用以存放物品。但这种编织物不能汲水。从天然泥土下雨后变成软泥、晒干后变硬的现象可以发现，泥土掺水后具有了可塑性，可以制成不同的形状；晒干后就会具备一定强度；如果用软泥涂覆编织物，就可以在里面存放水。由此人类发明了制作泥土制品的方法，即出现了土器。

在长期使用火的过程中，人类发现火塘或火坑内的土块经过烧结成烧土后变得十分坚硬。在这种现象的启发下，他们将一定形状的土器置于火内烧结成坚硬的容器，用以盛水或烹煮食物，由此出现了陶器。将放置在火内的土器经一定温度和时间的烧结可制成坚硬的容器，即为原始陶器，其中所使用的天然泥土原料主要为细颗粒的含水铝硅酸盐，称为黏土。

中国是世界上最早发明陶器的地区之一，包括黄河流域和长江流域。在陕西西安半坡遗址处考古发现了约6 900 ~ 5 800年前多个制作陶器的陶窑遗址，显示出当时制陶生产已经具备了相当大的规模。1962年在江西万年仙人洞出土的陶罐制作于约10 000年前，是迄今中国发现新石器时代最早的可复原的陶器。陶罐高18 cm、口径20 cm，以原始的手工方法制成。其制作过程应是用泥土塑成陶器的土坯，晾干后以木柴为燃料在700 ℃以上焙烧土坯而成。约9 000年前西亚地区也用陶桶取代了木质和石质容器。陶器是人类第一次按照自己的意志创造出来的非天然的有用物件。

早期采用纯手工的方法制作陶器的土坯，晾干和高温烧结后制成质地比较疏松的陶器，形状也比较简单。随后陶器的形状越来越复杂，并逐渐采用转轮的方式制作圆形的陶器土坯，即把土坯置于一个圆形且不断旋转的平板上，用手把握土坯薄壁以制出各种形状等径和等壁厚的圆形土坯。陕西高陵杨官寨遗址出土的约5 500 ~ 5 000年前新石器时代仰韶文化晚期的小口尖底陶瓶，高65 cm、腹径28 cm，其制作技艺已经非常高超。

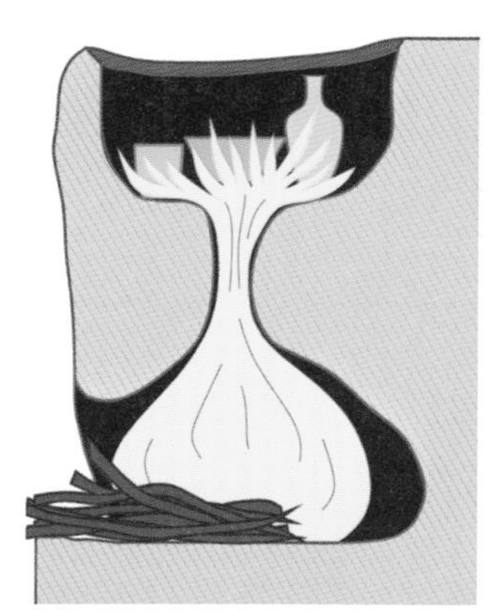

图2.4　陕西西安约6 900 ~ 5 800年前半坡遗址陶窑示意图（吴耀利，2010）

图2.5　（a）江西万年仙人洞出土的约10 000年前新石器时代的陶罐（中国国家博物馆，2010）；（b）约9 000年前土耳其安那托利亚（Anatolien）的西亚陶桶（Hrouda，1991）

与旧石器时代相比，新石器时代的社会生产力有了巨大的进步。依靠采集的生存方式逐渐向植物种植的方式转变，因此革命性地出现了农业生产。同时，单纯依靠狩猎获取肉类食物的生存方式也逐渐与养殖动物结合在一起，进而逐渐出现了畜牧业。随着农业革命的发生，人类不得不转为比

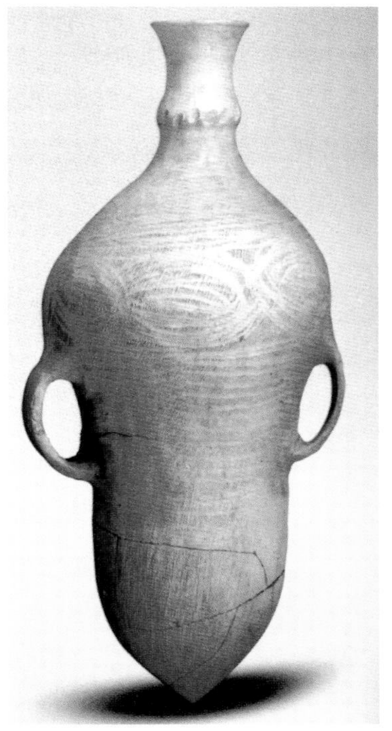

图2.6 陕西高陵杨官寨遗址出土的约5 500 ~ 5 000年前新石器时代仰韶文化晚期的小口尖底陶瓶（中国国家博物馆，2010）

图2.7 北美原始部落用木料和兽皮、树皮等搭建的棚屋以及狩猎用的骨叉、骨矛模型

（a）

（b）

图2.8 （a）土耳其托罗斯山（Taurus）北坡约7 000 ~ 6 500年前的西亚陶罐（中国国家博物馆，2010）；（b）青海大通县上孙家寨出土的约5 200 ~ 4 000年前新石器时代马家窑文化时期的舞蹈纹彩陶盆（吕章申，2011）

图2.9 山东日照两城镇出土的约4 500 ~ 4 000年前新石器时代龙山文化时期的白陶鬶（guī）（中国国家博物馆）

较稳定的定居生活，开始用树枝、树干、石头、土坯、苇草、兽皮等天然材料大量建设较长时间居住的房屋，并开始形成村落。初期陶器作为炊具和容器的广泛使用是生产发展新水平的重要标志，且与农业和畜牧业的出现以及磨光石器的使用一起，成为了新石器时代开始的重要标志。虽然世界上个别地区陶器略早于或略晚于新石器时代的出现，但大多数地区陶器、农业和畜牧业是大体同步出现的。因此，陶器的发明与人类的定居生活和农业生产密不可分。随着时间的推移，人类制作的陶器越来越精美。土耳其托罗斯山（Taurus）北坡约7 000 ~ 6 500年前的51 cm高西亚陶罐，及1973年青海大通县上孙家寨出土的约5 200 ~ 4 000年前新石器时代马家窑文化时期的舞蹈纹彩陶盆（高14 cm、口径28 cm）均有精美的图案。1957年山东日照两城镇出土的约4 500 ~ 4 000年前新石器时代龙山文化时期的白陶鬶（guī），约25 cm高，其器形已非常复杂。新石器时代是人类社会母系氏族非常发达和逐渐衰败的时期。陶器的出现与普遍使用加速了农业生产的发展，促使人类逐渐采用了更加稳定的定居生活。

2.1.3 新石器时代的磨光石器

新石器时代对石器的使用更加复杂化，不再仅仅是对天然石料做简单的加工后直接使用。在很多情况下是经加工过的石料与树枝、木材、飞禽羽毛、皮绳等混合在一起制成特殊器具使用，如磨尖的石料与细树枝杆和鸟的羽毛组合成石箭用以狩猎，磨尖的石料与木杆、木柄、皮绳等组合成石钻用以加工其他木料或骨头。

不仅石器的使用复杂化，各种类型的磨光石器的使用也日益广泛。北美原始部落使用的石刀（高7 cm、宽11 cm）尚显粗糙，但1989年河南郏县水泉出土的约8 100 ~ 7 000年前新石器时代裴李岗文化时期的锯齿石镰（长20.6 cm、宽6 cm），则经过了精细的研磨加工，安装在木柄上，利用绳索固定。石镰上细密的锯齿正是满足了农业收割时迅速割断农作物的需要。这一方面反映了新石器时代中期以来，农业生产规模和粮食收获量均已得到较大的发展，另一方面也说明人类为了更好地生存所反映出在改造工具方面的观察、思考和创造力。1973年湖北枝城红花套出土的约6 200 ~ 5 000年前新石器时代的石斧也是精细磨光的石器，刃部锋利，用绳索与木棒固定捆牢后可以发挥很高的使用效率。裴李岗文化时期的考古证实，当时的磨光石器包括了斧、铲、镰、锄、刀、锛、凿、磨盘、磨、磨石等多种器具，表明石器在劳动生产中使用的广泛程度及其对生产的重要促进作用。

玉泛指以氧化硅为主并含有氧化钙和氧化镁，或以氧化硅为主并含有氧化钠和氧化铝，以特定形式混合的石料；常见的玉中还会含有少量的其他氧化物。新石器时代玉器的加工和使用也得到了明显的发展。

2005年山西曲沃羊舌墓地出土了约7 000 ~ 5 000年前新石器时代高7 cm、宽4.5 cm的玉神人面饰，1971年内蒙古翁牛特旗三星塔拉还出土了约6 700 ~ 4 900年前新石器时代红山文化时期26 cm高的玉龙。这两件玉器周身光洁，造型生动，雕琢精美。陕西神木芦山峁遗址出土的约4 500 ~ 4 000年前新石器时代晚期长14.4 cm的凤首玉簪也具有同样的特质。这些玉器显示出新石器时代石器磨光技术已经达到了非常精细而高超的水平。玉器质地细密、气质温润，且与人体皮肤的相容性极好。玉器的制作非常复杂耗时，但当时并不能作为工具使用，对社会生产活动没有任何直接贡献。因此玉器通常只是作为饰物、标识物使用。不具备生产价值的玉器被精心地制作，表明新石器时代社会财富日益丰富，并已超过人类谋生所需；由此出现财产和社会阶层的划分。精美玉器的出现反映了当时上层阶级的奢侈生活、权贵身份。

图2.10　北美原始部落制作的石箭（a）和石钻（b）模型

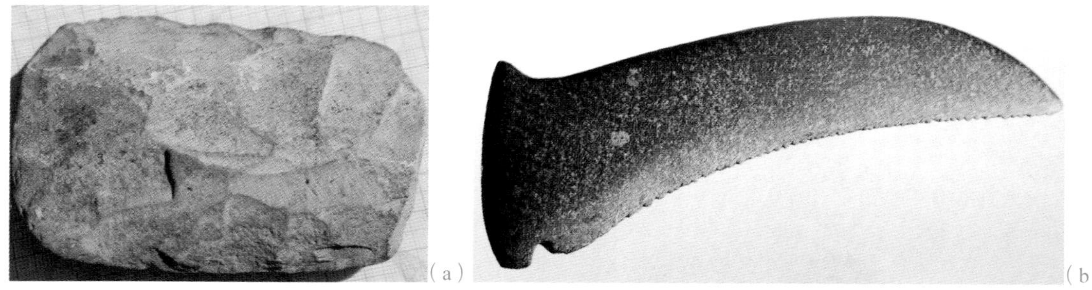

图2.11　（a）北美原始部落使用的石刀；（b）河南郏县水泉出土的约8 100 ~ 7 000年前新石器时代裴李岗文化时期的锯齿石镰（中国国家博物馆，2010）

图2.12　（a）湖北枝城红花套出土的约6 200 ~ 5 000年前新石器时代的石斧（中国国家博物馆）；（b）北美原始部落所制造的石斧的样式

图2.13 山西曲沃羊舌墓地出土的约7 000 ～ 5 000年前新石器时代的玉神人面饰（中华人民共和国国家文物局，2011）

图2.14 内蒙古翁牛特旗三星塔拉出土的约6 700 ～ 4 900年前新石器时代红山文化时期的玉龙（中国国家博物馆，2010）

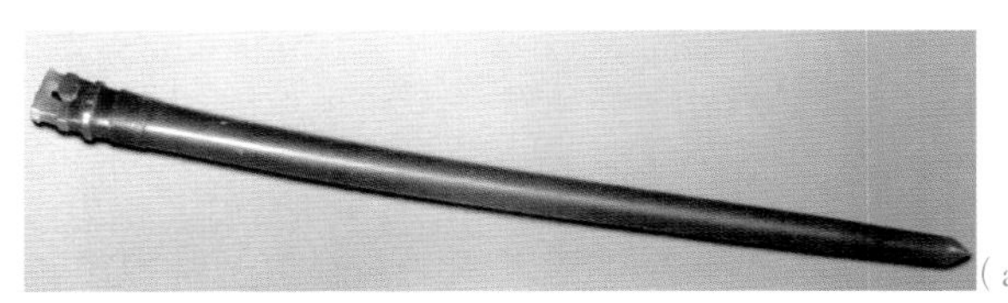

（a）

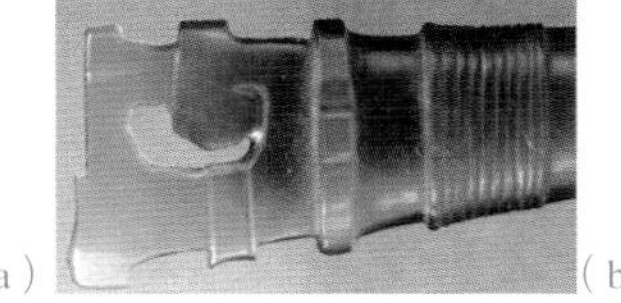

（b）

图2.15 陕西神木芦山峁遗址出土的约4 500 ～ 4 000年前新石器时代晚期的凤首玉簪（a）及其端部细节（b）（中华人民共和国国家文物局，2011）

2.1.4 石器的后续发展

以上所说的石器均属于无机非金属材料。石器时代之后进入了金属时代，但石器的使用范围和制造技术仍在不断发展。从2006年在河北易县七里庄发掘的夏商时期陶窑遗址可以看出，其陶窑设计的规模和技术水平以及烧制效率都有了很大的提高。1957年陕西西安鲜于庭诲墓出土的618—907年唐朝三彩陶骆驼载乐舞俑高67 cm，显示出高超的制作技艺。其表面涂覆了彩釉。釉是多种氧化物组合在一起的低熔点混合氧化物，釉可以保护陶器的表面，造成一定的光泽并装饰表面；如含有适量氧化铁的釉呈绿色，含有适量氧化镉的釉呈黄色，含有适量氧化亚铜的釉呈红色等。

从3 000年前的商代开始，中国已经开始尝试制造原始的瓷器，但制造工艺并不很成熟。自东汉时期中国就已经能烧制出成熟的青瓷。1958年江苏南

图2.16　2006年在河北易县七里庄发掘的夏商时期陶窑遗址（河北省文物研究所，2009）

图2.17　陕西西安鲜于庭诲墓出土的618—907年唐朝三彩陶骆驼载乐舞俑（吕章申，2011）

京北京路吴墓出土的东汉之后的222—280年的三国青釉羊形烛台，高24.9 cm、长31.7 cm，其青釉之下的坯胎质地灰白，摆脱了传统陶器质地黄、红的基本色调。约1 500年后，1736—1795年清乾隆时期制作的30.3 cm高粉彩镂空夔（kuí）龙纹转心瓶已经达到了炉火纯青的地步。中国瓷器的制造历史和技艺对世界有很大影响，并大量出口到欧洲及世界各地，以致欧洲把瓷器称为china，与中国的名字China联系在一起。

应该指出，人们往往较多地从历史、文化、艺术的角度讨论陶器和瓷器的差异，通常并不过多地考察二者之间在自然科学或材料学上的差异。虽然陶器和瓷器的化学组成基本相同，但从原料选择上看，几乎任何地方的天然黏土都可以制成陶器，而瓷器的原料选择则更加严格，只有成分组合适当、杂质含量很低且颗粒尺寸适中的黏土才能用做瓷器的原料。因此只出现了有限的著名瓷器生产地区，这与当地的黏土质量有很大关系。把土坯加热到700 ℃就可以烧结出质量良好的陶器，但优质的瓷器则需要1 300 ℃以上的高温，如果降低烧结温度，就会影响陶瓷的质量。加热技术逐渐改进的步伐决定了瓷器晚于陶器出现。打断陶器后可见，其断面粗糙、疏松，带有许多孔洞，不透光，因此有较高的吸水性，且强度很低，故其应用范围有限；而瓷器的断口则致密、细腻，少有孔洞，不吸水，薄片瓷器可以有一定透光性，强度也很高，因此其应用更加广泛。可见，从材料的结构、加工、性能、服役等四个方面来看，陶器和瓷器之间都有可识别的差异。

水泥是另一种重要的新石器时代发明并得到广泛使用的材料。能从浆体转

图2.18 江苏南京北京路吴墓出土的222—280年的三国青釉羊形烛台（吕章申，2011）

图2.19 1736—1795年清乾隆时期的粉彩镂空夔（kuí）龙纹转心瓶（吕章申，2011）

变成具有一定强度固体的物质称为凝胶材料。将水泥与水掺和、搅拌并经静置后很容易变硬，称为水硬性。因此水泥是水硬性凝胶材料。

距今7 000 ~ 5 000年前新石器时代仰韶文化时期的人类已采用“白灰面”涂抹洞穴居所的地面和四壁。这里的白灰面是含较高氧化硅的碳酸钙石灰石与黄土混合而成的，是中国古代最早的建筑用近似于水泥的水硬性凝胶材料。公元前3000—前2000年，古埃及人用煅烧的石膏做建筑凝胶材料来建造金字塔。公元前7世纪，在中国的周朝，人们把以碳酸钙为主要成分的蛤类外壳烧制成石灰质水硬性凝胶材料，广泛用于垒砌砖石结构的建筑。如将石灰与水混合成石灰浆体，用于涂覆在建筑砖、石间起密封和连接作用，或涂覆于墙面。从公元前7世纪至公元17世纪，在漫长的长城建造岁月中就大量使用了这种古代水泥。中国历史上还曾把石灰与糯米、桐油等有机物混合使用，如长城、赵州桥、一些古代水利工程等。

公元前8—前2世纪古希腊人曾将石灰石煅烧后获得石灰，进而制成凝胶材料使用。1756年英国土木工程师史密顿企图建造不易燃、耐海水冲刷的航海用灯塔时，发现含有黏土的石灰石经煅烧和细磨处理后，加水所制成的砂浆能慢慢硬化，且强度明显提高，由此发展出了现代水泥的雏形。它主要是成分为氧化钙、氧化硅及适量氧化铝的混合物。随着煅烧温度的提高、煅烧温度的精确控制，以及不同氧化物组分配比的优化调整，水泥的性能不断提高，应用范围不断扩大，对推动社会经济的发展发挥了重要的作用。

应该注意到，石灰石（$CaCO_3$）煅烧获得石灰（CaO）的化学过程为

$$CaCO_3 \xrightarrow{\text{高温}} CaO + CO_2\uparrow$$

以Ca、C、O的相对原子质量分别为40、12、16计算，每制造56 t石灰就会同时释放出46 t CO_2气体，即相当于约22 400 m^3的CO_2气体，因此水泥的生产也是温室气体大量排放的过程。

2.2 铜器时代

纯铜或含较少其他元素的铜呈偏红的颜色，考古上称为红铜。材料学上把铜内以含较多锌为主的铜合金称为黄铜；把以含较多镍为主的铜合金称为白铜；把以含较多其他元素为主的铜合金称为青铜，如以含锡为主的铜合金称为锡青铜。中国历史上通常提及的青铜多指锡青铜。

2.2.1 天然铜与铜石并用时代

人类使用金属的历史可以追溯到公元前8000年或更早的新石器时代中期，那时人类已经可以把天然铜加工成制品使用。金属的基本性质决定了它们在自然界中通常以化合的状态存在，并不能保持其纯金属的状态。在常见的金属中，铜属于惰性相对较强的金属，有可能一定程度保持为纯金属的状态，为古代人类的早期使用提供了条件。

地球内部有H_2、CH_4、CO、H_2O等多种气体，并可能与铜的化合物及铜合金的化合物发生一定反应，如生成铜的氢化物（CuH_2）、铜锌合金的氢化物（$CuZnH_4$）、铜锡合金的氢化物（Cu_3SnH_{10}）等。它们会随岩浆、热气迁移至地壳表层，并随着压力和温度的降低以及周围气氛的作用而逐渐分解生成以自然铜或自然铜合金为主的铜矿物。例如相关的化学反应可以是

$$CuH_2 \Longrightarrow Cu + H_2\uparrow \quad 或 \quad 2CuH_2 + O_2 \Longrightarrow 2Cu + 2H_2O$$

$$CuZnH_4 \Longrightarrow CuZn + 2H_2\uparrow \quad 或 \quad CuZnH_4 + O_2 \Longrightarrow CuZn + 2H_2O$$

$$Cu_3SnH_{10} \Longrightarrow Cu_3Sn + 5H_2\uparrow$$

等等。天然铜的这种生成方式为地球化学模式。

远古时期地壳表面存在着许多辉铜矿 Cu_2S，在特定自然环境下可以发生

$$Cu_2S + O_2 \Longrightarrow 2Cu + SO_2\uparrow$$

一类的化学反应，生成天然铜。如果黑铜矿 CuO 附近存在诸如 CO 等还原性气氛，也可能会逐渐发生

$$CuO + CO \Longrightarrow Cu + CO_2\uparrow$$

之类的化学反应，生成天然铜。天然铜的这种生成方式为表生模式。其质量可以达到几百克、数千克，有时可以达到数吨、数百吨的规模。

目前能考证到人类最早使用铜器的地区为西亚，在那里发现了公元前8000—前7000年用铜片卷成的铜珠和公元前5000年的铜针等，这些都属于天然铜。1973年在陕西临潼姜寨出土了约公元前4900—前3800年仰韶文化早期的原始黄铜残片和黄铜管。一般认为，这些也应属于天然铜的制品。

天然铜在自然界中的保有量不会很大，故其发现和应用不会达到非常普及的水平，因此对社会生产力的发展也不会造成革命性的影响。此时人类仍以使用石器为主，并少量使用天然铜制品。因此新石器时代晚期阶段也称为铜石并用时代。

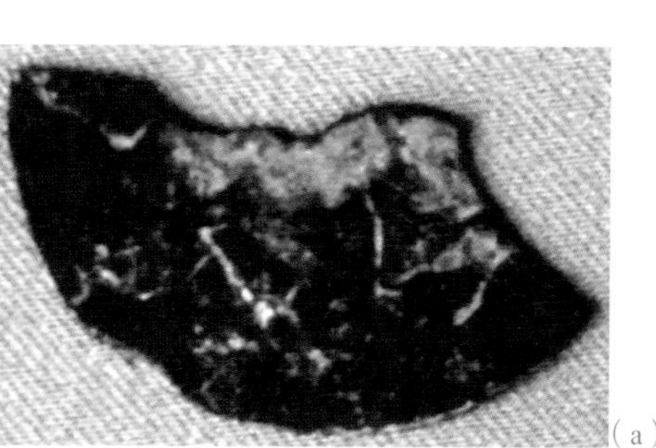
(a)

(b)

图2.20 1973年陕西临潼姜寨出土的约公元前4900—前3800年仰韶文化早期的原始黄铜残片(a)和黄铜管(b)(华觉明，1999)

在把天然铜制成制品时须对其做锻打变形加工，这使人类认识到了铜的延展性，同时发现变形使铜器变得更加坚硬，如果对变硬的铜器加热则铜器会变软。因此，变形硬化和加热软化是人类认识到的最早的金属加工和金属性能之间的规律性关系。

2.2.2 红铜阶段及铜的古代冶炼原理

与石器相比，铜器精巧、轻便、耐久、性能优良、不易损坏。当人类能够以人工的方式大量、高效率生产铜时，铜对社会生产力发展的积极促进作用就会发挥出来，人类才算真正进入了铜器时代。人类在制作和使用石器的过程中首先认识了天然铜，然后发现了铜矿石；在烧陶生产的实践中发现了借助铜矿石冶炼铜的可能及方法。

目前发现的最早借助人工冶炼而制造的铜器出现于约公元前3800年的西亚地区。那时冶炼的铜，其纯度比较高，为红铜；或铜内含有一定量的砷或镍。因此一些冶金考古认为铜中含砷、镍与否可以鉴定其是人工制造的铜还是天然铜。国外有时还把铜器时代划分成前期的红铜和后期的青铜两个阶段，铜中是否含砷或镍在于砷或镍是否与铜共生于矿石中。中国的早期铜器往往不含有砷或镍，而且目前的考古证明，中国的铜器时代中红铜和青铜同时出现，并不存在早期单独的红铜阶段。如果按照有些推测所陈述的，中国最早发现的仰韶文化早期的黄铜制品残片是史前人类在进行高温制陶等生产活动时无意中熔炼出的富含锌的黄铜片，则中国的人工冶炼铜技术的出现应与世界最早的地区同步。但相关推测还有待进一步证实。而且即使能证实，如果相关人工冶炼铜技术没有发展和推广使用，则对促进当时历史的发展也不会产生贡献。

目前在中国发现的最早的人工冶炼青铜器是1975年甘肃东乡林家出土的约公元前3200—前2000年马家窑文化时期的青铜刀，长12.5 cm、宽2.4 cm，制作时间约为公元前2700年，属锡青铜。它是中国进入铜器时代的证明。该铜器应经过适当的打制加工，且已达到相当高的制造水平，说明当时中国已经有了比较丰富的与铜器打交道的经验。同期，公元前2100—前2000年

图2.21 （a）1975年甘肃东乡林家出土的约公元前3200—前2000年马家窑文化时期的青铜刀（中国国家博物馆，2010）；（b）公元前2100—前2000年西亚地区乌尔第三王朝时期的青铜狮子（Strommenger，1962）

西亚地区乌尔第三王朝时期70 cm长的青铜狮子也显示出了良好的青铜制作技艺。

最早使用的大规模炼铜的方法是把氧化铜矿石与木炭混合在一起加热，在高温下发生最简单的反应：

$$2CuO+C \xRightarrow{\text{高温}} 2Cu+CO_2\uparrow$$

如果铜矿石是孔雀石$Cu_2(CO_3)(OH)_2$，或称碱式碳酸铜$CuCO_3\cdot Cu(OH)_2$，则可先发生分解反应：

$$Cu_2(CO_3)(OH)_2 \xRightarrow{\text{高温}} 2CuO+H_2O\uparrow+CO_2\uparrow$$

然后氧化铜再还原成铜。如果使用铜蓝矿CuS，则加热时有

$$4CuS \xRightarrow{\text{高温}} 2Cu_2S+S_2$$

即形成辉铜矿Cu_2S，根据相对原子质量计算，辉铜矿中铜的质量分数已达到80%。在高温、适当通风的条件下铜蓝矿或辉铜矿亦可发生如下反应：

$$2CuS+O_2 \xRightarrow{\text{高温}} Cu_2S+SO_2\uparrow \quad \text{或} \quad Cu_2S+O_2 \xRightarrow{\text{高温}} 2Cu+SO_2\uparrow$$

即生成了高纯度的铜。古代炼铜过程中实际的化学反应会比较复杂，还包括矿石中一些伴生金属元素所参与的反应，涉及净化冶炼铜的措施。

最初阶段冶炼成的铜是纯铜还是含有了砷、镍、锌、锡等其他合金元素，很大程度上也取决于铜矿中铜与其他元素的共生情况。在后期的铜冶炼过程中人们已经能够按照自己的意愿调整合金的成分。

2.2.3 青铜器的制作和使用

纯铜熔点较高、强度较低，因此不利于生产加工和实际使用。铜中含有或加入锡、铅及其他合金元素后可以明显降低熔点、提高强度。冶炼成的液态青铜须经过铸造加工，制成不同类型和形状的青铜器。铸造通常是指将高温的液态金属或合金注入特定形状的模子腔体内，且随温度降低液态金属或合金转变成固态的凝固过程。凝固后金属或合金的形状与模腔形状一致。铸造用的具有所铸器具形状的模子称为范，可以是沙、陶器或瓷器。铸造完成后将范打开或破碎即可获得所铸造的青铜器。纯铜中含有其他合金元素后还可使铸造件充实饱满，易于实现事先设计的形状。铸造是人类掌握比较早的一种金属热加工工艺技术，已有约6 000年的历史。中国约在公元前1700—前1000年之间进入青铜铸造的全盛期，工艺技术达到了相当高的水平。

最早的锡青铜器发现于西亚的两河流域，约公元前3000—前2500年，实际与公元前3200—前2000年中国马家窑文化时期的锡青铜刀在时间上同步。1984年河南偃师二里头出土了约公元前2100—前1700年二里头文化时期的青铜爵（爵是一种酒器），高13.5 cm、长14.5 cm、重750 g，属于中国进入青铜铸造全盛期之前的铜器，是目前在中国发现的最早的青铜容器。其外形起伏多样、外表尚嫌粗糙，但制作过程已经比较复杂。同期，公元前1894—前1595年巴比伦时期西亚汉穆拉比王朝19.5 cm高青铜跪像还在人物的手、面部位镀了金。1939年河南安阳武官村出土了约公元前1300—前1046年商代后期、中国青铜铸造全盛期的后母戊方鼎，该青铜器高133 cm、口长112 cm、口宽79.2 cm、重800余千克，是现存最大的商代青铜礼器。

战国后期的《考工记》记载："金有六齐。六分其金而锡居一，谓之钟鼎之齐；五分其金而锡居一，谓之斧斤之齐；四分其金而锡居一，谓之戈戟之齐；三分其金而锡居一，谓之大刃之齐；五分其金而锡居二，谓之削、杀矢之齐；金、锡半，谓之鉴燧之齐。"这里把铜器称为金，文中表达的大致意思为，当控制所制作铜器中铜器的总量与锡含量比值分别为6∶1、5∶1、4∶1、3∶1、5∶2、1∶1时，分别适合用以制作礼器、工具、武器、炊具等不同用途的器具。显然，比值变化会造成铜器性能和适用范围的变化。

冶金史专家柯俊院士指出，战国后期（公元前3世纪）的《考工记》，记

(a)

(b)

图2.22 (a)1984年河南偃师二里头出土的约公元前2100—前1700年二里头文化时期的青铜爵(中国国家博物馆,2010);(b)公元前1894—前1595年巴比伦时期西亚汉穆拉比王朝手、面镀金青铜跪像(Hrouda,1991)

图2.23 1939年河南安阳武官村出土的约公元前1300—前1046年商代后期后母戊方鼎(吕章申,2011)

载了铸造各类青铜器所用合金成分,这是世界上已知最早的关于合金成分规律的记载。《吕氏春秋·别类篇》(约公元前240年)记载:“金柔锡柔,合两柔则刚。”这是世界上较早的有关铜、锡溶合使合金强化的叙述。《荀子》(公元前313—前238年)中指出铸造青铜时“形范正,金锡美,工冶巧,火齐得”,即要求铸范精确、原料纯洁、工艺细致、温度与成分适当,也是较早的有关铸造工艺的记载。1938年湖南宁乡县月山铺出土了约公元前1300—前1046年商代后期的四羊方尊青铜礼器(高58.3 cm、口长52.4 cm),公元前7世纪西亚制作了阿卡德王朝创始人萨尔贡的铜像(高36.6 cm),二者均显示出了当时铜器铸造规范之严谨,所制作铜器之精美。可以看出,即使是早期的材料发展,也必然涉及其结构、加工、性能、服役等各要素之间的关系。

大量考古证实,除了被各处博物馆收藏且为人们熟知的各种具有很高艺术价值的青铜礼器、乐器外,中国铜器时代还出现过大量的斧、锛、钻、削、锤、锯、钩、凿、锥等工具,锄、铲、镰等农具,钏(首饰)、笄(jī,簪子)、镜、管、爵、斝(jiǎ,酒器)、盉(hé,酒器)、针、环、条、片、刀等各种生活用具,戈、剑、戟、矛、钺(yuè,长柄斧)、镞(zú,箭头)等兵器,以及各种钱币,为当时生产、生活的发展和战争提供了有力的支撑。

图2.24 （a）1938年湖南宁乡县月山铺出土的约公元前1300—前1046年商代后期的四羊方尊青铜礼器（吕章申，2011）；（b）公元前7世纪制作的阿卡德王朝创始人萨尔贡的铜像（Strommenger，1962）

图2.25 公元前1046—前771年西周时期的青铜钱币（中国国家博物馆）

2.3 铁器时代

铁的密度比铜低、强度和硬度比铜高、坚固耐磨，往往是用于制作比铜更轻便、高效、优质的工具、农具、生活器具、兵器的工程材料。在自然界中铁矿分布十分普遍，远比铜矿广泛，但获得铁的技术难度较铜高，因此人类对铁的发现和使用晚于铜。

铁是一种活泼金属，很容易与氧结合形成氧化铁。因此，在含氧大气层存在的情况下几乎不可能在地球表面找到天然铁。然而在外太空不存在氧气或非氧化的环境下，铁可能以纯金属的形式存在。当含有天然铁的天体坠入地球大气层，没有完全烧损而落地为陨石时，人类就有可能发现并利用陨石里面的天然铁，称为陨铁。

2.3.1 陨铁的使用

陨铁经常会散落在地表各处，其绝大多数可以借助锻打而加工成形。陨铁中普遍含有一定质量分数的镍，因此古代铁器中是否含有镍往往是确定其是否

图2.26 新疆铁陨石（左宏供图）

为陨铁的重要判据。1898年在中国新疆青河县银牛沟发现了一块陨铁，称为新疆铁陨石，或称准噶尔陨铁。它重约30 t，密度为7.75 g/cm^3，含铁和镍的质量分数分别为88.7%和9.3%。人类捡拾到陨铁后可利用其延展性以与铜制品类似的方式将其加工成各种用具使用。目前各地保存的陨铁中铁的质量分数均为90%左右，并含有较多的镍。

根据考古挖掘，公元前3500—前2000年在西亚的格尔策（Gerzeh）、乌尔（Ur）、德尔巴哈里（Deir el Bahari）等地都出现了世界上迄今最早的用陨铁制作的小珠、匕首、小刀等铁制品，其含镍量在7.5% ~ 10.9%的范围。1972年，在中国河北省藁城县台西村出土了一把公元前1400—前1300年的商代中期铁刃青铜钺，高11.1 cm、宽8.5 cm。钺的整体由青铜制作，钺的刃部区域为青铜内沿刃口长度方向夹入一段铁条；铁条一侧埋入青铜钺内约1 cm，而另一侧则作为钺的刃口暴露在外。与青铜相比，铁的硬度高，作为切割器会更加锋利，因此更适合用做刃口。但同期也出土了无铁青铜钺，可见当时铁的保有量并不高，不能大量使用。微观成分分析显示，铁刃锈层中含镍可能超过6%，没有人工冶炼铁的痕迹，因此该铁刃应由陨铁制成，是中国现存最早的关于使用陨铁的记录之一。在埃及图坦哈蒙陵墓曾出土了约公元前1340年的金柄铁匕首，据分析铁匕首也是由陨铁制成。

图2.27　藁城商代中期铁刃青铜钺（a）及同时期的普通铜钺（b）（河北省文物研究所，2009）

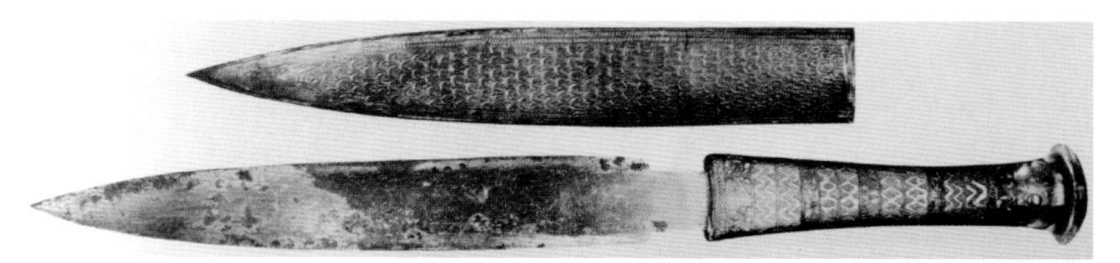

图2.28　埃及图坦哈蒙陵墓出土的约公元前1340年的金柄铁匕首（Pritchard，1969）

目前国外发现的古代陨铁多用做小刀、匕首、斧头、珠、饰品等，中国发现的古代陨铁则用做戈、锛、削、钺等工具。人类能够获取陨铁的量比天然铜低很多，而且偶然性很大，因此陨铁的使用对社会生产力的发展不会造成明显影响。其时人类使用的金属仍以铜器为主，人类也没有进入铁器时代。

2.3.2　铁的古代冶炼技术及古代铁器的使用

自然界中存在着各种以化合物形式存在的铁矿石，如赤铁矿（Fe_2O_3）、方铁矿（FeO）、磁铁矿（Fe_3O_4）、菱铁矿（$FeCO_3$）、褐铁矿（含水Fe_2O_3）、黄铁矿（FeS_2）等。人类在冶炼铜矿石时可能使部分混入的氧化铁还原，使炉渣内存在具有延展性的铁。这种铁的获得和使用存在很大的偶然性和盲目性，因此早期使用的人造铁器非常少。随后人类逐渐体会、摸索、总结出人工冶炼铁的技术，并使之逐渐改进。

以赤铁矿为例，将铁矿石在木炭和空气中加热时，随着木炭在空气中燃烧、释放热量和温度的升高，会发生如下化学反应：

$$C + O_2 \Longrightarrow CO_2 \uparrow$$

$$CO_2 + C \Longrightarrow 2CO \uparrow$$

$$3CO + Fe_2O_3 \Longrightarrow 2Fe + 3CO_2 \uparrow$$

并由此还原出铁来。

最早人类冶炼出的铁制品称为块炼铁，即在木炭和空气中加热到800 ~ 1 000 ℃时固态铁矿石就会逐渐转变成海绵状的固态块状铁。疏松的块炼铁质地柔软，其内含有很多杂质。须经反复加热锻打成形并清除杂质。如果在加热过程中使块炼铁接触炭火，从而让一定的碳渗入体内，则可以提高块炼铁的硬度，成为块炼渗碳钢。碳的质量分数不超过2.11%且以铁为主要成分的合金均可称为钢，当钢中除了铁以外所有元素的含量都很低时也称为纯铁。约公元前1600年西亚的赫梯人最先发明了块炼铁的技术。中国则在较晚的公元前1000—前900年发明了炼铁技术。

1990年在河南三门峡市虢（guó）国墓内出土了玉柄铁剑，其铁剑部分长约20 cm，属于公元前9世纪西周晚期的物品，是迄今中国发掘出的最早的用人工冶炼铁制作的铁器。通常把公元前1000—前500年称为中国早期铁器时期。在新疆还发现了许多初步判断为早期铁器时期的铁器。

铁器出现后被迅速而广泛地应用到农业生产之中，极大地推动了农业生产和社会经济的快速发展。目前在中国，公元前或公元初秦汉期间，仅犁铧、锸、镢（jué）、铲、锄等起土的农具就已出土远超过千件。公元前西汉的《盐

图2.29　三门峡市虢（guó）国墓内西周晚期的玉柄铁剑（河南省文物考古研究所 等，1999）

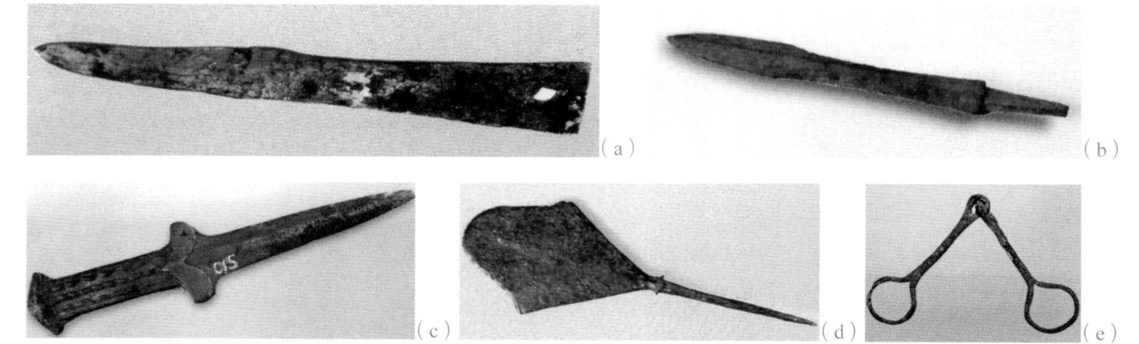

图2.30　新疆发现的初步判断为公元前1000—前500年早期铁器时期的铁器（新疆维吾尔自治区文物局，2011）。（a）刀；（b）镞；（c）短剑；（d）矛；（e）马衔

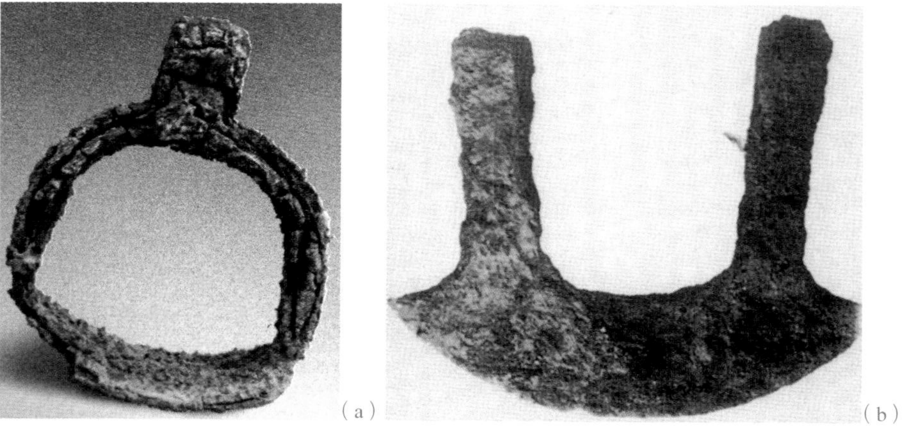

图2.31　春秋至战国初期的铁器。（a）新疆阿勒泰地区铁马蹬（新疆维吾尔自治区文物局，2011）；（b）铁锄（沧州市文物局，2007）

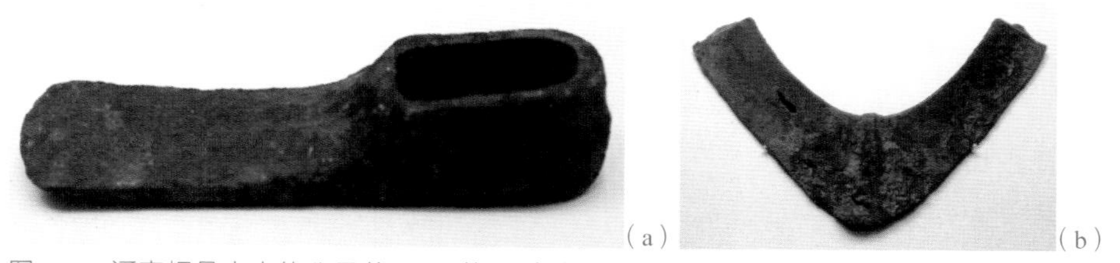

图2.32　河南辉县出土的公元前403—前221年战国时期的铁质农具（中国国家博物馆）。（a）1951年出土的铁镢（jué）；（b）1950年出土的铁犁铧

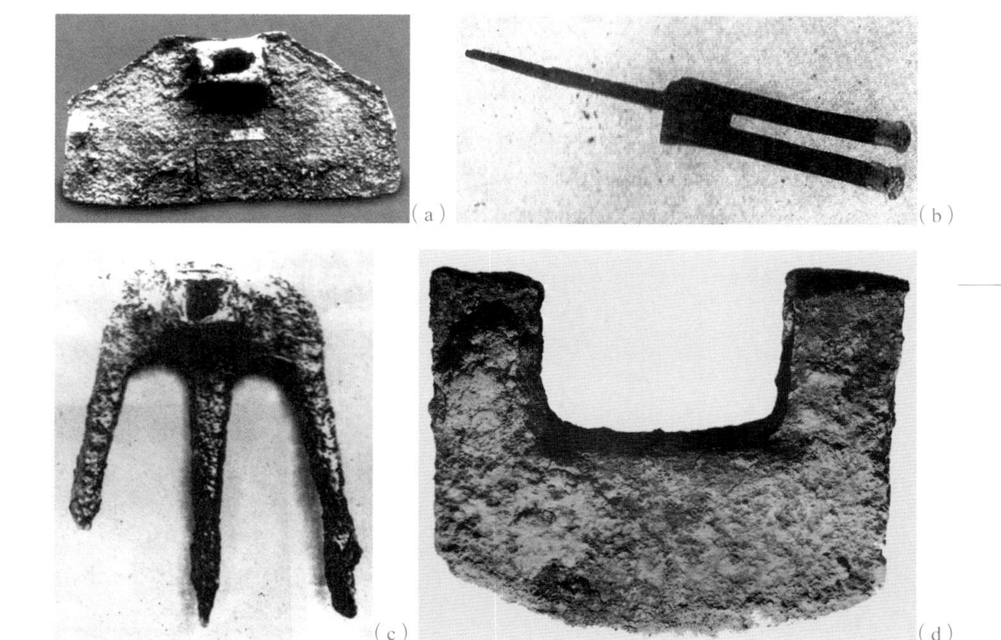

图2.33 战国时期不同的铁质农具（李延祥、潜伟协助供图）（北京科技大学冶金与材料研究所，2011）。（a）铁锄（刘世枢，1975）；（b）铁口双尖耒（lěi）（陈祖全，1980）；（c）三齿镢（jué）（石永士，1985）；（d）铁锸（中国科学院考古研究所，1956）

铁论·农耕》中指出“铁器者，农夫之死生也”。可见当时执政者极为重视铁器在农业生产中的重要作用。其时重要的铁质农具还包括耒（lěi）、锨、镰等。

从出土的文物可以发现，当时在日常生活和衣食住行方面，人工冶炼的铁被广泛地制成镜、针、锥、剪、扣，勺、刀、锅、釜、罐、缸、桶、臼、杵，钩、瓦、灯、锁，以及船钉、车轴、马镫、马掌、索链、钱、杈、斧、锯、钳、凿、钻等。在军事方面，人工冶炼的铁被制成矛、刀、枪、剑、戟、钺、镞、胄、甲、铳、炮、炸弹、刑具等，以武装军队。另外，在宗教、文化等方面，还制成铁佛、铁塔、铁碑、铁经幢、铁香炉、铁钟、铁人、铁狮、铁牛、铁貔貅、铁旗杆、铁索桥、铁闸、铁画等。由此可见，铁器时代的铁器深入到人类社会活动的各个角落，积极推动了社会的发展。

中国早期最大的铸造铁器为公元953年后周时期的沧州铁狮，身长6.5 m、宽3 m、高5.5 m，重约40 t。在其制造过程中，先用泥塑成狮子雏形，再在雏形表面上附着一层泥，印出外范；将外范分解成500多块几十厘米见方的外范块取下，均匀去除雏形表层一定的厚度后重新把外范块在雏形外组装起来。这样雏形和外范之间就形成了一层均匀的缝隙，将熔化流动的铁水浇入缝隙中并冷却凝固，即为铁狮的铸造环节。由此铸造出了体型巨大的沧州铁狮，俗称“镇海吼”。

图2.34　战国时期的铁质兵器（北京科技大学冶金与材料研究所，2011）：（a）矛；（b）剑；（c）戟；（d）胄（刘世枢，1975）；以及公元初期欧洲骑士用的铁面罩（e）

图2.35　铸于公元953年的沧州铁狮（沧州市文物局，2007）

2.3.3 中国古代冶铁技术的优势和特点

铁矿石在高温加热还原成铁的过程中会吸收加热环境中的碳。当铁中碳的含量超过2.11%且加热温度超过1 147 ℃时就开始部分转变成液态铁水。铁水可以连续出炉、直接浇铸成形，使生产效率大大提高。加热到1 147 ℃以上而制成的含碳超过2.11%、非常坚硬的铁即为生铁。

中国最早冶铁技术的出现晚于西亚地区，但在长期烧陶和冶铜的基础上，中国积累了成熟而先进的高温加热技术。在冶铁技术的发展过程中，中国率先使用木炭以外能释放更大热量的煤和焦炭，并不断改进向加热炉吹入大量空气以加速燃烧的鼓风技术等，包括领先于世界的活塞式鼓风风箱技术。这些技术不仅可以提高加热温度，还可以为加热环境提供更多的碳，不断促进了生铁生产的发展。在冶铁技术出现的初期，中国就率先把加热温度提高到1 150 ～ 1 300 ℃，并将铁矿石直接还原成生铁水，使中国在公元前6世纪以前就形成了生铁冶炼技术。考古发掘公元前5世纪之前的41件中国早期铁器时期铁器的鉴定结果证明，其中有23件由生铁制成。这一技术及后续出现的生铁制钢技术使得中国古代的钢铁生产体系曾遥遥领先于世界其他各国，例如比欧洲公元14世纪出现的同类生铁技术提早了约2 000年。

生铁的强度和硬度虽然很高，但其韧性较差。为了提高其综合力学性能，需要采用提高韧性的技术手段，称为韧化。中国在公元前5世纪就发现，通过加热生铁来改变碳的存在形态可提高生铁的韧性，这一方法称为退火。在中国古代冶铁技术中曾先后出现了退火、脱碳钢、炒钢、灰口铁、百炼钢、灌钢等多种韧化钢的技术，这些技术的出现或遥遥领先于世界其他地区，或为中国所独有。11世纪初的北宋时期，中国人工冶铁的年产量已达到12.5万吨，而直到约700年后的18世纪初，整个欧洲的年产量才达到15万～ 18.5万吨的水平。

据宋《太平御览》记载，东汉时曹操命负责制造兵器的官员制作“百辟”宝刀，其子曹植的《宝刀赋》中写道，“乃炽火炎炉，融铁挺英，乌获奋椎，欧冶是营”，简述了炼制宝刀的过程。大意为：在炽火旺盛的炉中熔铁取钢，强壮的工匠奋力锤打以制成宝刀。其时，孙权也拥有名为“百炼”的宝刀。考古研究证实，这些宝刀的制作方法为，以适当含碳较高的冶炼铁条为原料，将若干这种铁条叠放在一起，经过加热、铁锤锻打、再加热、铁锤再锻打的反复

图2.36　1974年山东临沂苍山县出土的公元112年制东汉环首三十炼钢刀，长111.5 cm、宽3 cm、背厚1 cm。背上铭文：永初六年五月丙午造三十湅大刀吉羊宜子孙（李延祥、潜伟协助供图）（韩汝玢 等，2007）

加工并以适当速度冷却制成钢条，此过程中会把很长的钢条折叠起来再反复如此加工。这种加工的次数可以反复三十次、五十次，甚至百次，分别称为三十炼钢、五十炼钢、百炼钢等，由此衍生出“千锤百炼”、“百炼成钢”等成语。这种加工过程可以调整内部的化学成分分布，改善内部结构，使得制成的宝刀坚韧、锋利、经久耐用。百炼钢的制作过程复杂、耗时，唐宋之后因出现新的冶铁制钢技术，百炼钢才逐渐减少。

在长期的人工冶铁技术的改进过程中，人们逐渐发展出了一种竖直型冶炼生铁的设备，称为高炉，其生产过程称为炼铁。在生产过程中将铁矿石、木炭

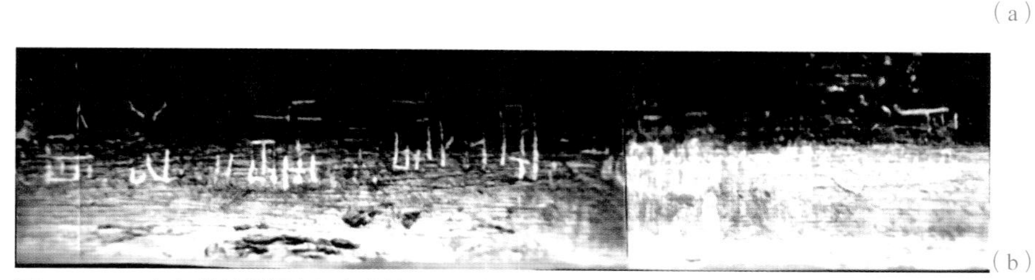

图2.37 1978年江苏徐州铜山县出土的公元77年制东汉五十炼钢剑，通长109 cm、剑长88.5 cm、宽1.1 ~ 1.3 cm、背厚0.3 ~ 0.8 cm。背上铭文：建初二年蜀郡西工官王愔造五十湅□□□孙剑□（韩汝玢 等，2007）

和其他辅助料从炉顶输入，并不断利用鼓风技术向高炉内输入空气；在木炭的燃烧加热和炉中还原反应过程中产生的铁水流到高炉底部。冶炼过程中产生的各种炉渣和杂质通常因密度低于铁水而浮于铁水表面。通过高炉底部侧面不同高度的出口可以把炉渣从铁水表面扒除，而从炉底则可释放出含碳较高的铁水。中国使用高炉的历史也远早于欧洲。

2.3.4 后铁器时代（钢铁时代）

在中国明、清时期，尤其是公元18—19世纪，由于帝王专制制度的统治和一些陈旧腐朽思想意识的制约，中国钢铁冶炼技术和规模的发展极为缓慢，甚至停滞不前。这期间欧洲却进入了现代工业革命阶段，其钢铁冶炼技术不断取得革命性的突破和高速的发展，并迅速成为世界上钢铁技术发展遥遥领先的地区。

自17世纪初起，欧洲开始在高炉中用煤和焦炭取代木炭，18世纪末以来更发展成了大规模的、普遍使用煤和焦炭的高炉。18世纪下半叶英国的瓦特在不断改造旧式蒸汽机的基础上发明了现代意义上的蒸汽机，随后蒸汽机技术就被用于高炉的鼓风，以取代手工鼓风技术。高炉生产在燃料和鼓风技术方面的改造奠定了现代冶铁技术的基础，使得炼铁所需的时间大幅度下降，单炉炼铁的产量不断攀升，极大地提高了生铁的生产效率。

生铁产品经过进一步的冶炼加工，使其碳含量降低到适当的范围，才能制成性能优良的钢制品，该生产过程称为炼钢。传统的炼钢技术过程复杂、效率低下，因此优质钢的产量很低。进入19世纪后，1856年德国人西门子构想了一种具有熔池的高效炼钢设备，并以当时类似的工业设备实施了炼钢。基于这种构想，1864年法国人马丁建造了第一个带有很大熔池的专用炼钢设备，称为平炉，也称为西门子－马丁炉；并以煤气或重油为燃料在直接加热的状态下把废钢和生铁成功地炼成了钢，发展出了平炉炼钢技术。1879年英国开始用平炉钢建造钢结构桥梁。1889年法国政府用约7 000 t平炉钢建成了324 m高的举世闻名的埃菲尔铁塔，这是工业革命推进炼钢技术改进的标志性成果。平炉炼钢技术可以直接使用高炉生铁，对原料要求不严，生产过程简单，炼钢过程能在数小时内完成，可以极大地提高生产效率并降低能耗，所以迅速成为世界上主要的炼钢手段。自此以后直至20世纪50年代，世界上绝大多数的钢都是借助平炉炼成的。

（a）

（b）

图2.38　1889年法国建成的324 m高的埃菲尔铁塔

1856年英国人贝斯麦公布了一种转炉炼钢法，即把空气吹入熔融的生铁内，通过氧与碳的反应降低铁中的碳含量，相应的设备称为转炉。这种炼钢方法可以直接使用高炉铁水，不存在固态原料的熔化过程，不需要输入大量的热能，可充分利用空气与钢中的碳反应时所释放的热量，生产周期可以分钟计算，因此使生产成本进一步大幅度降低。但这种方式不能大量使用废钢及其他固体原料，所生产的钢杂质含量较高，难以大范围推广。20世纪中期，奥地利的钢铁公司实施了一种吹入纯氧的转炉生产技术，大幅降低了钢中杂质含量和炼钢能耗，并可以使用一定量的废钢。鉴于转炉炼钢在生产效率、生产成本和能耗方面的明显优势，转炉技术成为当代炼钢的主流，平炉技术已逐渐被淘汰。

在欧洲进入工业革命时期的后铁器时代，工业企业以极高的效率生产出大量的各种钢，钢的产量急剧升高并被迅速应用到各个工业和日常生活领域，钢取代了传统的铁而成为推动社会经济发展的主体材料，因此这一阶段也称为钢铁时代。在这个阶段，一个国家的钢铁产量通常会标志着其经济实力的整体水平和国家强盛的程度。在两次世界大战期间，钢铁产量对参战各方的军事实力发挥了重要的影响。1914年德国的年钢产量接近2 000万吨，高于周围国家，因此敢于发动第一次世界大战。德国发动第二次世界大战时的年钢产量超过2 000万吨，而当时苏联的年钢产量接近2 000万吨，因此战争初期德国军队大规模空袭和破坏苏联钢铁生产，使之年产量迅速降低到1 000万吨以下，大大削弱了苏联的战争能力。1941年日本凭借700万吨左右的年钢产量发动了偷袭美国珍珠港的太平洋战争。当时日军的炮弹甚至比中国的子弹都多。但美国当时的年钢产量为数千万吨，远高于日本。海上的作战更多依赖于钢铁的比拼。战争进行过程中交战各方都设法破坏敌方的钢铁生产，以削弱其作战能力。钢铁产量上的差异以及美国对日本钢铁生产的破坏是日本败下阵来的重要因素。

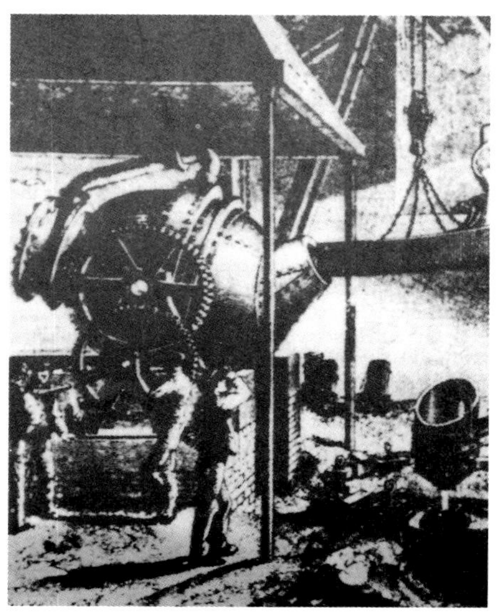

图2.39　约1860年英国早期的可倾转式转炉，右侧加料，左侧出钢（Tylecote，1992）

铁是比铜更活泼的元素，钢铁制品在使用过程中经常会发生锈蚀现象，影响了其长期服役的能力，因此如何防止钢铁制品的锈蚀问题受到了广泛的关注。20世纪初期欧美许多科学家的实验探索发现，钢中所含铬元素的质量分数超过12.5%时会变得非常耐腐蚀。研究表明，钢中足够多的铬元素可使钢的表面形成一层致密的氧化膜，阻止钢的进一步氧化。这个发现促使人们发明了不锈钢，随后又开发出了在不同腐蚀介质和载荷条件下耐腐蚀的各类不锈钢。不锈钢的出现极大地促进了钢铁材料服役寿命的延长。

将水泥与砂、碎石按照一定比例搅拌混合后构成的水硬性混合凝胶材料称为混凝土，它耐压性能优良、价格低廉，被广泛应用于土木建筑工程中。但混凝土抵抗拉伸和承受冲击的能力比较弱，使其在大型建筑和军事设施方面的应用受到限制。为了克服混凝土的缺陷，1879年法国人艾纳比克以在混凝土内添加钢筋的形式制造楼板，使其抗拉和抗冲击的能力大为提高。用钢筋增强的这种复合混凝土材料称为钢筋混凝土，已被广泛用于土木建筑工程。建筑用钢筋是目前钢材生产中产量最大的品种。

图2.40 建筑工地上锈蚀的钢筋，钢筋表面红棕色的附着物为Fe_2O_3

图2.41 混凝土中增强其承载能力的钢筋

第二次世界大战前，为了防止德国的入侵，法国斥巨资于1928—1936年期间沿德法边界修筑了大量的永久防御性军事设施，包括工事、要塞、堡垒、通道等，史称马其诺防线。防线蜿蜒数百公里、纵深10 km左右，主要采用坚固的钢筋混凝土修建，设施的顶部和墙壁厚度可高达数米，能抵挡口径400 mm以上炮弹的直接攻击。最终德军不得不避开马其诺防线，绕道法国与比利时边界的阿登地区，突袭并击败英法联军，造成其敦刻尔克大溃败。

1889年在当时湖广总督张之洞的主持下，湖北成立了汉阳铁厂。铁厂1890年动工，通过引进设备于1893年建成投产，并聘请了大批外国专家。这是中国第一个现代化钢铁企业，历尽磨难，也为推动中国的现代化进程发挥过积极的作用。

然而，清末以来政治的动荡和战乱使中国钢铁工业的发展基本处于停滞状态。1949年全国的钢产量仅有十几万吨，略高于北宋时期的冶铁产量。此后经过几十年的和平建设与发展，尤其是在改革开放以来的第三个10年期间，中国的钢铁生产有了突飞猛进的发展。经炼铁、炼钢过程获得的钢坯在后续加工之前称为粗钢。从1949年以来中国大陆地区粗钢年产量的发展变化可以看

(a)

(b)

图2.42 1908年拍摄的汉阳铁厂（李延祥、潜伟协助供图）（北京科技大学冶金与材料研究所，2011）

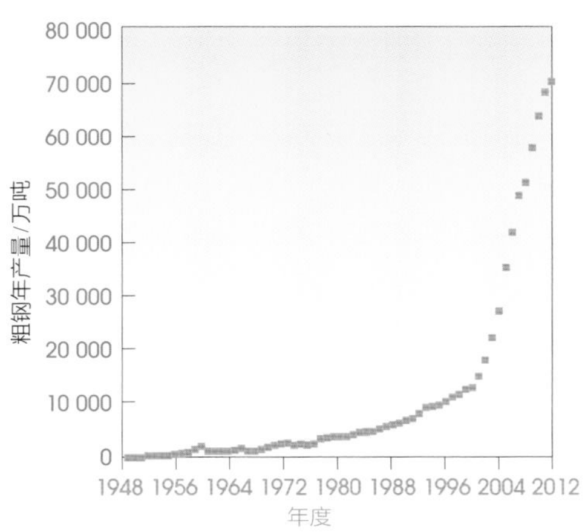

图2.43 1949年以来中国大陆地区粗钢年产量的变化（凤凰网，世界钢铁协会）

图2.44 1985年一期建成投产的现代化宝山钢铁公司（宝山钢铁公司提供）

出，改革开放之前中国钢铁生产的发展极为缓慢，1978年改革开放后钢产量的增幅有所提高，并建设了一批以宝山钢铁公司为代表的拥有世界先进技术装备的现代化钢铁企业。进入21世纪以来，中国大陆地区的粗钢年产量出现了爆发式增长。目前全球的粗钢年产量约为15亿吨，而近几年大陆地区的粗钢年产量就已超过7亿吨，台湾的粗钢年产量也超过2 000万吨，两者合计接近全球产量的一半。

2.4 信息时代——硅时代

自古以来，动物之间就可以借助发送和接收声音、动作、气味、表情等信号，甚至借助接触的方式互相传递信息。人类社会出现语言和文字以后，不仅人与人之间信息的传递量和效率大大提高，而且互相传递的信息能以文字的形式储存起来，在特定工具和介质的帮助下极大地扩展了信息传递的空间范围和时间范围，对人类社会的发展起到了重要的推动作用。同时，与信息传递相关的技术措施由结绳记事开始不断演变到形成文字、烽火通信、信鸽传书、风筝测距、鸣镝射马、造纸术、印刷术、活字印刷、书籍、驿站、邮局、报纸、杂志、电报、电话、无线广播、有线电视，等等。在信息的传递和交流过程中，人类社会也会不断地获取或总结出新的见解和知识。由此可见，信息及其储存、传递和更新是人类社会非常重要的组成部分，与之相关的信息技术和设施也随着人类社会的发展而不断改进。

如今已有许多关于信息或信息化的著作，也有一些关于信息时代的书，但是人们在论及信息时代时往往聚焦在信息时代的特征、现象、功能、发展前景等方面。当我们讨论信息时代时，首先应厘清其定义，要避免盲人摸象式的表面化理解。目前，国际上对信息时代尚有不同的看法和定义。

2.4.1 信息的数字化

在自然界和人类社会中存在着各种各样的可以用数字表达的信息，例如人数、居住的楼层数、剧场的座位号、一个年级内的班数等，这些信息可以简单地用数字表示，如40人、5层楼、5排15号、6个班等。人类使用的各种文字、字母、符号等也可以转化成数字表达的形式，如可以把文字转换成用数字表达的电报码。另外，还有些信息如温度、颜色、气压、质量、距离、面积、体积等用数字表达时会存在准确性的问题。例如，我们可以估计从学校的大门到教室门之间的距离为若干米，如106 m至107 m之间；但准确的数值通常会是一个无理数，如106.543 876…，即小数部分是一个无限不循环小数。如果我们希望对其做有限的描述，则根据所需要的精确度可以近似地以有理数的形式描述成107、106.5、106.54、106.544、106.543 9、106.543 88等。再如，在任何时刻任何一个几何点的温度值通常也会是这样的无理数，准确表达起来是一个无限长的数字，并也可以根据所需要的精确度做有限的描述。其他很多信息也有类似的情况。

根据物理的光学原理可知，可见光是波长为400 ~ 760 nm的电磁波。如波长为400 ~ 430 nm时是紫色，430 ~ 450 nm时是蓝色，450 ~ 500 nm时是青色，500 ~ 570 nm时是绿色，570 ~ 600 nm时是黄色，600 ~ 630 nm时是橙色，630 ~ 760 nm时是红色。因此，任一物体所反射可见光的波长，即描述其真实而准确颜色的数值，应该是一个无理数。同时反映该物体所反射可见光的强度，或描述该物体亮度的数值，也是一个无理数。采用传统的胶片式照相机拍照时，照相胶片的片基上涂覆了一层含有卤化银的感光乳剂。当被拍摄物体通过照相机镜头在胶片上成像时，乳剂因被光照而发生化学反应。彩色胶片上乳剂发生化学反应的程度和类型与被拍摄物体的颜色和明暗亮度有关，因此会记录下关于颜色和亮度的信息。这种信息经过后续的化学过程冲洗成照片后，会在照片上反映出相应的颜色和亮度信息。如果用数值描述这些信息时，它们也都会是无理数。但采用现在流行的数码照相机拍照时，相机内并没有底片，而是由很多数值存储单元组成的记录系统。当被照射物体的颜色和亮度信息传输到存储单元时，须将信息变成数字存储起来。任一无理数都因需要无限大的空间而无法存储，因此不得不如上所述，转化成近似有理数的方式存储；小数点后面取的位数越多，描述得越准确，但所需要的存储空间也越大。另一方面，用传统胶片式照相机拍成照片后，在照片所涉及的平面内任意画一条线，沿着这条线移动时，相应的距离、颜色和亮度都是连续变化的。但是数码照相机必须把所拍照片沿纵、横两个方向划分成若干个独立而整齐排列的小方格，每一个小方格的颜色和亮度由一个存储单元记录；把所有小方格的颜色和亮度按照原来的顺序排列并打印出来，就形成了数码照相机的照片。在数码照相机的照片上任意画一条线并沿线移动时，随着移动距离的延长会不断地从一个小方格进入另一个小方格，相邻小方格内的颜色和亮度数值都是不一样的，即相应的距离、颜色和亮度都是不断跳跃而不连续的。在同样照片尺寸的范围内，纵、横两个方向的小方格划分得越细小，所获得的照片与真实的场景越接近，但所需要的存储空间也会越大。

在现代科技中，那些在自然界和人类社会中表现为无理数值的准确、真实、连续的信息可称为模拟信息，而那些以有限的有理数表达的信息则可称为数字信息。无理数值有无限的长度，无法以电子信息的形式存储；有限长度的有理数则很容易以电子信息的形式存储、复制、快速输送和广泛传播，因此成为了现代社会越来越主要的信息保存和传播形式。把模拟信息转变成数字信息的过程称为数字化过程，例如用扫描仪把一张胶片式照相机拍摄的照片扫描成电子文本就是一个数字化过程，或者说是使有理数保持有理数而使无理数有理化的过程。数字信息是对模拟信息人为的简化和抽象，但通过提高数字信息的精度可以使其非常接近，或近似等同于模拟信息。由此可以理解，为什么新闻摄影师喜欢用数码照相机，而艺术摄影师仍倾向于使用胶片式照相机。模拟技术可以记录最真实的场景，而数码技术则只能以一定程度接近真实的方式记录场景，尽管后者在存储、复制、传播、商业化方面具有巨大的优势。

在电子通信设备内直接记录数值的方式只是简单地用电路的畅通或阻断来表达，即数学上表达1、0两个数值的二进制数字，因此需要把常规的十进制数字转换成二进制数字，如：

十进制数值	0	1	2	3	4	5	6	7	8	9	10	…	100	…
二进制数值	0	1	10	11	100	101	110	111	1000	1001	1010	…	1100100	…
二进制位数	1		2		3				4			…	7	…

其中二进制的每一个位数称为一个比特（bit）。1个比特可以表达0、1两个数，

2个比特可以表达0 ~ 3的四个数，3个比特可以表达0 ~ 7的八个数，4个比特可以表达0 ~ 15的十六个数，依此类推；n个比特可以表达2^n个数。不仅数字，所有的字母、符号、文字也都可以借助若干个比特表达出来。如果把所有的信息，包括图像信息数字化后，就都可以借助二进制的数字系统在电子系统内表达和存储。

2.4.2 电子计算机与信息处理

世界上最早以电子方式记录二进制数码的电子器件应属真空电子二极管。传统的电子二极管外有阴极和阳极两个电子管脚。阴极连接电子管内的灯丝，可以如同白炽灯那样被加热；阳极连接电子管内与灯丝平行的金属板。灯丝被加热后会产生很多活跃的自由电子，当阳极的电位高于阴极时，在正电场的作用下自由电子会流向阳极，使二极管导通；当阳极的电位低于阴极时，反向电场的作用无法使自由电子流向阳极，因此二极管处于不导通状态。二极管这种随电场正、反方向变化而分别呈通、断状态的特性称为单向导电性。如果导通定义为1，不导通定义为0，则一个二极管的两种状态刚好可以反映出一个比特可能的两种数值状态。4个电子二极管所组成的4个比特组合就可以表达一位十进制的数。早期的电子二极管大约10 cm高，内部被抽成真空以便保持其一定的使用寿命。后来经过不断的改进，一个电子管内可容纳两个或多个二极管，尺寸也减小到约5 cm。

早期的电子计算机（简称计算机）是一种简单的电驱动数据输入、存储、计算、增殖和输出系统，计算机须在特定软件系统的管理下运行。当今的计算机还包括大型复杂运算的超级计算机，互联网络使用的各种服务器、工作站、集线器、交换器、路由器，自动而精确控制各种工业生产过程的工业控制机，以及各种类型的个人计算机等。可见，计算机是重要的信息处理设备。

要求计算机执行的一系列按照特定顺序编排的数据和指令的集合体称为计算机软件，而计算机系统本身可以看见的物质部分则通常称为计算机硬件。计算机软件由人按照其数学逻辑和思维逻辑事先编排并输入到计算机内，计算机将逐一执行编排好的软件指令。因此，计算机软件以计算机语言的形式

图2.45 真空电子管（最新常用电子管速查手册编写组，2013）。（a）传统电子管；（b）传统电子二极管；（c）小型电子管；（d）小型电子双二极管

表达，是人类思维的体现。计算机可以快速、准确、大规模、连续地执行任何数据运算和逻辑运算，进而得出所需要的结果；并可以按照指令操纵其他的机器设备按要求运行。

第二次世界大战之后，1946年美国制造出了世界上第一台电子计算机，1秒钟可做5 000次加法，这在当时是相当快的速度。该计算机安装了17 468个真空电子管，占地167 m^2，重30 t，电功率160 kW；该计算机开动后每个小时都会有若干个电子管损坏，并须停机检修。对今天来说，这是一个无法接受的庞然大物、吃电老虎和娇气的低效老爷。但它的出现毕竟开启了一个新的纪元。

在当今实用的计算机中通常用8个比特组成一个字节（Byte），或称B，以表达任何可能的字母、数码、符号等。2^{10}个字节称为1 KB，即1 024 B。如果把上述17 468个真空电子管全部认做是表达比特的电子二极管，则可换算出约2 KB字节数。在167 m^2的面积和30 t的质量范围仅保有如此有限的存储和运算空间，不仅工作效率低下，而且很难进行稍微复杂的运算。可见计算机硬件的高效率化是计算机发展过程中需要解决的重要课题之一。

2.4.3 硅半导体支撑信息数字化的硬件原理

由上述可见，计算机中用以表达比特的二极管，其体积的大小对计算机的容量和工作效率有重要影响。而解决这一问题的方法就在于用半导体二极管取代电子二极管。1947年底美国贝尔实验室物理学家巴丁和实验专家布拉顿制造出了世界上第一个半导体二极管，也称晶体管。在这个二极管装置中有两个金属丝同锗半导体片相接触，整体呈单向导电性。第一个半导体二极管虽然体积很大，但在随后的工业化生产过程中，其体积迅速减小到米粒大小。

半导体的电阻率介于金属导体和绝缘体之间，其室温电阻率约为10^{4} ~ $10^{-4}\ \Omega\cdot m$。半导体材料的种类有很多，按化学成分可分为单质半导体和化合物半导体两大类。锗和硅是最常见的单质半导体；化合物半导体包括Ⅲ－Ⅴ族化合物（如砷化镓、磷化镓）、Ⅱ－Ⅵ族化合物（如硫化镉、硫化锌，或锰、铬、铁、铜等的氧化物），以及Ⅲ－Ⅴ族化合物和Ⅱ－Ⅵ族化合物组成的固溶体（如镓铝砷、镓砷磷等）。目前，硅基的半导体是电子工业上用量最大的半导体材料。

不含杂质的半导体称为本征半导体。硅基半导体的硅原子间以共价键的方式结合；在绝对温度0 K条件下，共价键中的价电子会把硅原子紧密地结合在一起。当受到热激发后，部分价电子会借助热运动摆脱共价键而成为可自由迁移的电子，并因而降低了硅的电阻率。一对电子组成的共价键中缺少一个电子后会形成一个带正电的空位，称为空穴，自由电子和空穴合称为电子－空穴对。自由电子和空穴可以在外电场作用下定向运动。由电子－空穴对造成的导电性称为本征导电性。自由运动的电子可能会落入附近的空穴，使自由电子和空穴抵消。在某

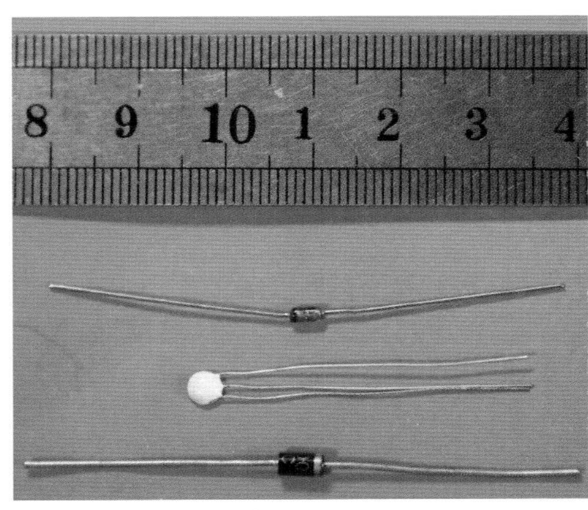

图2.46　半导体二极管

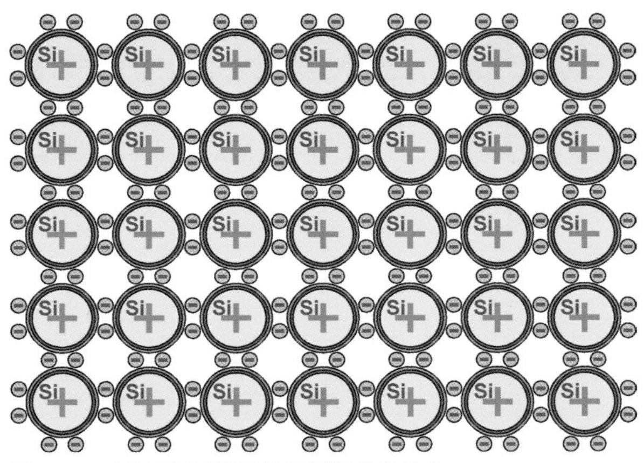

图2.47　硅的原子排列及其原子间共价结合方式示意图（毛卫民，2009）

一温度下，电子-空穴对的激发和消失达到动态平衡时会保留一定自由电子和空穴浓度，从而使半导体保持一定电导率。温度升高时自由电子和空穴的浓度增加而电阻率减小。室温下本征硅的自由电子和空穴浓度约为 $1.4\times10^{16}/m^3$。

硅中杂质元素的类型和含量对其电阻率有很大影响。如果在四价元素硅中掺入五价元素磷、砷、锑等杂质原子，杂质原子取代硅进入硅的原子阵列后，其五个价电子中有四个与周围的硅原子形成共价键，多余的一个电子被束缚于杂质原子附近，并且很容易成为易于迁移的自由电子。掺杂后的半导体中出现了许多带负电荷而易于迁移的自由电子，使电阻率下降，称为n型半导体。若在硅中掺入三价元素硼、铝、镓等杂质原子，杂质原子与周围四个硅原子形成共价结合时尚缺少一个电子，因此会保留一个空穴，并且周围电子很容易因被激发而跃迁到这个空穴处填补空穴，并造成空穴的迁移。这样掺杂后的半导体中出现了许多带正电荷而易于迁移的空穴，使电阻率下降，称为p型半导体。硅掺杂后形成n型半导体中的自由电子浓度约为 $5\times10^{22}/m^3$，而硅原子的浓度为 $5\times10^{28}/m^3$，即大约每百万个硅原子中有一个自由电子。

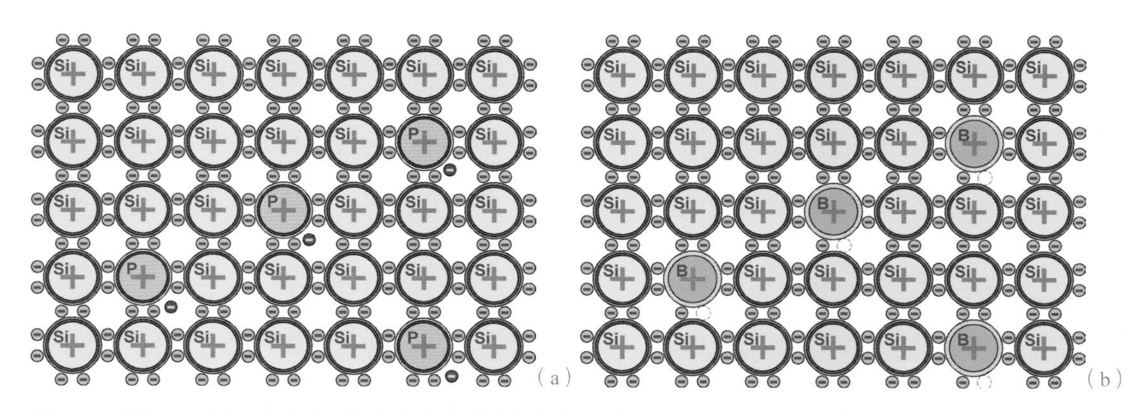

图2.48　四价硅中掺入五价磷或三价硼后原子间共价结合方式示意图（毛卫民，2009）。（a）n型半导体（磷原子附近带负号的深蓝圈为多余的电子）；（b）p型半导体（硼原子附近的红虚线圈为空穴）

n型半导体和p型半导体内分别存在着许多可迁移的多余的电子和多余的空穴，可分别用深蓝圈和红虚线圈简化地表示。此时n型半导体和p型半导体内的电荷整体上是平衡的，其内既没有多余的负电荷，也没有多余的正电荷。n型半导体和p型半导体互相接触时，其接触界面区域附近n型区内多余电子会受p型区内多余空穴的吸引，并迁移进p型区，p型区内同样数量的空穴也同时迁移进n型区。此时n型区和p型区接触部位附近的电荷分布均失去平衡，n型区内呈现过多正电荷而p型区内则呈现过多负电荷，正、负电荷在接触界面两侧的积累形成了深色的电偶极层。n型区和p型区内电荷分布的失衡会阻碍n型区内多余电子向p型区的继续迁移，使得多余电子发生少量迁移后即终止迁移行为。此时n型半导体和p型半导体构成的接触体系重新达到平衡；两半导体接触界面中间深色电偶极层内形成的多余电子和空穴迁移区域称为p–n结。p–n结以阻挡层的形式阻止了正、负载流子的后续迁移，其电阻明显高于n型半导体和p型半导体。

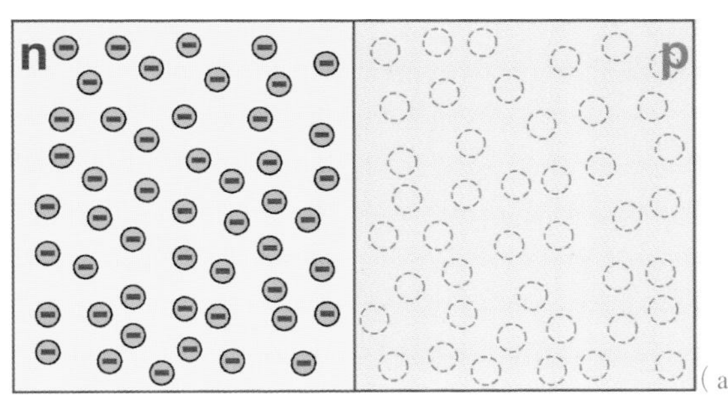

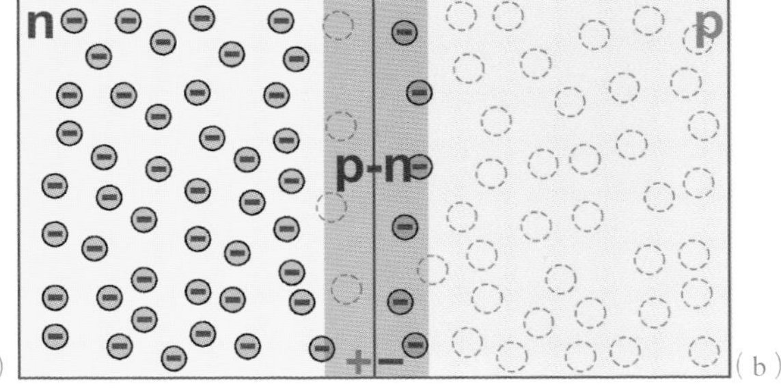

图2.49 n型半导体与p型半导体结合而成的p–n结（毛卫民，2009）。（a）n型半导体与p型半导体；（b）p–n结的形成

如上所述，p型半导体和n型半导体互相接触时，n型区的部分多余自由电子越过接触界面迁移进p型区，造成p–n结区域内电荷分布的失衡并形成反向电场，即p–n结内存在由n区指向p区的电场，阻止了多余自由电子的继续迁移。如果在p–n结上加一个与p–n结电场反向的外加电场，即p型半导体为电场正极、n型半导体为电场负极，称为正向电压。此时外加正向电压作用在p–n结上，并削弱p–n结的内电场和对多余自由电子迁移的阻碍；p–n结电阻降低而电流增大，呈导通状态。如果在p–n结上加一个与p–n结电场同向的外加电场，即p型半导体为电场负极、n型半导体为电场正极，称为反向电压。此时外加反向电压作用在p–n结上，使p–n结的内电场和对多余自由电子迁移的阻碍增强；p–n结电阻升高而电流大幅度降低，接近阻断状态。由此可见，p–n结具有单向导电性。

巴丁和布拉顿就是借助p–n结的这种单向导电特性制成半导体二极管，广

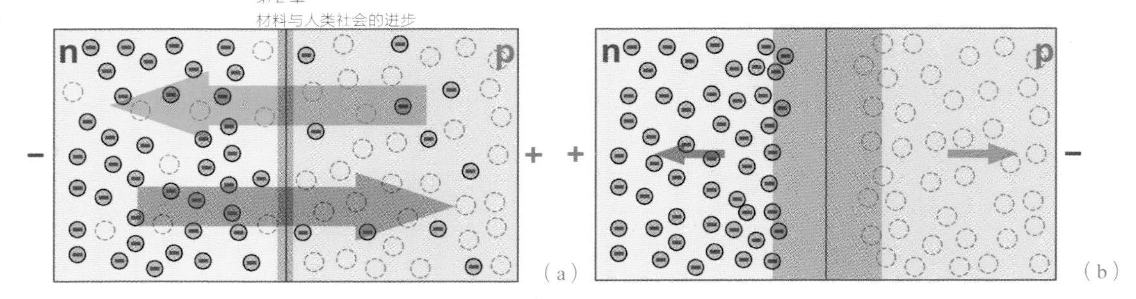

图2.50　p-n结的单向导电特性（红色箭头指示正电荷流动方向（毛卫民，2009），蓝线箭头指示负电荷流动方向）。（a）加正向电压时的强电荷流动；（b）加反向电压时的弱电荷流动

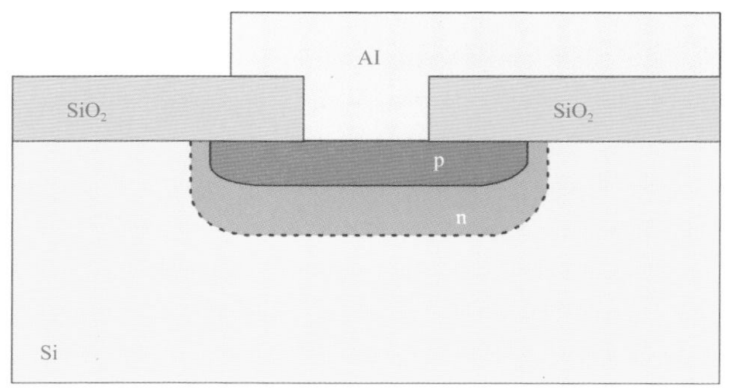

图2.51　半导体二极管的基本构造（毛卫民，2009）

泛用于制作各种电子元件，为以二进制数学为基础的信息技术及其快速发展奠定了材料基础。在硅中掺入五价元素后可以制成n型半导体，随后再附着上p型半导体以构成p-n结；经过SiO_2绝缘处理和引出铝导线后，即可形成硅半导体二极管的基本结构。显然，这里介绍的半导体二极管属于比较复杂的硅材料。

2.4.4　计算机发展所需大规模集成电路的材料原理

对于高容量和高工作效率的计算机来说，米粒大小的二极管仍显太大，需要进一步改进相关的硅材料。如果不是一个一个地制成二极管并组合使用，而是直接把大批二极管紧密排列在一起制成器件，则可以大幅度节省空间、提高效率。实现这一目的的技术措施就是制作集成电路。

在微电子学领域，把以半导体材料为基片，经加工使各种电子元器件互相连接并集成在基片内部、表层和表面，以产生所设定功能的微型化电路，称为集成电路。1958年美国工程师基尔比发明了世界上第一个以半导体锗为基础的集成电路，自此开始了半导体科学与技术高速发展的全新历史。

这里简单介绍一下硅基二极管集成电路合成制备的原理。首先选择硅片，它可以是本征硅片，也可以是经过掺杂处理的n型半导体或p型半导体。利用热氧化法可以在硅片表层生成SiO_2绝缘层。利用特殊光学标识和腐刻技术，以一定间距选择性去除SiO_2绝缘层并暴露下面的硅层。如果硅片已经是n型半导体，则可以采用特殊注入技术注入硼元素，使硼注入区附近的原n型半导体改型为p型半导体，并生成一系列p-n结，即一系列半导体二极管。如果硅片是本征态的，则需要先注入五价磷元素制成足够深的n型半导体，然后再通过渗硼等工艺使表层改型成p型半导体以制作p-n结。随后可设法生成SiO_2保护膜并做选择腐刻以适当暴露已制作好的半导体二极管的p型半导体端。在基片表面附着一层导电铝膜并做选择腐刻，按照事先设计的规则引出二极管的导线电路。最后对引出的导线做适当的逻辑连接、引导和封装，即可制成集成电路。再经封装和引线后制成芯片。

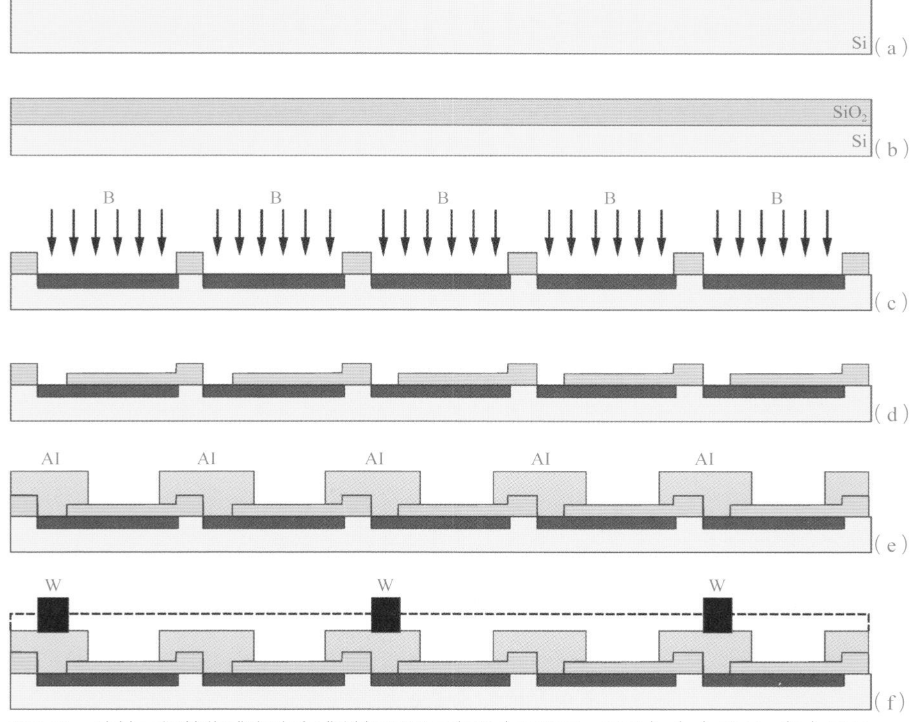

图2.52　硅基二极管集成电路合成制备原理示意图（毛卫民，2009）。（a）硅片；（b）硅片表层氧化生成SiO_2层；（c）做选择腐刻后注入三价硼元素以形成p-n结；（d）附着SiO_2保护膜再做选择腐刻；（e）附着铝膜并做选择腐刻，用做半导体二极管电路的引出导线；（f）用金属W对导线做适当连接、引导并封装

图2.53 计算机使用的集成电路芯片

在上述制备过程中多次使用了选择腐刻技术。现以SiO_2层为例说明选择腐刻技术的实施过程。先用热氧化法在硅片表面生成SiO_2层；然后把光敏感耐腐蚀聚合物层涂覆于SiO_2绝缘层上；用刻除印刷部位的镂空模板或其他镂空涂覆技术遮盖聚合物层，并用特定紫外线照射模板的镂空部位；紫外线诱导聚合物层被照射部位发生化学反应并经化学显影法去除；用氢氟酸侵蚀去除SiO_2层中没被聚合物层覆盖的部位，使该处暴露出硅层；最后清除掉剩余的聚合物层。

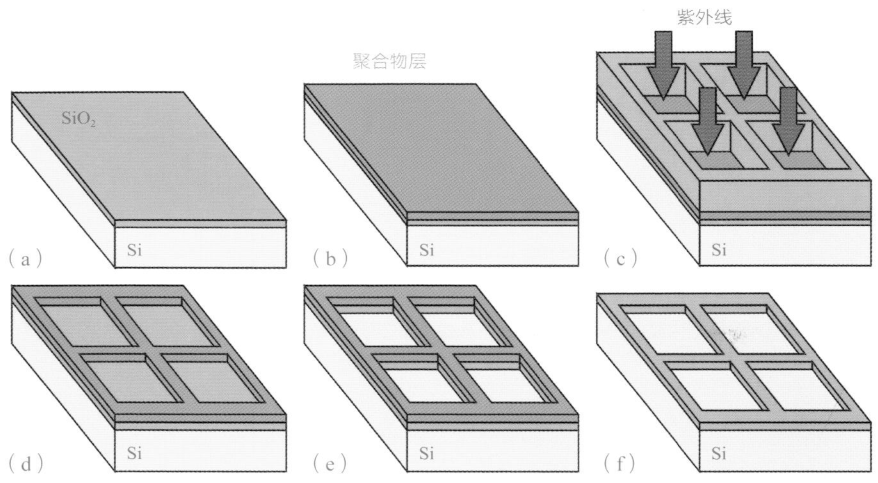

图2.54 选择腐刻过程示意图（毛卫民，2009）。(a) 硅片上的SiO_2层；(b) 涂覆光敏感聚合物层；(c) 用紫外线通过镂空模板照射聚合物层；(d) 用化学显影法去除聚合物层被照射过的部位；(e) 用氢氟酸侵蚀去除SiO_2层中没被聚合物层覆盖的部位并暴露出硅层；(f) 清除剩余聚合物层

如上制成的集成电路中每个p-n结就是一个比特记录单元，适当设计、排布、连接就可以构成大容量存储器。以上只是极为简单地介绍了集成电路的合成制备原理。实际的超大规模集成电路的结构要复杂得多，通常要在极为苛刻的工作环境下经过几千个工艺流程才能完成整个合成制备过程。制造超大规模集成电路中所涉及的材料体系非常复杂，相应的制备工艺也是多种多样的。

自从第一个集成电路问世以来，硅集成电路只有50多年的历史，但是其发展速度是非常惊人的。已从早期的小规模集成电路（SSI）、中规模集成电路（MSI）、大规模集成电路（LSI）、超大规模集成电路（VLSI）等，发展成为今天的甚大规模集成电路（ultra-large scale integration，ULSI）。在表面积不变的条件下，单个集成电路芯片内以半导体二极管为基础的存储单元数目从数百个发展成今天的上亿个。随着电路集成程度的提高，电路运转速度也大大提高。

集成电路芯片是微电子工业的基础元件，其相关材料加工技术也成为了现代信息社会发展的关键技术之一。从材料学的观点来看，集成电路实际上是一种通过极为复杂的现代高效合成技术制备出来的高科技电子功能材料。

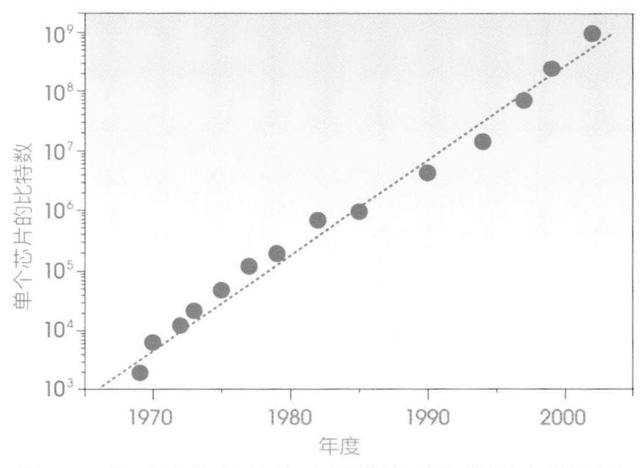

图2.55 集成电路芯片的大规模集成化发展（毛卫民，2009）

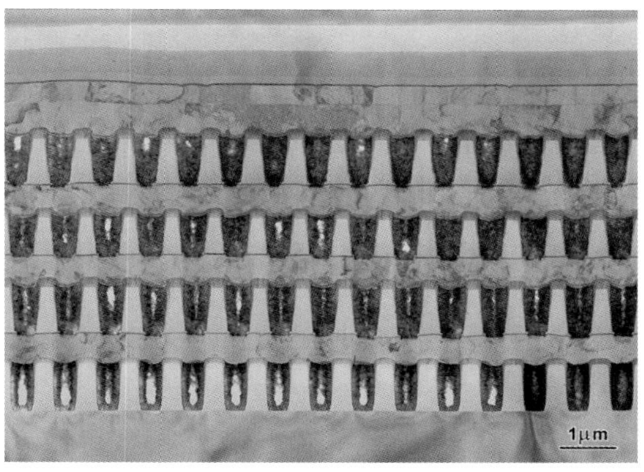

图2.56 多层结构集成电路内深色内连接金属导线的分布（导线间距不超过1 μm）（毛卫民，2009）

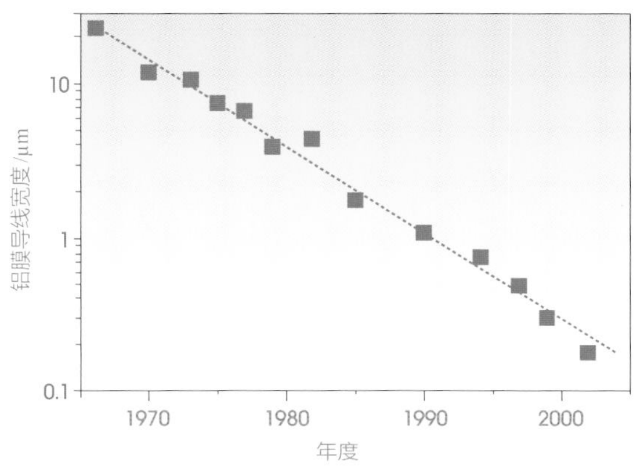

图2.57 集成电路芯片内连接铝膜导线宽度随年代的变化（毛卫民，2009）

随着集成电路的超大规模化发展，电路内各结构单元的尺寸越来越小并密集化。假如每个比特占据1 μm^2的面积，则1 cm^2的芯片面积可有10亿个比特。如果芯片具有多层结构，则存储容量还会成倍增长。这些比特单元需要按照一定的逻辑关系互相连接在一起，才可以制成集成电路芯片。把如此微小的结构单元在芯片内部互相连接起来是十分困难而复杂的技术。传统上选用铝膜作为内连接导线。随着存储单元的增加，铝膜导线的宽度不断减小，从20世纪70年代的10 μm迅速下降到0.2 μm以下。21世纪初内连接导线的尺寸已经降低到0.1 μm以下。这种情况下的传导要求已经超过铝导线性能的极限。铜的导电性好、熔点高且温度稳定性好，所以已经普遍取代铝用做内连接导线。

2.4.5 网络高速传输所需的光导纤维

利用通信线路和设备以一定的连接方式把分布在不同地点且具有独立功能的计算机系统相互连接在一起，在网络软件的支持下进行数据通信、实现资源共享的系统称为互联网络，简称互联网。可见，互联网是计算机与通信网络以某种形式结合的产物。20世纪50年代，将电传打字机与计算机远程连接起来，人们可以在远地的电传打字机上输入指令，让计算机运算，然后再把运算结果传送到远地的电传打字机打印出来。由此开始了计算机与通信的结合。1969年美国国防部高级计划开发署支持的分组交换网投入运行，把加利福尼亚大学洛杉矶分校、加利福尼亚大学圣巴巴拉分校、斯坦福大学、犹他大学四个站点的计算机连接成网，由此开始了计算机网络的正规发展时期。自1974年开始美国IBM及其他公司分别公布了各自的系统网络体系。1977年国际标准化组织提出了使不同体系结构的计算机网络都能互联的标准框架。20世纪80年代中期以后，开始了互联网高速发展的历史阶段。

要在全球范围的互联网上达到资源共享的目标，就需要有一种大容量、高速度的通信网及相应的通信线路，而通信电缆等传统的通信线路完全无法满足这个要求。1966年美国学者高锟和霍克姆提出了光导纤维通信的概念。光束从高折射率物体射入低折射率物体时，不仅会发生反射，也会发生折射。当光束穿越特定的不同介质而发生全反射现象时，光束不会从其所在的介质穿越到相邻的介质中而损耗。如果其所在介质对光束的线性吸收系数很低，则借助在介质内的反复全反射过程可使光束在该介质中做长距离的传输。中国古代的烽火通信是原始的光通信技术，但其缺点是传输距离短、信息量少、速度慢、不保密。

现代光通信技术是以激光为载体，以光导纤维为传输介质的通信方式。使光可以在其内部以波的方式传输的纤维状介质材料称为光导纤维，简称光纤。只有光信号在长距离传输过程中很少衰减的光纤才具备工程应用的价值。设I_0、I和l分别是光束在光纤入口和出口的能流密度以及光纤的长度，则表示每千米光纤对光束损耗的光损耗系数k（单位为dB/km，即分贝/千米）可以表示如下：

$$k=\frac{10}{l}\cdot\lg\frac{I}{I_0}$$

最早的光纤由SiO_2玻璃制成，相应的光纤通信系统可以把激光器发生的电信号编排成光信号，通过光纤对光信号做长距离传输，然后借助光纤另一端的光敏二极管把光信号重新转换成电信号。但这种多组分硅酸盐玻璃纤维的光损耗系数约为200 ~ 1 000 dB/km，不能真正实用。20世纪70年代美国研制成了光损耗系数为20 dB/km的光纤制造技术，1976年降低到0.5 dB/km。2002年日本住友公司的技术使光损耗系数降低到0.2 dB/km以下，可以计算出此时光束被传输1 km后可保持入射强度的96%以上，而传输40 km后仍保有16%以上的入射强度，并可以被光敏二极管检测到。因此，光纤可以连续传输光信号40 km而不需要中间重新增强信号。激光的传输速度极快，是发展互联网可以倚重的重要技术资源。

在一种结构简单的单信号型光纤中，纤芯是直径为8 μm的高折射率石英玻璃或多组分光学玻璃，外面包覆外径为125 μm的低折射率硅酸盐玻璃，属于折射率阶跃型光纤。纤芯与包层之间折射率呈阶梯状突变，使入射光束借助全反射呈锯齿形曲线传输。这种光纤的光损耗系数低、信号传输距离远、制造成本低，是目前使用最为广泛的光纤。另外还有多信号型光纤，称为折射率梯度型光纤。这种光纤的纤芯由多层介质组成，其折射率从中心轴线开始沿径向向外逐渐减小，因此入射光束进入纤芯后，偏离中心轴线的光将呈曲线路径向中心集束传输。光束传播时形成周期性的会聚和发散，呈波浪形曲线前进，又称为聚焦型光纤。光束在梯度型光纤的纤芯内传播时不断发生折射，只在纤芯和包层间发生全反射，因此光纤的光损耗系数高、信号传输距离短，且制造成本比较高；但梯度型光纤可以在光束分滤器的帮助下同时传输多个不同频率或波长的光束信号，适合于在信息传输量大而不需要长距离传输的仪器设备中用做光纤通信系统。

按照设计配比把混有不同含量的高纯气体物质与纯氧气一起导入一个旋转着的、具有较低折射率的 SiO_2 石英管，借助一个往复移动的火焰加热旋转石英管的外表面，使得石英管内的气体之间反应生成不同折射率的物质，并沉积到旋转石英管的管壁。移动火焰也会把反应物烧结成很薄的掺杂玻璃层。通过控制导入气体的成分配比，可使每个烧结薄层获得事先设计的化学成分，进而实现所需的折射率。沉积和烧结过程完成后须重新把石英管加热到开始软化的温度，此时表面张力会促使石英玻璃管壁与沉积烧结玻璃层均匀地融合在一起，形成固态的长棒，称为预制棒。把预制棒逐步送入位于竖直光纤制作设备顶部的高温加热炉中加热至 1 900 ~ 2 000 ℃熔化，在重力作用下直径约为 125 μm 的光纤丝从高温加热炉下端连续地漏流出来。做适当表面处理后可将几十微米厚的聚合物同轴包覆在光纤丝的外表面并做固化处理，以保护光纤表面不受损害。所制成的光纤内纤芯与石英玻璃外层直径沿长度方向的偏差非常小，可以确保光纤有极低的光损耗系数。最后须通过绞盘把制作完的光纤产品缠绕在设备底部的转轮上，制成纤维线轴。一根非常纯净的预制棒可以获得

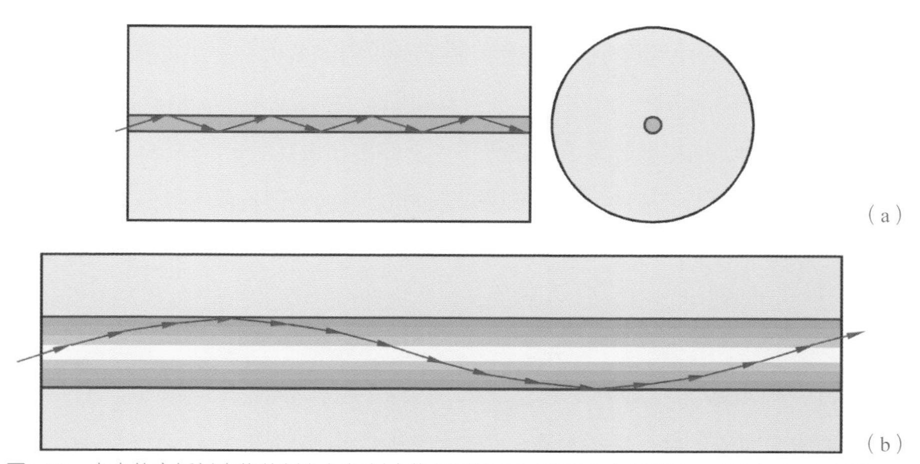

图 2.58　光束从高折射率物体射入低折射率物体时的全反射现象（毛卫民，2009）。(a) 折射率阶跃型光纤；(b) 折射率梯度型光纤

250 km长的光纤。通常石英玻璃很脆，但是细纤维态的光纤却很柔韧，直径越细，柔韧性就越好。

从通信容量看，1976年的美国光纤每秒可传送44×10^6比特信息，即44 Mb/s。2002年美国和2005年中国研制的光纤每秒已可传送40×10^9比特信息，即40 Gb/s。最早的光纤同时只能传送一个信号，1999年加拿大就研究出了同时传送160个不同信号的多波道光纤，2004年中国也实现了这一技术目标。据分析，一根光纤实际可以同时流通上千的波道。由此可见，正是光纤技术的发展，为大容量、高速度的网络通信奠定了良好的物质和材料基础。目前，中国用光纤制作的光缆敷设的长度早已超过3×10^6 km，且正继续快速增加，已可以联通到每家每户，极大地推动了快速互联网的发展，如宽带网络或视频互动传输等。

2.4.6 信息时代与硅时代

综上所述，我们可以尝试如此定义与信息技术发展相关的时代：当人类社会进入这一个阶段，大量的信息被数字化，且在计算机及网络系统内海量存储、高速传输、广泛共享，经计算机处理和运算后可转换或衍生出大量的新信息，极大地促进知识的快速更新和实体经济的发展，则人类社会就进入了信息时代。与传统社会的信息技术相比，信息时代的信息被大规模地数字化，信息的加工、处理、更新以及新信息的产生方式被计算机化，信息的存储和快速传递方式被网络化。在信息时代财富可以仅靠信息的创造、使用、传播、整合和操控而快速创造出来，并形成了相应的产业。

信息时代有两个关键性要素：其一是信息的数字化及其加工、计算以及新数据的衍生，其二是信息的海量存储和广泛传播的高效率系统工具。需要注意的是，信息的数字化有时会意味着信息的简约化和适量的失真化。信息的数字化处理及其加工、计算是一种理念和数学方法，而信息海量存储和广泛传播的工具则是非常物质性的设备和材料，后者的发展水平制约着信息时代的进展步伐。而上述大规模集成电路技术和光导纤维技术的发展为信息的海量存储和广泛传播提供了部分关键性的物质和材料支持，确保了信息的广泛而高效的传播。

打开任何计算机或网络设备，除了上述大规模集成电路外，还密密麻麻排列着各种各样的电子元器件，它们由各种材料按照一定加工流程制成，并对计算机的正常运转发挥着自己的功能。它们的性能水平和可靠性是否足够高，都会从不同角度决定着计算机软件的运行是否准确、安全、可靠。由此可见，包括大规模集成电路和光纤在内，只有电子设备中每一个元器件同时向小尺寸化和高性能化不断发展，才能促使电子信息设备外观越来越小巧、性能越来越优异。可以体会到每种元器件的小尺寸、高性能发展，都要基于相关材料及材料加工技术的不断进步。

前面曾经介绍过人类社会所经历过的石器时代、铜器时代、铁器时代等，石器、铜器、铁器是由当时使用的主要材料制成。尽管当时各个时期人类仍使用很多种其他的材料，如玉石、金、银及其他金属等。但石器、铜器、铁器是当时使用材料的主体，并对社会经济的发展发挥了主导性或突破性的推动作用。石器、铜器、铁器是当时社会中存在和使用的实实在在的物质性物品，是当时的硬实力；按照信息社会的概念，这些属于当时的硬件。当时的社会也存在着政治体系、思想意识、社会形态、法律制度、文学艺术、经济模式、工艺技术等各种软实力的发展和演变，人们也可以用相关的发展来划分人类社会，如农耕时代、资本时代等。

如上所述，当代信息技术包括了软技术、硬技术两个方面。信息技术学科较多地关注到信息软技术的发展，而信息硬技术的发展很大程度上依赖于材料及材料技术的发展，因而较多涉及材料科学与工程学科的领域。信息技术的大规模集成电路主要基于硅材料，光导纤维主要基于SiO_2等硅酸盐材料；这两种材料以硅基材料为主要特点，并占据了信息技术硬件发展的主要部分。如果按照石器时代、铜器时代、铁器时代等主要侧重于硬技术所涉及的材料类型划分时代的思想，信息时代也可称为硅时代，而硅正是地壳中除了氧以外蕴藏量最多的元素。

计算机和网络技术的成熟和发展才能催生信息时代的开始。1946年第一台计算机的出现只是一个比较孤立的事件，对整个人类社会的影响微乎其微，因此它只能是信息时代的一个萌芽。自20世纪70年代中期起大规模集成电路的发展日趋成熟；70年代初光纤技术进入工程化阶段，70年代中期光纤传输容量有了大幅度提高；70年代起开始出现了网络技术，并随后形成了国际标准。这些技术的成熟和规模化发展极大地推动了人类社会的信息化进程，因此多数人认为，人类的信息时代应起始于20世纪70年代中期。鉴于硅材料及其加工技术在大规模集成电路和光纤中的重要作用，也可以说硅时代起始于20世纪70年代中期。

美国学者尼葛洛庞帝（N. Negroponte）1995年在他的《Being Digital》（中文译名：数字化生存）一书中多方面阐述了数字化社会中信息的最基本单位“比特”的重要作用。他把物质世界的基本单元“原子”与信息世界的基本单元“比特”做了比较，认为比特具备传输快、损耗低、花费少、回报多、可分享等特点。未来世界以比特为基础的信息经济将大幅取代以原子为基础的物质经济。他的这些看法很大程度上在后来的社会发展中得到了证实。应该注意到，原子和比特并不是完全对等的概念。人类是一种物质性存在的集体，其生存所依赖的核心基础也是物质性的。没有原子就没有宇宙，也就没有人类；而没有比特，宇宙和人类照常存在。信息经济不可能完全取代物质经济，信息经济的发展除了使人类获得更优质、多样、便捷的精神消费外，还会促使物质经济更高效、更可持续地发展，以更好地满足人类最根本性的且无可取代的物质需求。

思考题

1. 为什么世界各地的历史都是以石器时代、铜器时代、铁器时代的顺序发展？
2. 历史上也曾广泛使用过金、银及其他金属，为什么未出现金器时代或银器时代的说法？
3. 材料与人类社会发展有怎样的内在联系？
4. 与传统社会的信息技术相比，信息时代的特点和基础是什么？为什么可以把信息时代称为硅时代？

参考文献

北京科技大学冶金与材料研究所. 2011. 铸铁中国：古代钢铁技术发明创造巡礼. 冶金工业出版社.

沧州市文物局. 2007. 沧州文物古迹. 科学出版社.

陈祖全. 1980. 一九七九年纪南城古井发掘简报. 文物,(10): 42-49.

高至喜. 1960. 湖南古代墓葬概况. 文物,(3): 33-37.

拱玉书. 2001. 日出东方: 苏美尔文明探秘. 云南人民出版社.

拱玉书. 2002. 西亚考古史. 文物出版社.

韩汝玢, 柯俊. 1984. 中国古代的百炼钢. 自然科学史研究, 3(4): 316-320.

韩汝玢, 柯俊. 2007. 中国科学技术史: 矿冶卷. 科学出版社.

河北省文物研究所. 2009. 河北考古重要发现: 1949—2009. 科学出版社.

河南省文物考古研究所, 三门峡市文物工作队. 1999. 三门峡虢国墓. 第一卷下. 文物出版社.

胡先志. 2007. 光纤与光缆技术. 电子工业出版社.

华觉明. 1999. 中国古代金属技术. 大象出版社.

黄俊民, 顾浩. 2009. 计算机史话. 机械工业出版社.

柯俊. 1986. 冶金史. 见: 中国冶金史论文集. 北京钢铁学院学报, 1-11.

刘家和, 王敦书. 2011. 世界史: 古代史编. 上卷. 高等教育出版社.

刘世枢. 1975. 河北易县燕下都44号墓发掘报告. 考古,(4): 228-240, 243.

刘心健, 陈自经. 1974. 山东苍山发现东汉永初纪年铁刀. 文物,(12): 61-62.

吕章申. 2011. 中国国家博物馆. 长征出版社.

毛卫民. 2009. 工程材料学原理. 高等教育出版社.

尼葛洛庞帝. 1997. 数字化生存. 胡泳, 范海燕, 译. 海南出版社.

邵峰晶, 张进, 孔令波, 李戈. 2000. 计算机网络基础. 人民邮电出版社.

石永士. 1985. 战国时期燕国农业生产的发展. 农业考古,(1): 113-121, 143.

王恺. 1979. 徐州发现东汉建初二年五十湅钢剑. 文物,(7): 51-52.

王燕谋. 2004. 水泥的发明. 中国建材报, 2004年4月23日.

吴耀利. 2010. 中国考古学: 新时期时代卷. 中国社会科学出版社.

新疆维吾尔自治区文物局. 2011. 新疆维吾尔自治区第三次全国文物普查成果集. 科学出版社.

杨际平. 2001. 试论秦汉铁农具的推广使用. 中国社会经济研究,(2): 69-77.

杨之廉, 许军. 2012. 集成电路导论. 第2版. 清华大学出版社.

喻兰, 关东杰. 2001. 人类早期对自然铜的利用. 金属世界,(1): 19.

- 郑大中，郑若锋. 2002. 自然铜、铜合金矿物及其矿床形成机理新探索. 四川地质学报，22（2）：72-81.
- 中国国家博物馆. 2010. 中华文明. 中国社会科学出版社.
- 中国科学院考古研究所. 1956. 辉县发掘报告. 科学出版社.
- 中华人民共和国国家文物局. 2011. 中原文明，华夏之光：中华文明起源. 三秦出版社.
- 中华人民共和国科技部，国家文物局. 2009. 早期中国：中华文明起源. 文物出版社.
- 最新常用电子管速查手册编写组. 2013. 最新常用电子管速查手册. 第2版. 机械工业出版社.
- Hrouda B. 1991. Der alte Orient, Geschichte und Kultur des alten Vorderasien. C. Bertelsmann Verlag GmbH, Münschen.
- Pritchard J B. 1969. The Ancient Near East in Pictures. Princeton University Press.
- Strommenger E. 1962. Fünf Jahrtausende Mesopotamien. Hirmer Verlag Münschen.
- Tylecote R F. 1992. A History of Metallurgy. The Institute of Materials.
- http://www.kultur-fibel.de/Buch, Varusschlacht, Kalkriese, Germanen, Arminius, Hermann, Varus, Roemer. htm

第3章

材料在现代社会中的广泛应用

我们所赖以生存的丰富多彩的物质环境是一个由多种材料构成的环境，为我们提供了舒适、方便、高质量的生活。本章将系统地展示，材料的重要性不仅体现在对人类生活环境的支撑，而更主要的，是对人类社会的工业发展和经济建设发挥着关键性的作用。

3.1 钢铁材料

3.1.1 钢铁材料的生产

钢铁材料是以铁为基础和主要成分的材料，通常也称为黑色金属材料。多数钢铁材料的密度范围为 7.7 ～ 7.9 g/cm^3，纯铁的熔点为 1 538 ℃。20 世纪以来随着现代钢铁技术的迅速发展，钢铁材料日益成为社会发展的关键性材料之一，也成为工业发展中占主导地位的工程结构材料。钢铁材料的生产规模大、价格低廉、工艺成熟、性能可靠、易于加工、使用方便、便于回收、应用广泛，在21世纪仍是城市建设、汽车、石油、机械电子、化工等工业部门主要的工程结构材料。目前中国年产粗钢7亿多吨，以粗钢及废钢和其他原料生产的各种钢材约9.5亿吨，约占全世界年产量的一半，是世界第一钢铁生产大国。然而中国目前还不是钢铁强国，钢铁产品平均附加值偏低，能源和资源耗费量大，许多高性能、高技术含量的钢铁材料还需要大量进口，钢铁生产设备也主要依靠进口。因此，中国面临着从钢铁生产大国向钢铁生产强国的转变。

目前中国大陆年产1.55亿吨钢筋，用于各种房屋建筑。钢筋的表面带有螺旋状的凸起条痕，以便在用做混凝土增强钢筋时提高与混凝土的摩擦力和结合力。另外年产约7 000万吨不同直径尺寸的钢丝，称为线材；以及约5 500万吨加工成不同几何外形和尺寸的长条状的钢材，称为型钢。

图3.1　各种钢材产品（蔡庆伍供图）。（a）建筑工地上的钢筋；（b）生产线上盘卷的线材；（c）待出厂的型钢

3.1.2　钢铁线材与型材的应用

2000年5月丹麦和瑞典建成了连接丹麦的哥本哈根和瑞典第三大城市马尔默的厄勒海峡跨海大桥。大桥全程跨度16 km，使用了大量的钢材，大大便捷了两国的人员往来与经济联系。早在1937年，美国就用4年时间建成了著名的连接北加利福尼亚和旧金山半岛的钢结构旧金山金门大桥，桥长2 737 m，耗费钢材10万多吨。金门大桥的桥身和桥塔均由不同规格和尺寸的型钢构成。桥塔及支撑的悬索承担了整个大桥的重量，悬索上垂直向下的吊索由许多细钢丝绞合而成。粗大的悬索每根长2 331.7 m、直径0.924 m。悬索外表其实只

图3.2 连接丹麦和瑞典的厄勒海峡跨海大桥

图3.3 美国金门大桥（毛昌民供图）。（a）全貌；（b）桥身；（c）桥塔；（d）吊索；（e）悬索

(a)

(b)

(c)

图3.4　上海浦东以钢结构为主要支撑的建筑（a）及其内部结构（b），以及中国国家体育场的钢结构（c）

是一个管子，管内由平行排列的27 572根直径为5 ～ 10 mm的钢丝来共同承担大桥的载荷。悬索及其附件的质量为2.45万吨。用于造桥的钢材不仅要能承受桥梁自重和过桥的载重，还要能够经受地震的侵袭及水雾、空气常年的腐蚀作用。此外，对于超高型的现代化城市建筑物，传统的砖石结构已经不能胜任，而需要用大量型钢作为主体承重结构来支撑巨大的楼房载荷，并抵御地震、台风的侵扰。中国国家体育场（鸟巢）的建设中也使用了4万多吨各种类型的高强度钢材。一般来说，钢的强度提高，就可以用较少的钢材支撑同样的载荷，建筑物就可以变得轻巧。但高强度的钢其抵抗冲击载荷的能力往往会变弱，不利于防止诸如地震等灾害的袭扰。因此在钢材选择上，也需要有适当的综合考虑。

(a)

(b)

图3.5　铁路钢轨的生产（a）和使用（b）(《人民画报》2011年1月)

铁路交通是支撑当今社会经济发展的重要命脉，目前中国年产约300万吨铁路钢轨，包括用于高速铁路的钢轨。铁路钢轨常年在自然条件服役，不仅要承受往返火车的载荷，而且还要经受风吹日晒、暑往寒来，气候侵蚀等复杂条件，并要求钢轨具有良好的抗疲劳性能。

3.1.3　钢铁板材和管材的应用

中国每年生产1亿多吨不同尺寸的厚钢板，用以支持庞大的造船业和石油、天然气管线等的建设。船板钢要能够经受海水的侵蚀。大量石油、天然气管线的铺设需要穿过高原寒冷地区、沙漠干旱地区。钢板以螺旋盘卷的方式形成管线，服役时管线内还要承受很大的输送油气的压力。船板钢和管线钢都需要经过大量焊接加工。因此这些钢都需要具备良好的焊接性能以及在特定条件下长期服役的能力。

中国每年生产1亿多吨不同尺寸的薄钢板，用以支撑中国每年1 900多万辆各种类型的汽车、8 000多万台电冰箱、1.3亿台空调机，以及大量洗衣机、火车车厢、轻轨车厢、拖拉机、工厂厂房等各方面对薄钢板的需求。对粗钢做穿孔加工而制成的钢管具有良好的密封性和承受更大压强的能力，在工业上有很广泛的用途。这种钢管不是通过焊接的方法制成，因此称为无缝钢管。中国目前每年约生产2 600万吨不同尺寸的无缝钢管，大量用做各种石油、化工类企业的液体、气体输送管道。

（a）

（b）

图3.6　厚钢板的应用举例。（a）巡航救助船下水（黄玲，2012）；（b）铺设油气线路（康永林供图）

（a）

（b）

（c）

（d）

图3.7　薄钢板的应用举例。（a）汽车（《人民画报》2011年3月）；（b）轻轨车厢；（c）饮料罐；（d）啤酒桶

图3.8　煤制油化工企业（《人民画报》2011年3月）

3.1.4 钢铁材料在机电等其他行业的应用

机械、电工等是大量使用钢铁材料的行业。相关各种钢质制品形状各异，而且往往需要具备各种特殊的性能以满足制品在不同服役环境和承载条件的特定要求。由此发展出了种类繁多的钢材品种，包括各种铸铁、各种强度的结构钢、弹簧钢、工具钢、不锈钢、耐热钢、超高强度钢，以及制作发电机、电动机、变压器的铁心所需的磁性电工钢等。例如，1961年上海江南造船厂所制造的万吨水压机就是中国自主生产的第一台大型机械设备，使用了大量的具有较高强度的结构钢。2012年中国使用的蛟龙号深海潜水器可进入万米深度的海区进行科考探索，潜水器须具备每平方米表面持续承受万吨以上压力的能力，因此对所使用钢材的性能也提出了挑战。再如，三峡工程中安装并使用了大容量的水力发电机组，不仅需要使用大量结构钢，而且需要大量具备软磁性能的电工钢，以借助电磁感应原理把机械能转变成电能。铸铁用于制作主要承受压力的机械构件，如各种机械设备的基座等。弹簧钢主要用于发挥减振作用的构件。工具钢则用做硬度很高的工具，以便加工其他金属构件。不锈钢主要用于在各种腐蚀环境下能够承受载荷的构件，不仅在化工、建筑等领域得到广泛应用，而且也大量制作成各种日常生活用具。耐热钢在较高温度下具有一定抗氧化能力并保持较好的力学性能，主要用做各种高温设备的构件。超高强度钢则可用做强度高、质量轻的构件。另外，钢铁材料在军事工业领域也是极为重要的基础材料，可用于制造坦克、火炮、导弹、军舰、潜艇等各种类型的军事装备。

(a)

(b)

(c)

图3.9 重要机电设备举例。(a) 1961年中国自主生产的第一台大型机械设备——万吨水压机（孙烈，2012）；(b) 蛟龙号深海潜水器（《人民画报》2012年10月）；(c) 三峡水力发电机组（田宗伟 等，2008）

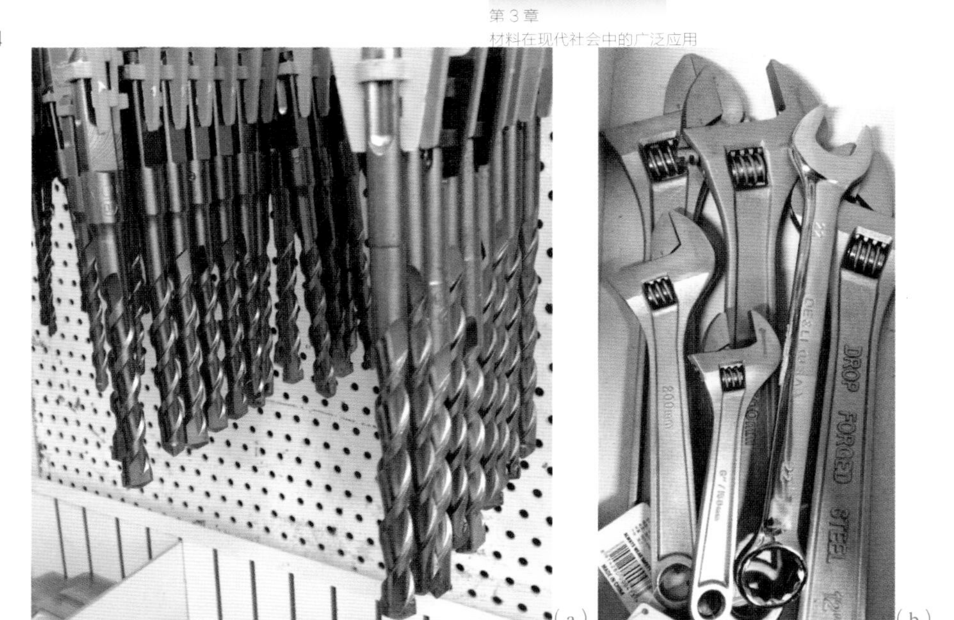

图3.10　工具钢制品举例。(a) 机动工具——钻头；(b) 手动工具——扳手

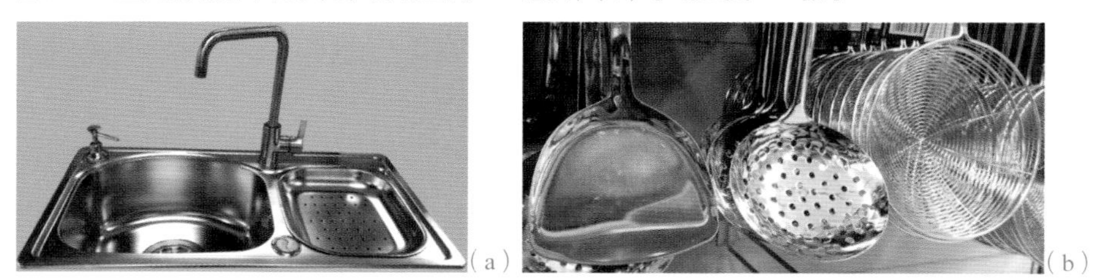

图3.11　日用不锈钢制品举例。(a) 厨用盥洗池；(b) 炊具

图3.12　使用钢铁制造的军事装备举例（《解放军画报》）。(a) 坦克（2008年12月下）；(b) 火炮（2009年10月）；(c) 导弹（2009年10月）；(d) 军舰（2012年1月上）；(e) 潜艇（2012年8月上）

3.2 非铁金属材料

钢铁以外的金属材料为非铁金属材料，通常也称为有色金属材料。中国有色金属的年产总量约3 500万吨，其中铝及铝合金的产销量在有色金属材料中占据第一位。本节以铝、铜、钛、镁为例介绍非铁金属材料。

3.2.1 铝及铝合金

目前全世界原铝的年产量为4 000多万吨，2012年中国原铝的产量接近1 985万吨，居世界第一。以铝为主要成分的金属材料称为铝合金。纯铝的熔点为660 ℃。铝是一种轻金属，密度为2.699 g/cm^3，仅为铜的1/3，所以被大量用做轻质材料。铝的导电性能非常好，仅次于银、铜和金，列第四，因此可用做电力工业的导电材料。铝的热导率高，在金属中仅次于银、金和铜，也列第四，因此可用做热交换材料或散热材料。铝的抛光表面对白光的反射率可达80%以上，因而可用做反光材料。铝不会受到磁场影响，因而可用做罗盘、天线、计算机存储器、仪表材料、屏蔽材料等。

铝有极好的塑性，变形抗力低，很容易做各种类型的变形加工，并制成板、箔、管、棒、线、丝、复杂断面型材等。纯铝的强度比较低，但借助加入其他元素及适当的加工过程可以使铝合金的强度达到普通结构钢的水平。铝的低密度使其比强度，即强度与密度的比值非常高。铝及铝合金的表面容易生成一层致密而牢固的Al_2O_3保护膜，且不易遭到破坏，因此铝往往有很好的耐腐蚀性。通过氧化处理可在铝表面形成一层透明的人工氧化膜，并可着上各种各样的颜色。

铝在航空航天、机械、车辆、电子、包装、建筑、石化、船舶、兵器、文体、核能、农业等方面均有广泛的应用。中国的铝产品中约有一半用做结构铝材，另外接近1/4用做导体材料。

铝合金的高比强度使其在航空航天工业的飞机及各种航天器上被大量用于制作表面蒙皮、各种发动机零件或构件。在飞机上铝合金约占总重量的

(a)

(b)

(c)

图3.13 （a）铝质螺旋桨飞机；（b）20世纪60年代J6歼击机的铝蒙皮（中国军事博物馆）；（c）全铝结构奥迪A8L汽车

50% ~ 80%。在机械行业的各种仪器仪表零件、机床零部件、集装箱板等方面也大量使用铝结构件。火车、大型客车构架、地铁车厢等均会使用许多铝型材构件。德国奥迪汽车公司于20世纪80年代末期推出了全铝制作的轿车，大大地减轻了汽车质量，为汽车的节能提供了前提。

铝材可在建筑行业用做门窗构架、彩色外装饰、幕墙构件等；在石油化学工业用做油罐、压力容器、化学容器、换热器、冷凝器、石油管、天然气管等；在船舶工业用做水翼船、气垫船、潜水艇、轻型船体等各种船用构件；在兵器工业用做火箭燃料箱、军用飞行器、轻型装甲坦克、鱼雷快艇、高机动性装甲运兵车等；在核能工业用做反应堆构件、燃料元件包壳、各种耐辐照和耐腐蚀管线等；在农业中可用做轻型耐潮湿粮仓、喷灌设备、牛奶加工等农产品加工管线、农机具、温室结构件等。另外，利用铝的高塑性可以把铝材挤压加工成复杂截面的型材，用做现代建筑物外部幕墙的轻质高强框架，框架内可镶嵌幕墙玻璃；为防止幕墙内外的热传导以实现夏天隔热、冬天节能保温，可在内外层铝型材间夹入绝热的塑料型材，甚至可以在铝型材中空部位输入冷空气或热水以同时兼顾发挥室内空气冷热调节的作用。

在电子工业部门，铝材不仅可以用做导线，而且可用做家用电器部件、空调机及计算机散热器、计算机外存储器、电解电容器等。在包装工业方面，铝

图3.14 （a）铝框架幕墙；（b）由塑料型材连接的两种复杂截面挤压铝型材

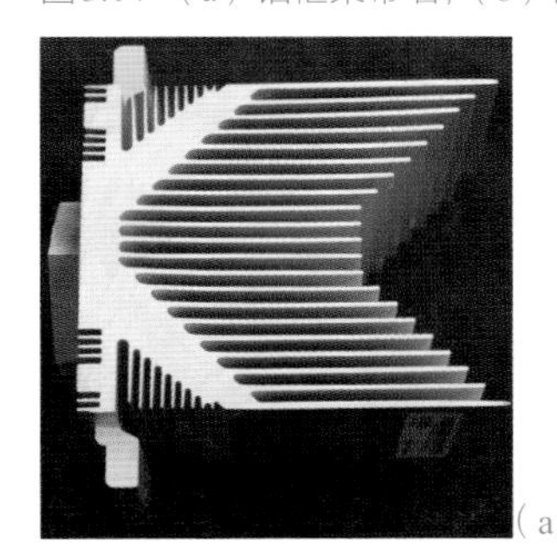
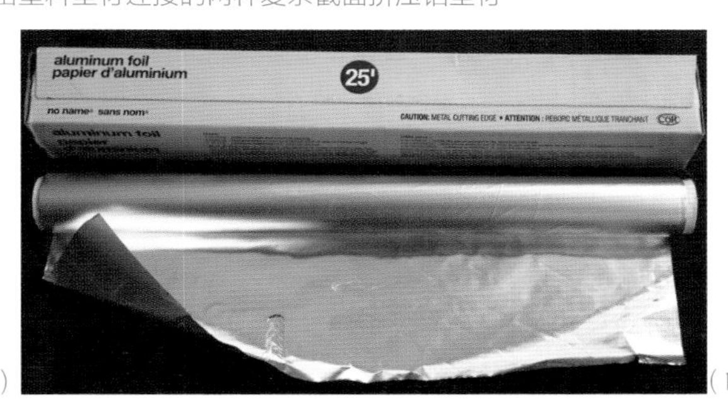

图3.15 常见铝制品举例。（a）台式计算机中心处理器的铝散热器；（b）日用包装铝箔；（c）铝质自行车；（d）高速列车用铝型材

材可用做食品及厨房加工处理用包装铝箔、各种商品的装饰性包装及特殊功能的包装、啤酒桶、易拉罐等。目前包装铝箔可加工至5 μm厚或更薄，这样1 kg铝可加工出74 m^2的铝箔，以做大面积包装。在文化体育方面，铝材可以制作高尔夫球、各种球拍、滑雪用品、田径比赛器具（标枪、起跑器、接力棒等）、登山用具、自行车、赛艇等；还可以用铝制作复印机感光鼓、高分辨率感光印刷版等。例如，在计算机内易于工作发热的部位安装大表面积的铝散热器，以利用铝的高热导率使热量迅速散失，保持较低的工作温度。利用铝的高塑性而加工成的铝箔可以实现任意的弯曲、折叠变形，可包装各种食品和物品；甚至可以利用铝一定的温度耐受能力，用铝箔包装适当食品并直接做烧烤烹饪。再如，利用铝的高比强度可制成轻质铝自行车，使旅行或竞赛更加高效、省力。

3.2.2 铜及铜合金

中国2012年生产574万吨铜，属于世界产铜大国。在有色金属工程材料中铜的用量仅次于铝，占第二位。以铜为主要成分的金属材料称为铜合金，纯铜的熔点为1 084 ℃。

铜的密度为8.96 g/cm^3，比钢重15%，可用做高密度材料。铜有极为优良的导电性能，在所有金属中仅次于银，列第二，但价格比银低很多，是电力工业主导的导电材料。铜的热导率非常高，在所有金属中也仅次于银，列第二，可用做热交换材料或散热材料。铜基本不受外来磁场的干扰，可用做磁学仪器、定向仪器、防磁器械等。

铜有良好的塑性，可以承受各种形式的冷、热塑性变形加工。铜是比较稳定的惰性金属。纯铜在大气、水、水蒸气、热水中基本不被腐蚀，在很多场合可用做管道、阀门等材料。纯铜具有玫瑰红色，其色泽可用于装饰目的。铜的表面可以被抛光、纹理、电镀、用有机物涂层或化学着色，以供制备各种功能表面或装饰表面。

铜的塑性、导电、导热、耐腐蚀、高密度、耐磨损等特性使其在电子、机械、石油、化工、兵器、建筑、汽车、造船等工业部门有广泛的应用，同时普遍用在日用五金、工艺美术装潢以及硬币制造等方面。

例如，黄铜主要用来制作各种铭牌装饰，建筑构件，水、油管阀容器构件，机械簧片，热交换构件，硬币，乐器等。铸造黄铜可用于耐磨的齿轮、轴承、连杆、装饰、洁具等构件。青铜适合用做耐蚀、耐磨的构件，如建筑构件、重载构件、装饰构件、电气开关、插接结构件等。一些青铜的颜色与黄金非常接近，经常用做伪黄金，以制作日用装饰品。铜质伪黄金的色泽与黄金相近，但密度在黄金的50%以下。铸造青铜可用做耐水汽和海水腐蚀的构件及各种磨具。再如，白铜在船用仪表、化工机械、医疗器械等方面有广泛的应用。白铜热导率低，可用做蒸发、冷凝等方面的隔热耐水汽腐蚀构件。

在各种枪械和火炮的弹壳、弹头部位也大量使用在空气中不易生锈、易于保存的铜质构件。以普通子弹为例，它由弹壳、底火、发射火药、弹头四部分组成；弹头可由铜外壳、钢芯及二者间的铅层组成。弹壳及弹头的铜外壳都是由铜板变形加工而成。发射子弹时枪械撞针撞击底火后引起发射火药燃烧膨胀，并把

(a)

(b)

(c)

图3.16 不同直径的铜质漆包导线

(a)
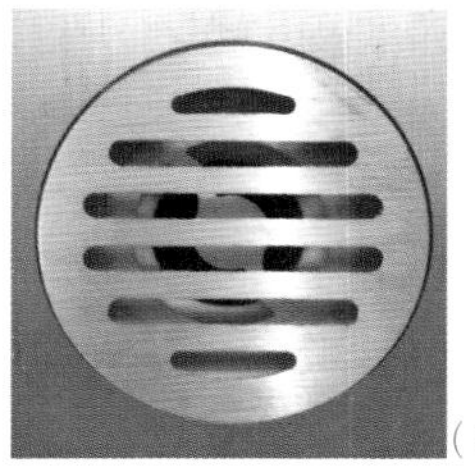
(b)

(c)

图3.17 常见铜质管道构件举例。(a)水龙头；(b)下水道口；(c)各种接头

(a)
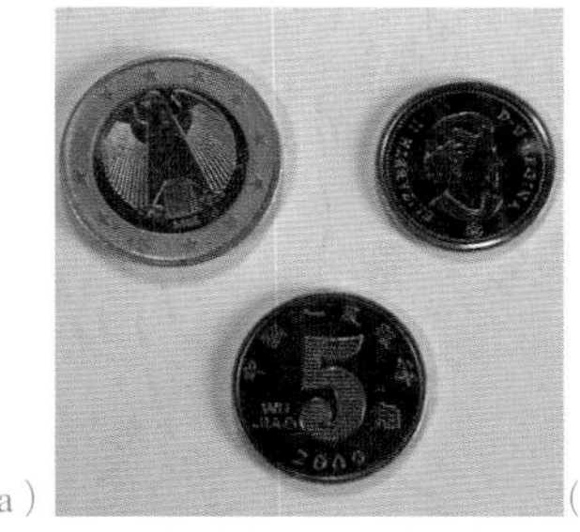
(b)

(c)

图3.18 常见铜制品举例。(a)手提计算机散热片；(b)钱币；(c)管乐器

弹头以一定初速度推射出枪膛。在初速度不变的情况下弹头的质量越大则动能越大，杀伤力也越大。因此高密度的铜弹头有利于保持其杀伤力。为了节约昂贵的铜，也用钢芯部分取代铜的质量。另一方面，铅的密度为11.36 g/cm^3，高于铜，有利于提高弹头的质量。以超音速飞行的弹头铜壳会与空气摩擦生热，铜的高导热特性使热量即时传入弹头内部并使熔点只有327 ℃的铅瞬时熔化成液体。几百摄氏度高温的铜弹头外壳在击中只有几十摄氏度的人体后会急剧冷却收缩，不可压缩的铅液会使收缩的铜外壳炸裂，高密度、高动能的铅液四处喷射，因而会明显加大杀伤力。如果把弹头内部全部换成铅芯，则会对生命产生巨大的毁灭作用，因此国际公约禁止对人类使用全铅芯的子弹。

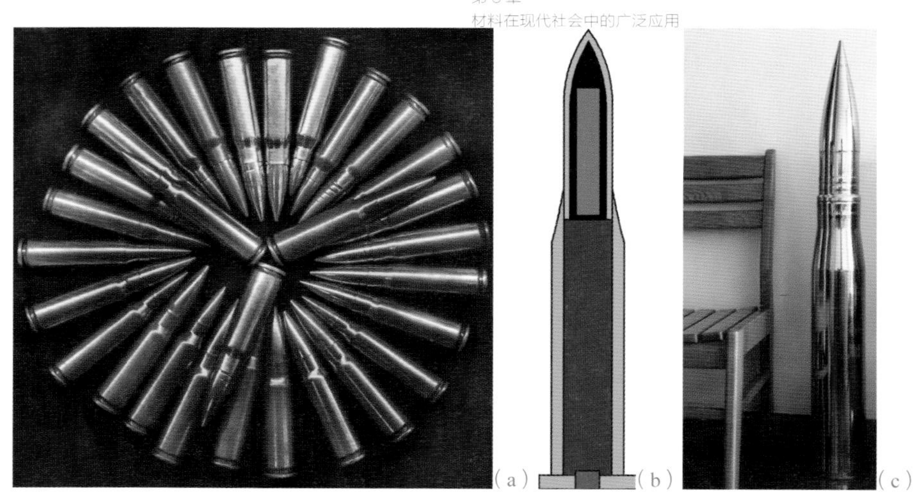

图3.19 （a）军用子弹；（b）军用子弹内部结构示意图（黄色为铜，红色为底火，棕色为发射火药，蓝色为钢芯，黑色为铅）；（c）炮弹的铜质外壳

3.2.3 钛及钛合金

近几年中国钛的生产发展迅速，2012年钛的产量超过10万吨，居世界第一，接近全球产量的一半。以钛为主要成分的金属材料称为钛合金。地壳所蕴藏的元素中，钛的总量占据第九或第十位，为0.44% ~ 0.61%。中国钛的蕴藏量比较丰富，在四川攀西地区已经探明的储藏量有数亿吨。钛具有许多优良的性能，近些年来得到了迅速的发展。钛的熔点很高，为1 668 ~ 1 672 ℃。钛的密度为4.507 g/cm^3，大约是铜的一半，因此可用做轻质材料。钛的热导率非常低，为17.16 W/（m · K）。金属钛为非磁性材料。纯钛可以有很高的强度，工业纯钛的抗拉强度就可以达到400 MPa以上，经过强化处理后钛合金的强度甚至可超过1 400 MPa，因此钛也有非常高的比强度。低温下钛的化学活性很低，具有优良的低温耐腐蚀性。

工业纯钛被广泛地在蒸汽、海水、各种化工腐蚀介质中用做各种机械、容器、管线、舰船及飞机的构件。高的比强度使钛合金多用于轻型结构的高强度构件、大尺寸构件、承高压构件、航天工业部分高温构件或超低温构件，以及压力容器系统。如可用做飞机上可焊接的高强度锻件、板管件、600 ℃以下的耐氧化构件、现代大型建筑构件，以及−253 ℃或−269 ℃下使用的磁悬浮列车和超导发电机上的构件。接触钛时人体有良好的耐受性，因此钛合金在医用移植器官方面有较多应用，如钛质人工骨、人工齿、钛合金眼镜框、轻巧家具构件等。

(a)

(b)
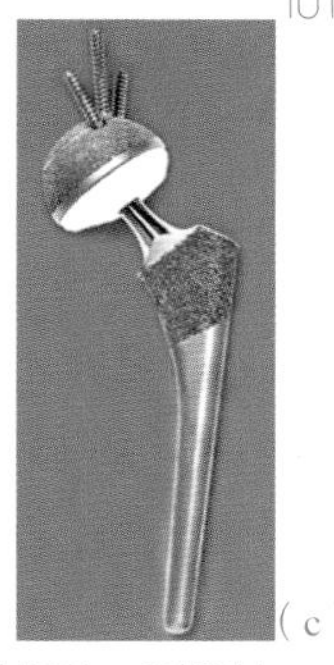
(c)

图3.20 钛合金应用举例。(a)国家大剧院外侧采用了2万多块共3万平方米的隔热、耐腐蚀钛板；(b)家具中的轻质钛结构件；(c)钛合金人工髋关节(Kokubo et al., 2009)

当飞机的飞行速度为音速的几倍时，飞机外表和空气的摩擦极为剧烈，并造成明显的温升。此时低熔点铝合金的强度会明显降低而不能满足载荷要求，因而超音速军事飞机、航天飞行器等大量使用钛合金。极高的比强度也使β钛合金经常用于制作空降兵所需的轻型常规兵器的构件。

(a)

(b)
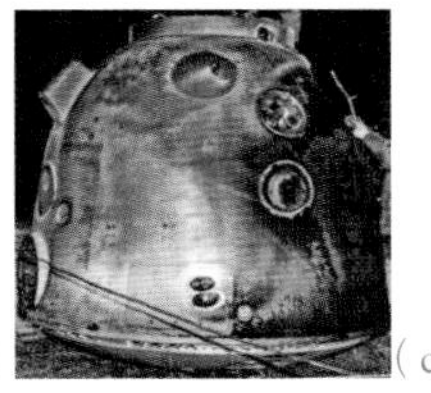
(c)

图3.21 较多使用钛合金的航空航天飞行器(《解放军画报》)。(a)J15超音速舰载飞机(2012年12月上)；(b)航天空间站与飞船对接示意图(2011年10月下)；(c)神8载人航天器返回舱(2011年11月下)

3.2.4 镁及镁合金

中国2012年的原镁产量约60万吨，占全世界产量的80%以上。以镁为主要成分的金属材料称为镁合金。纯镁的熔点为650 ℃。

镁在20 ℃时的密度只有1.738 g/cm^3，是常用结构材料中最轻的金属，是重要的轻质材料。镁的这一轻质特征与其优良的力学性能相结合，成为大多数镁基结构材料应用的基础。镁在20 ℃时的体积热容为1.781 J/(cm^3·K)，在同样条件下铝的体积热容为2.430 J/(cm^3·K)，钛为2.394 J/(cm^3·K)，镍为4.192 J/(cm^3·K)，铁为3.521 J/(cm^3·K)，铜为3.459 J/(cm^3·K)，锌为2.727 J/(cm^3·K)。可见，镁的体积热容比其他金属都低。此外，合金元素对镁的热容影响也不大，因此镁及其合金加热升温与散热降温的速度比其他金属快。金属镁为非磁性材料，具有良好的电磁波屏蔽特性，可抗电磁干扰。镁的化学性质比铁活泼，因此可以像锌那样附着在铁质构件上；在腐蚀环境中镁自身优先失去电子，保护铁构件不被腐蚀。

劲度系数是描述物质弹性的一个参数。不仅物质的本身性质，而且物质受力方向的初始长度和垂直于受力方向的截面积大小，也会影响劲度系数的大小；提高初始长度或降低受力截面积都会减小劲度系数。如果把劲度系数乘以物质受力方向的初始长度并除以垂直于受力方向的截面积，就会得到一个只与物质本性有关而与物质尺寸无关的、能准确而客观地描述物质弹性的常数，称为杨氏模量，或弹性模量，其单位为帕＝牛/米^2（$Pa=N/m^2$）。铁、铝、铜、钛、镁的杨氏模量分别约为212×10^9 Pa、71×10^9 Pa、125×10^9 Pa、106×10^9 Pa、44×10^9 Pa。对比可见，在常见金属中镁是杨氏模量最低的金属，即在外力作用下镁最容易发生弹性变形。当结构材料服役过程中承受的载荷出现波动时，会使构件发生弹性变形，同时载荷会因对构件做功而损耗能量。杨氏模量低的材料因易于发生弹性变形并吸收能量，因此具有更明显的弱化载荷波动的传递、降低构件振动的能力。这种减振现象称为阻尼，即振动物体因内在或外界原因引起振动幅度逐渐下降的现象。因此镁是良好的减振材料。

与其他材料相比，镁表现出了轻质、减振、无磁、高导热性、高化学活性等特点。另外，对废弃的镁构件也易于做回收再利用，因此镁合金在交通工具、微电子和电子信息产品领域得到越来越多的应用。镁合金广泛用于手提工具、体育器材、交通工具。如许多新车型采用镁合金轮毂减振，新型摩托车采用大量镁合金后全车净重大幅度降低。借助镁合金的减振特性还可制作镁质电锯、风动工具、汽车变速箱、离合器外壳、转向盘骨架等。镁合金的轻质、导热、无磁、屏蔽等特性使其可用于制作微电子和电子信息产品构件，如电脑、电子和通信工具的便携式轻质壳体材料等。

在电阻率较高的土壤或淡水中铺设钢质管线及其他钢铁构筑件时可附着金属镁，以做防腐保护。这种防腐措施也可用于石油、化工、天然气以及煤气管道和储罐、海洋钻井平台、热水器等方面的构件，使其服役寿命大幅度提高。镁合金的减振特性也被用于航空航天、国防等领域，如制作鱼雷、战斗机和导弹等的减振部位等。

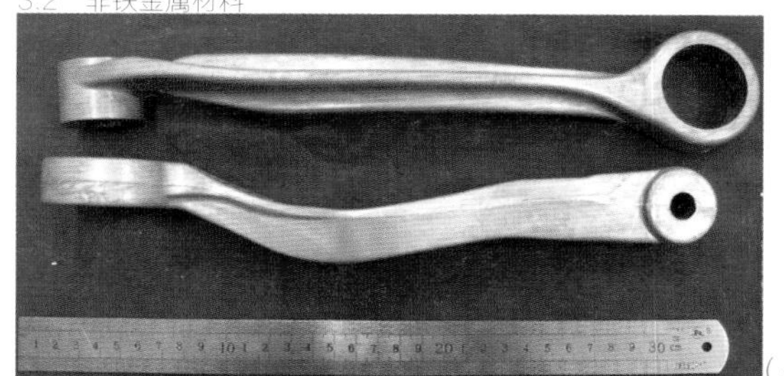
(a)

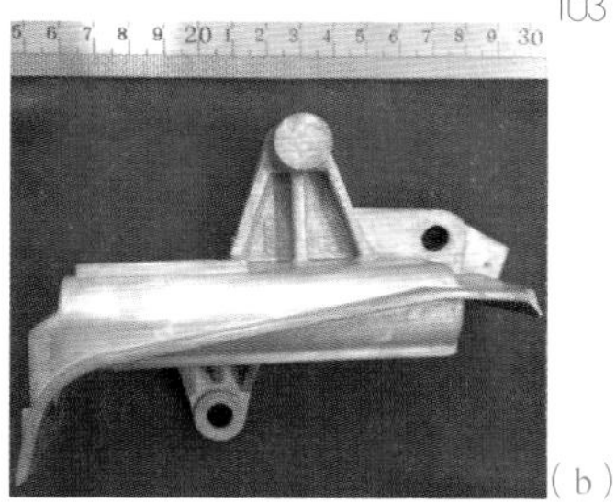
(b)

(c)

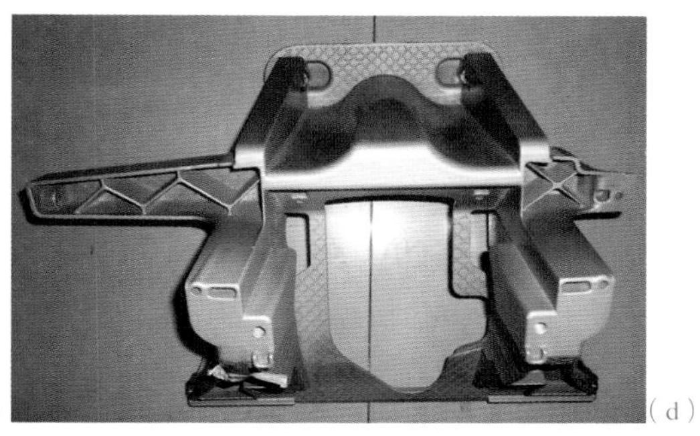
(d)

图3.22 镁合金在汽车中的应用举例（康永林、任学平协助供图）。（a）连杆；（b）皮带轮支架；（c）方向盘；（d）转向支架

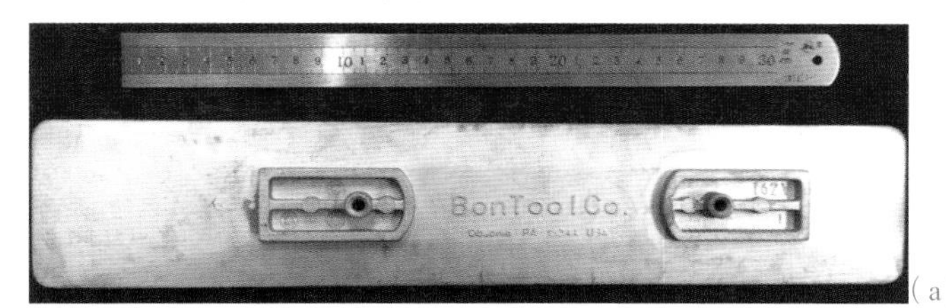

(a)

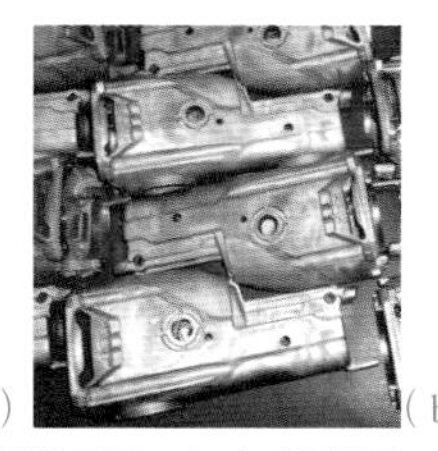
(b)

图3.23 镁合金便携工具举例（康永林、任学平协助供图）。（a）徒手建筑工具；（b）便携工具外壳

(a)

(b)

图3.24 日用镁合金应用举例（蔡庆伍、康永林协助供图）。（a）头盔；（b）名片盒

3.3 无机非金属材料

中国古代制备陶瓷的传统原料主要由黏土、石英和长石组成。常见的黏土，如高岭土为$Al_2O_3 \cdot 2SiO_2 \cdot 2H_2O$；石英主要含有$SiO_2$；长石主要是含有$K^+$、$Na^+$或$Ca^{2+}$等不同离子的无水铝硅酸盐，也可看成是含氧化硅、氧化铝的多种氧化物混合体。将这三种主要原料以适当比例与辅料和水混合，经过坯件压制和高温烧成过程即可制成传统的无机非金属陶瓷构件。

无机非金属材料在工业生产和民用设施上发挥着重要作用，其中工业陶瓷材料主要应用于民用建筑结构、电子工业、通信行业、家庭装修装饰、食品卫生用具、高温耐火结构等方面。从产量上看，水泥、普通陶瓷、耐火材料、玻璃等传统材料是无机非金属结构材料的主体，其产品构成中氧化物占据着统治地位。近些年来，随着工业科技的进步，新型无机非金属材料得到了迅速的发展，这种发展主要着眼于克服传统无机非金属材料的种种缺点，使其力学性能得到明显提高。同时，无机非金属功能材料的发展日新月异，并得到了广泛的应用。

3.3.1 水泥

CaO是硅酸盐水泥的主要成分，另外水泥中还含有适量的SiO_2、Al_2O_3和Fe_2O_3等。在煤矿夹层中的脉石含煤较少，常被作为废料分离出来，称为煤矸石；发电厂燃烧煤时会排出大量的灰烬；开采铁矿时低品位的铁矿石粉、硫铁矿渣会被废弃；高炉炼铁的矿渣、炼钢产生的钢渣等；它们通常都被视为废料。这些废料的主要成分为SiO_2和Al_2O_3，因此通常都可以用来生产水泥。

在使用水泥的施工过程中会将水泥干粉与水混合搅拌，混合初期水泥表现为具有流动性和可塑性的浆体。随着时间的延长，浆体会逐渐失去流动性但仍保持可塑性，最后浆体的可塑性也会丧失，水泥就完成了其凝结过程。

水泥是各种建筑工程中大量使用的基础材料，包括各种楼宇建筑物、厂房、发电站、水库大坝、公路、桥梁、铁路枕木、码头、油气井、军事工程等，因此水泥对经济建设，尤其是在大力促进国家的经济建设方面具有重大的意义。水泥在服役过程中主要承受压应力，因此，抗压强度是衡量水泥质量最重要的技术指标。

图3.25 大量使用水泥的建筑工程实例。（a）在建楼房；（b）三峡大坝船闸

图3.26 大量使用水泥的交通工程实例。（a）新疆赛里木湖—果子沟口山区高速公路（《人民画报》2012年10月）；（b）城市桥梁引桥；（c）铁路枕木

2012年中国生产了22亿吨水泥，比上年增长5%以上，无疑是世界上水泥生产第一大国。应该注意到，鉴于水泥生产过程中会有必要的化学反应发生，每生产一吨水泥几乎会释放出同样质量的CO_2气体，因此水泥产业是一个可能严重污染环境的产业。目前中国尤其要在水泥行业加快淘汰落后和高污染产能的步伐，使该行业的整体能效水平的提高和氮氧化物排放量的下降达到国际先进指标。

3.3.2 普通陶瓷

普通陶瓷是以黏土类及其他天然原料经过粉碎、成形、烧成等工序制成的具有较高强度的固体制品，在日用、建筑、卫生、化工、电工等行业有广泛的应用。其基本的制备过程可概括为原料的筛选与去杂质、按照要求的尺寸对原料颗粒细化、各种配料的混合加工、成形加工与干燥、烧成等主要工序。其烧成温度可在680 ~ 1 450 ℃的很大范围变化。原料的成分和粒度控制得越精细，烧成的温度越高，则制品的致密度、性能和价格就越高。普通陶瓷的主要成分为SiO_2和Al_2O_3，原料精细、高温烧成的多称为瓷器；原料粗糙、偏低温烧成的多称为陶器；原料和烧成温度介于二者之间的称为炻器。

瓷器坯体坚硬、致密，基本不吸水，可划分为日用瓷器、电工瓷器、化工瓷器和卫生瓷器。日用瓷器致密度、热稳定性、色泽均好，有一定的强度，能够满足日用瓷制品对性能的要求。瓷器的颜色通常为白色，涂覆了各种不同颜

图3.27 普通陶瓷应用实例。(a) 电绝缘柱；(b) 盥洗盆；(c) 酒坛；(d) 餐具；(e) 工艺美术品；(f) 陶制炊具

色的氧化物釉料后可使瓷器具备不同的花色。色泽鲜艳的日用瓷器表面往往会含有少量铅、镉等离子的化合物，如PbO、CdS等。酸性介质的作用会使铅溢出表面，光与氧化作用也会使镉溢出表面。因此通常对日用瓷器有铅、镉溢出的限制，以保证无毒应用。日用瓷器通常用做民用家庭器具等。电工瓷器利用了瓷器绝缘性能好、强度高、化学稳定、不易老化、不变形等性能特点，主要用做电绝缘材料。瓷器材料可在大多数酸介质中不受腐蚀，因此可用做化工瓷器。若遇到碱性腐蚀介质时，则需要在瓷器材料中适当添加MgO，以增强其耐碱性能。卫生瓷器通常会与水介质接触，所以除了一般力学性能要求外，许多卫生瓷器对吸水性有要求，通常要求低于3%，因而卫生瓷器的气孔率应该比较低。特定的水环境也要求卫生瓷器在0 ~ 110 ℃的范围内能够承受温度急剧的变化而不发生开裂。卫生瓷器通常用做卫生间及相关的水容器材料。另外，瓷器还可以制成工艺品、艺术制品，用做艺术欣赏。

(a)

(b)

(c)

(d)

(e)

(f)

图3.28 建筑用普通炻器、陶器举例。(a) 建筑墙砖；(b) 待铺设地砖；(c) 马赛克；(d) 盥洗墙面；(e) 排污口；(f) 普通方砖

炻器主要用于建筑、日用、化工等行业领域，如可用做马赛克、污水管道、地板砖、墙面装饰等构件，以及形状复杂的耐酸腐蚀容器、耐酸砖等，也可制成餐具及日用工艺品等。其中马赛克是由不同颜色小瓷块拼接而成的镶嵌图案。陶器的致密性差、气孔率高、强度水平低、热稳定性和化学稳定性差，但制作能耗低、便于大量生产、价格低廉，因此在对性能要求不高的领域有广泛的应用，如制作砖、瓦、陶土管、建筑琉璃制品，乃至简单的日用陶器、装饰陶器等。

3.3.3 耐火材料

在1 580 ℃以上使用的无机非金属材料称为耐火材料。耐火材料在冶金、建筑、化工、能源、机械等各个工业部门有广泛的应用，主要用以制造高温结构件，如用以构筑各种焙烧炉、加热炉、烧结炉、锅炉等高温作业设备的耐高温内衬、炉体等。耐火材料应具有高的熔点、良好的高温化学稳定性及力学稳定性，包括在高温下不软化、不收缩和高的体积稳定性，良好的高温强度、抗蠕变性能、高温耐磨性、耐受温度骤升和骤降的能力，良好的抗高温腐蚀的能力等。

耐火材料的主要成分通常是一些熔点很高或分解温度很高的化合物，其中主要是氧化物，也可以是碳化物、氮化物、硅化物或硼化物等。化合物中的原子已经处于稳定的化合状态，在高温下很难再有氧化或其他化学反应行为，因此具有良好的高温化学稳定性及力学稳定性。大量氧化物的熔点均在1 800 ℃以上，许多碳化物和氮化物的熔点在2 000 ℃以上，甚至高于3 000 ℃，可以用做耐火材料。为确保良好的高温性能，制造耐火材料时会采用高纯度的原料，或对原料预先做高温加热以去除低熔点的杂质。其后续制备过程仍是各种

(a)

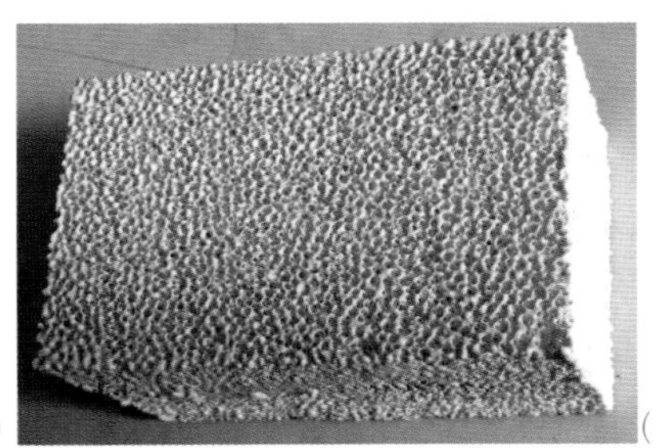
(b)

图3.29　耐火材料构件及其应用。(a) 耐火砖；(b) 多孔隔热保温砖（陈俊红供图）

配料的混合加工、成形加工与干燥、烧成等。另外也可以将耐火原料高温熔化，在模型中浇铸成形，制成熔铸耐火制品。

以无烟煤、煤焦、煤沥青焦和石油沥青焦做原料，控制原料颗粒尺寸，经各种配料的混合加工、成形，在隔绝空气的条件下煅烧或干燥除水，可制成炭素耐火材料。纯碳的熔融温度约3 500 ℃，3 000 ℃以上才开始升华，导热、导电性好，热膨胀系数低因而能耐受温度骤变，高温强度高而密度低。但炭素材料的抗氧化性能差、易燃，所以被用在不接触空气的高温环境，如各种高温炉或高温熔池底部等。

为了节约热能，制造高温加热设备时通常需要使用隔热材料。空气的热传导能力很低，因此隔热材料通常具有高的气孔率（65% ~ 78%）和很低的密度，由此隔热材料属于轻质材料。在隔热材料的原料内加入煤粉、木屑等易燃物，在烧成过程中会因易燃物冒出的各种燃烧气体而生成大量气孔。

3.3.4 玻璃

设想某一处于高温的液态物质，液态的流动性及高温的原子热运动使得该物质中原子之间的排列方式没有明显的规律性，即呈无序状态。当温度缓慢下降到该物质的熔点时会出现凝固现象，液态的原子会逐渐按照一定规则整齐而周期性地逐一有序排列，并转变成固体状态。这种周期性的有序排列使得凝固之后的固体往往自发地呈现出规则的多面体外形，这种行为称为物质的自范性。因此自范性源于固体物质原子内在排列的规律性。通常把原子在三维空间里呈周期性有序排列的物质称为晶体，由液体转变成晶体的凝固过程称为结晶。

当物质从熔化液体的温度缓慢冷却到其熔点时会出现正常结晶现象。但当熔化液体温度的降低速度较快时，液体原子通常在熔点来不及逐一有序排列，因而并不马上发生结晶，并会作为过冷液体继续冷却；同时液体的黏度会逐渐升高。此时结晶行为可能会在低于熔点的某一温度出现。

一些无机材料的过冷液体达到某一温度 T_g 时就不再会出现结晶现象，而是在随后的冷却过程中继续保持其原子的无序状态并最终完成凝固。此时的固体物质为非晶体，原子无序排列，且没有自范性。对于很多物质，很难观察到

图3.30　在电子显微镜下观察SiC内原子周期性规则排列的现象（曹文斌供图，图中白色斑点即为原子）（Kuang et al., 2013）

图3.31　有规则多面体外形的晶体（杨平协助供图）。(a) CaF_2；(b) FeS；(c) SiO_2

其T_g温度，例如许多纯金属只要低于其熔点就马上完成结晶过程；而另一些物质则很容易观察到其T_g温度，例如SiO_2、B_2O_3、P_2O_5、GeO_2等氧化物。当温度低于这些氧化物的熔点时，随温度的降低其液体的黏度急剧升高、流动性明显降低，因此原子逐一有序排列的结晶过程非常缓慢；如果温度低于T_g，则无法实现原子的逐一有序排列。传统上把熔融物在冷却过程中不发生结晶的无机物质称为玻璃，温度T_g即为玻璃转变温度。SiO_2、B_2O_3、P_2O_5、GeO_2等氧化物则称为玻璃形成氧化物。

通常光束穿过物质时会被强烈地吸收并散射，因此多数物质没有透光性。SiO_2在包含可见光波在内的很宽的波长范围内基本不吸收光子，而非晶体状态的SiO_2可以确保实现其良好的透光性。因此以SiO_2为主的玻璃通常有很好的可见光透过率，因而作为透光材料得到了十分广泛的应用。当玻璃中含有少量对特定范围波长可见光强烈吸收的物质时，玻璃会呈现出一定的颜色，即不被该物质吸收的波长颜色。如少量硫化镉、氧化铈可使玻璃呈黄色，少量氧化铬可使玻璃呈翠绿色，少量氧化铁可使玻璃呈蓝绿色等。这种能够给玻璃带来颜色的组分称为着色剂。

玻璃的制造过程大致可分成三个阶段，包括玻璃原料配制、熔化与澄清、玻璃的成形加工。工业上生产玻璃所配制的原料为配合料，配合料先在熔窑内加热并完成熔化，随后的澄清过程要使熔融液体中的各种配料的成分均匀化。在玻璃的加工生产过程中，溶解于熔融玻璃中的CO_2、SO_2等反应产生的气体会溢出或以小气泡的形式存在于玻璃中并造成缺陷。当熔融玻璃中的成分不均

（a）

（b）

（c）

图3.32 日用玻璃举例。（a）玻璃器皿；（b）北京西什库教堂拼接成图案的各色花玻璃；（c）佛罗伦萨圣母百花教堂的窗玻璃（王学东供图）

匀时，会使成品玻璃中出现一些条纹。不太纯净的配合料还会造成玻璃中残留结石，即玻璃中的夹杂物。因此在玻璃的配料和加工过程中需要注意排除这些可能出现的缺陷。常见的玻璃产品通常以55% ~ 74%的SiO_2为主要化学成分，同时还可含有少量或适量的Al_2O_3、CaO、MgO、Na_2O、K_2O等氧化物及各种着色剂。对于特殊用途的玻璃，还需要添加特定的其他物质，如防止辐射的铅玻璃中需要添加大量PbO。

2011年中国内地生产了近8万箱平板玻璃，比上年增长19%。玻璃大量用

(a)

(b)

图3.33　光学玻璃举例。(a) 照相机镜头；(b) 望远镜镜头

(a)

(b)

(c)

图3.34　建筑用玻璃举例。(a) 国家大剧院；(b) 德国柏林议会大厦顶部；(c) 商场内的楼梯

于透光的窗玻璃、装饰玻璃、日常生活玻璃器皿、光学仪器、眼镜等。玻璃硬而脆，有很高的强度。作为结构材料，如果适当提高其厚度，也可以克服其脆性带来的不利影响，因此当前也越来越多地用于各种现代建筑工程或幕墙类的建筑装饰工程。

3.3.5 特种陶瓷

随着社会的发展和科技的进步，以传统的原料和制作方法生产的陶瓷已经不能满足现代工业对性能的要求，因而出现了一类新型的陶瓷材料，称为特种陶瓷。它采用了高度精选的原料和严谨的成分设计，在生产过程中采用现代加工设备以精确控制化学组成和制造工艺参数，因而具有优良的性能。特种陶瓷大多采用成分准确的人工原料，制备技术以真空烧结、保护气氛烧结、热等静压等先进技术为主，从而保证了其优异的性能。特种陶瓷通常具有高的熔点，优良的抗氧化和抗腐蚀的能力，高的刚性、硬度和耐磨性能，良好的耐热性能和优良的高温力学性能。许多特种陶瓷还具有优良的介电性能、隔热性能、压电性能和光学性能等。因此特种陶瓷作为结构材料和功能材料得到了广泛的应用。

高纯粉末原料的人工制备是特种陶瓷生产的一个非常重要的环节。用不同的化学方法可以直接制成多种氧化物、碳化物、硅化物、氮化物及硼化物等。陶瓷的最大缺点是塑性和韧性很差，且因存在少量孔洞而不致密，使其塑性和韧性进一步恶化。因此发展特种陶瓷的重点之一是设法提高其致密度并改善其塑性和韧性。例如，至少由一种金属和一种陶瓷质非金属烧结而成的材料称为金属陶瓷，塑性和韧性良好的金属可以明显地增加材料的韧性。再如，将高纯粉末原料完全或部分加热成液体的液相烧结法可以利用液体的流动性来增加陶瓷的致密度；或把被烧结陶瓷原料在机械压力或气体高压下加热作热致密化成形烧结，以提高陶瓷的致密度等。以气体介质传递压力的烧结方式称为热等静压烧结。另外，使陶瓷成形坯吸收微波能量并整体加热而实现致密化烧结的微波烧结法可实现加热和烧结速度快、容易致密化、烧结温度低、强韧性高、高效节能等。特种结构陶瓷材料可制成刀具、量具、模具、钻头、砂轮、磨料、

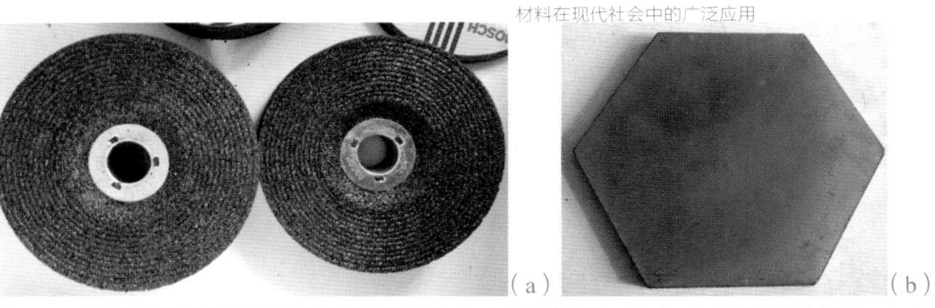

图3.35 特种陶瓷举例（孙加林协助供图）。（a）硬质砂轮；（b）SiN硬质工具试片；（c）蜂窝状氧化铝高温耐腐蚀换气构件

高温轴承、发动机部件、燃气机叶片、高温真空熔炼容器、高温机械构件等不同的特殊结构件，用于不同工业部门。

燃料发动机通常是依靠燃料在高温燃烧所产生的能量作为动力来驱动相关的机械装置做功。提高燃烧温度不仅可以提高发动机的工作效率，而且也可以大幅度提高发动机的输出功率。传统发动机上所使用的金属材料允许的工作温度通常较低；若采用特种陶瓷制作发动机部件、燃气机叶片等，则可使发动机的工作温度达到1 300 ℃或更高，使燃料发动机的性能水平得到一个飞跃。陶瓷较高的化学稳定性可以抵抗燃油的腐蚀，高的工作温度可以使输出功率大幅度提高，陶瓷材料的低密度可以明显降低发动机构件的质量，陶瓷材料的耐高温性能可以省去发动机复杂的冷却系统从而大大提高发动机的工作效率，高温工作使燃料燃烧充分而减少汽车尾气对环境的污染。因此，用于制作陶瓷发动机的结构陶瓷是特种陶瓷发展的重要方向。

当Al_2O_3、BeO、MgO、Y_2O_3、ZrO_2等氧化物接近其理论致密度，且适当控制其内部结构后可制成特殊的透明氧化物陶瓷，可以透过红外线、可见光等光线。透明氧化物陶瓷可以用做红外检测窗口、夜视镜、高温观测孔等高温光学构件。其中BeO有很好的防核辐照性能、良好的电绝缘性和导热性，可用做原子反应堆的减速剂或防辐照材料，以及用于制作航空电子和卫星通信系统中的导热且电绝缘的构件。

许多复合氧化物具有铁电效应，称为铁电陶瓷，如$BaTiO_3$、$PbTiO_3$等。铁电陶瓷可以用于制作高比电容的陶瓷电容器等电器元件。一些铁电陶瓷经强电场处理后会具有压电效应，可把机械能转变成电能，称为压电陶瓷。其压电效应可用来制作各种换能器、传感器及频率控制器的相关元件。磁性陶瓷又泛称为铁氧体，它是以Fe_2O_3为基础与其他金属氧化物复合成的非金属磁性材料，如$MnFe_2O_4$、$NiFe_2O_4$等。铁氧体也是一种半导体材料，其电阻率比金属磁性材料高数百万倍且有很高的高频磁导率，因此可用做高频磁心并可大幅度降低涡流损失。

生物陶瓷是具有特殊生理行为的陶瓷材料，可以用来构成人体骨骼或牙齿的某些部位。生物陶瓷无毒、无刺激、无致病倾向，与人的生理环境有很好的相容性，且在生物环境下具有能够满足需要的综合力学性能。目前开发研究的生物陶瓷材料有碳素材料、$\alpha-Al_2O_3$、$Ca_{10}(PO_4)_6(OH)_2$、$Ca_3(PO_4)_2$，以及含有适量其他氧化物的$CaO-P_2O_5$磷酸钙系陶瓷等。

半导体陶瓷的导电能力介于导体与绝缘体之间，在通常条件下是绝缘体，掺入适当外加组分后会具备半导体的特性。绝大部分半导体陶瓷由各种金属氧化物组成。半导体陶瓷的电阻会受到温度、湿度、不同光照、各种气氛等外部条件的影响，并将这些外部变化的物理量转换成可供测量的电信号，因此在各种传感器及防灾报警设备中得到广泛的应用。

当太阳光照射到硅材料表面时，光子会把硅原子的部分电子激发成自由电子。光子照射产生的自由电子会造成自由电子在p型硅半导体和n型硅半导体之间的定向迁移，从而造成二者之间的电位差，并在接通二者后产生电流。太阳光持续照射硅半导体就可以把太阳能不断转换成电能，即为太阳能电池板发电的基本原理。该技术可以大规模利用太阳能这一无污染的能源。

集成电路芯片是微电子工业和计算设备的基础元件，硅是制作集成电路的基础材料，也是现代信息社会发展的基础材料之一。2012年中国内地生产了823亿块集成电路，比上年增长14.4%，支撑了现代信息产业的发展。

图3.36 太阳能电池板

人类发现超导现象之后，一直在不断寻求高超导临界温度的超导物质，即高温超导。1987年人们发现$YBa_2Cu_3O_7$基陶瓷的超导临界温度高于90 K，即高于液氮温度，使高温超导具备了明显的工程应用价值。超导陶瓷可用于高发电效率的超导发电机，可制作超导电缆或电线用于极低损耗的超导变压器和超导输电线路。高速磁悬浮列车可使悬浮列车无摩擦阻力、低能耗、无噪声、无污染、无振动地高速运行，如果采用超导磁悬浮技术，则可以进一步提高运行效率。有关长距离超导磁悬浮运输技术尚在开发研究和不断成熟的过程中。超导材料可以用于实施可控核聚变，以推动人类核聚变发电和新能源技术的发展；还可以在大型粒子加速器、医学核磁共振设备、定向聚能武器、潜艇电磁推进系统，以及测辐射热计、陀螺仪、磁悬浮支架、磁场计、重力仪、开关、信号处理器等方面获得应用。

光导纤维主要基于SiO_2等硅酸盐材料。通信光纤是光纤最主要的应用领域，极大地推动了互联网的发展。在医学上，把一个发光的小探头和细小的光纤制成内窥镜系统并插入病人的器官，就可以不必经过外科手术直接、准确、快速地观察和诊断疾病，如医院的胃镜检查设备。用相应的技术也可以制成内窥系统在航天航空、机械制造等工业部门用于设备和仪器复杂内部部位的监视、检测和维修工作。

图3.37　连接上海市区与浦东机场的常规导体磁悬浮列车

3.4　有机高分子材料

有机高分子材料一般由高分子聚合物与其他小分子填料和助剂通过一定方式的成形加工后获得。按高分子的来源分为天然高分子材料和合成高分子材料。天然高分子材料包括天然橡胶、纤维素、淀粉、蚕丝等。合成高分子材料包括塑料、橡胶、纤维、高分子胶粘剂、高分子涂料等。自20世纪30年代以来，合成高分子材料不仅品种繁多、应用广泛，而且具备许多其他类型材料不可比拟、不可取代的优异性能，成为一类非常重要的合成材料。合成高分子材料不仅广泛用于科学技术、国防建设、国民经济等各个领域，而且已成为现代社会日常生活中衣、食、住、行、用各个方面不可缺少的材料。高分子材料一般具有质量轻、韧性高、比强度高、结构和性能可设计性高、易改性、易加工等特点，其性能可以在较大范围变化和调控。

在很高的温度下高分子化合物的共价键会被破坏，表现为燃烧或被烧焦。使高分子化合物发生燃烧或烧焦的温度称为降解温度。降解温度是高分子化合物存在的上限温度，也限制了高分子材料可使用的温度。理想弹性体的变形符合胡克定律，即变形量与外力的大小成比例，与外力作用时间基本无关。在恒定外力的作用下随时间延长高分子化合物会不断而缓慢地发生变形，这种变形称为蠕变。高分子材料通常也有一个玻璃转变温度T_g，不同高分子材料的T_g也不相同。在熔点以下靠近T_g时多数高分子材料的黏度通常非常高，以致其基本呈固态存在。在熔点以下、T_g以上时材料的弹性模量很低，表现出良好的弹性；在T_g以下材料的劲度系数很高，表现出良好的刚性，即不易在外力作用下发生弹性变形。

3.4.1　塑料

塑料是以高分子聚合物为主要成分，再加入填料、增塑剂和其他添加剂加工而成的合成高分子材料。塑料的T_g远高于室温，因此多在刚性较高的状态下服役。不同种类塑料的性能差异很大，其硬度、抗拉强度、延伸率和抗冲击强度等力学性能变化范围宽，可以从弱而脆到强而韧，但比强度较高。塑料一般具有质量轻、化学稳定性好、不易腐蚀锈蚀、导热性低、绝缘性好的特点。大部分塑料耐热性差、热膨胀率大、易燃烧，且具有尺寸稳定性差、易变形和老化、加工成形性好、加工成本低等共性。

挤出成形是使用挤出机将加热熔融的塑料树脂通过模具挤出所需形状的制品，是常见的塑料成形加工方法。该方法生产效率高，可自动化和连续化生产，但制品的尺寸控制精度较低。注射成形是使用注射机将热塑性塑料熔体在高压下注入到模具内经冷却、固化获得制品。注射成形的优点是生产速度快、效率高，操作可自动化，能成形形状复杂的零件，特别适合大量生产，但设备及模具成本较高。模压成形是将粉状、粒状或纤维状的塑料放入模具型腔中，在一定的成形温度下闭模加压，使其成形并固化而得到制品。中空成形是利用压缩空气的压力将闭合在模具中加热软化的塑料树脂型坯吹胀为空心制品，可用于生产薄膜制品，以及各种瓶、桶、壶等中空容器。压延是将高分子聚合物与各种添加剂经预混后通过压延辊加工成薄膜或片材。压延主要用于聚氯乙烯薄膜、片材、板材、地板砖等材料的加工。

塑料按用途又可分为通用塑料、工程塑料等。通用塑料一般是指产量大、用途广、成形性好、价格便宜的塑料。通用塑料中用量较大的包括聚乙烯（PE）、聚丙烯（PP）、聚氯乙烯（PVC）、聚苯乙烯（PS），它们可以分别由其单体乙烯（$CH_2=CH_2$）、丙烯（$CH_2=CHCH_3$）、氯乙烯（$CH_2=CHCl$）、苯乙烯（$CH_2=CHC_6H_5$）聚合而成。另一重要的通用塑料为丙烯腈（$CH_2=CHCN$）与丁二烯（$CH_2=CH-CH=CH_2$）、苯乙烯等多种单体共同聚合而成的ABS塑料。多种单体共同聚合而成的高分子聚合物称为共聚物。

聚乙烯是目前世界塑料品种中产量最大、应用最广的塑料，约占世界塑料总产量的1/3。乙烯单体一般通过石油裂解而得，来源丰富，且价格便宜、易成形加工、性能优良。中国内地2012年生产了1 486.8万吨乙烯，比上一年减少了2.7%。聚乙烯具有优越的电绝缘性和耐低温性，化学稳定性好，耐酸碱侵蚀。但聚乙烯耐热老化性差，易在光、热、臭氧、紫外线作用下发生分解。

聚氯乙烯为白色或浅黄色粉末，是世界上产量第二大的塑料产品。不同用途的聚氯乙烯加入不同的添加剂后，可呈现不同的物理性能和力学性能。根据添加剂的类型和含量，聚氯乙烯可分为软质和硬质两类。硬质聚氯乙烯可用做管道、板材及注塑制品等结构材料。软质聚氯乙烯可加工成软管、电缆、电线

图3.38　塑料举例。（a）硬管；（b）软管；（c）电缆；（d）薄膜；（e）泡沫；（f）型材

图3.39　日用塑料制品举例。（a）玩具；（b）容器；（c）眼镜；（d）人造革制品；（e）食品袋；（f）拖鞋

等，或制成塑料凉鞋、拖鞋、玩具、汽车配件等。还可将聚氯乙烯制成薄膜、人造革、泡沫制品，用做泡沫拖鞋、凉鞋、鞋垫、包装材料、防震缓冲建材，以及透明片材、板材与管材等。

聚丙烯的产量列在聚乙烯和聚氯乙烯之后，位居第三。聚丙烯无毒、无味、密度低，熔点高于聚乙烯。聚丙烯具有良好的高频绝缘性，以及优良的抗吸湿性、抗酸碱腐蚀性、抗溶解性，但耐氧化和耐气候老化性较差。聚丙烯主要用做薄膜、管材、片材、编织袋、电器配件、汽车配件、一般机械零件、耐腐蚀零件和绝缘零件等。

聚苯乙烯的产量在通用塑料中居第四位，在室温下为坚硬透明的玻璃状，透明度高达90%左右，具有良好光泽。在正常使用温度范围，聚苯乙烯是典型的硬而脆的塑料，强度高于聚乙烯和聚丙烯，而韧性较差。聚苯乙烯的化学性质比聚乙烯和聚丙烯活泼，易溶于有机溶剂；电绝缘性优良而导热率较低，是良好的绝热保温材料。

普通聚苯乙烯有脆性大、冲击强度低、易开裂、耐热性差等缺点。通过化学的方法把多种有机物共同聚合在一起形成共聚物则可以使力学性能明显提高。如把丙烯腈、丁二烯、苯乙烯制成共聚物，就是工业上应用最广泛的丙烯腈－丁二烯－苯乙烯共聚物（ABS）塑料。ABS塑料外观微黄、不透明，具有良好的尺寸稳定性，强度高而韧性好，且有耐冲击性、耐热性、介电性、耐磨性；其表面光泽性好、易涂装和着色、易于加工成形。ABS塑料被大量用于家用电器制品，如电视机外壳、冰箱内衬、吸尘器等，还可以用做仪表、电话、汽车工业用工程塑料制品。

工程塑料一般指能承受一定外力作用，具有良好的力学性能和耐高、低温性能，尺寸稳定性较好，可以用做工程结构材料的塑料。如聚酰胺、聚甲醛、聚碳酸酯、聚酯、ABS等。

聚酰胺俗称尼龙，呈半透明或乳白色，有很高的强度和韧性，但抗蠕变性差，不适宜用做精密零件。尼龙耐热性好，有吸震性和消音性，电绝缘性好，化学稳定性好；耐弱酸、耐碱和一般溶剂，不易环境老化，但溶解于强极性溶剂中，且吸水性大；有优异的耐磨性。可广泛用做工业齿轮，可部分取代金属或木材等传统材料。

聚甲醛通常由甲醛聚合而成，密度较高、表面光滑、有光泽、呈淡黄色或

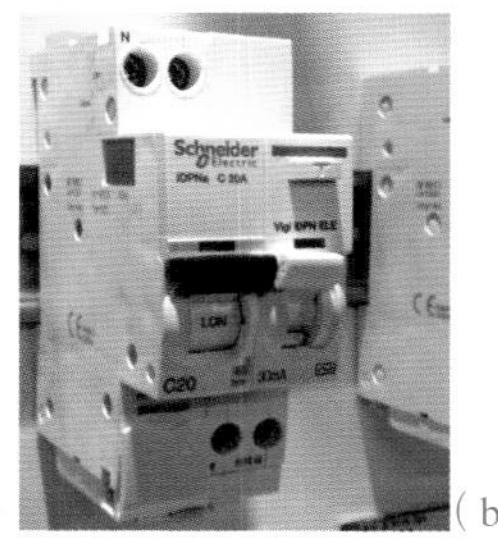

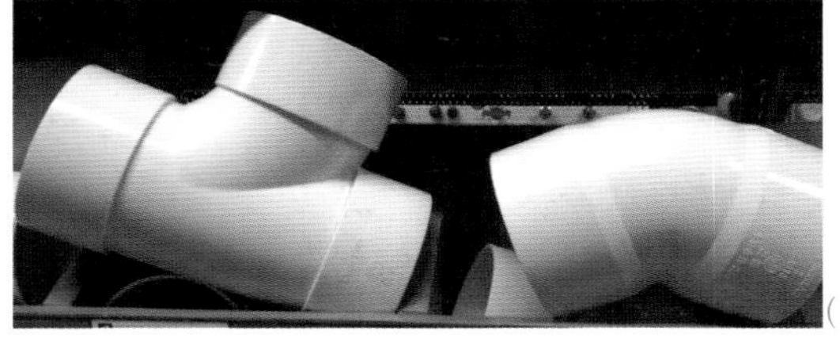

图3.40　工程塑料应用举例。（a）电器外壳；（b）开关；（c）插座；（d）洁具；（e）管接头；（f）门窗

白色，可在 −40 ～ 100 ℃温度下使用。聚甲醛的拉伸强度、硬度和韧性高，弯曲强度和耐疲劳性好，在低温下仍有很好的抗蠕变特性、几何稳定性和抗冲击特性；吸水性小，电性能优良。聚甲醛的耐磨性和自润滑性优于绝大多数工程塑料，且有良好的耐油、耐过氧化物性能。但聚甲醛不耐酸，不耐强碱，不耐紫外线的辐射。聚甲醛可替代一些金属，广泛用于电子电气、机械、仪表、日用轻工、汽车、建材、农业、医疗器械、运动器械等领域。特别是由于聚甲醛突出的耐磨特性，使其大量用于制作齿轮和轴承，以及管道阀门、泵壳体等。

聚碳酸酯外观呈无色或微黄透明，强度、刚度高，韧性和抗冲击性较好，耐热性和电绝缘性良好，不易燃烧；但易吸湿和水解，不耐紫外光，不耐强酸和强碱。聚碳酸酯大量应用于透明高强度建材，汽车零部件、飞机和航天器零部件，光盘、光学透镜和仪器，医疗器械，包装材料，以及各种加工机械，如电动工具外壳、机体、支架、电器零部件等。

聚酯一般由多元醇和多元酸聚合而得，主要品种为聚对苯二甲酸乙二酯和聚对苯二甲酸丁二酯。聚对苯二甲酸乙二酯采用对苯二甲酸二甲酯与乙二醇聚合制得，具有良好的力学性能、耐磨性、抗蠕变性，以及低的吸水性和良好的电绝缘性能。它易于形成纤维状，可制成聚酯纤维和聚酯薄膜。广泛用于汽车、机械设备零部件、电子电气零部件，如继电器、开关等。此外还大量用于音像磁带膜、包装膜、中空包装容器等。聚对苯二甲酸丁二酯可采用对苯二甲酸二甲酯与丁二醇进行酯反应而得，具有优良的综合性能。其成形性能、力学性能和耐热性能更佳，吸水性在工程塑料中最小，制品尺寸稳定性好，且容易制成耐燃型品种，价格较低。可用于高精密工程部件、电器壳体、办公设备、汽车部件等。

在现代大型建筑工程中也开始大量使用工程塑料结构材料。国家游泳中心（水立方）的建设中大量采用了乙烯－四氟乙烯共聚物（缩写为ETFE）制成的非织造类膜材，其厚度约0.25 mm，单层累积使用面积约30万平方米。实际施工过程中采用两层或者多层多边形ETFE叠层膜，夹住边缘并在中心充入数百帕压力的气体，形成充气枕。水立方共使用了3 216个大小不同的气枕。ETFE气枕韧性较高，延展性超过400%，不易被撕裂，且质量轻、不导电、不易燃、抗风、隔热、透光、耐紫外辐照，不仅能满足水立方建筑物各方面的特定需求，易于维护、修缮、更换，也非常有利于降低使用过程中的能耗。

图3.41　国家游泳中心采用的乙烯－四氟乙烯共聚物气枕

3.4.2　橡胶

橡胶是一类T_g温度很低、在室温附近处于高弹性状态的聚合物材料，因此多在弹性较高的状态下服役。按照橡胶的来源，可分为天然橡胶和合成橡胶。按照橡胶的用途，可分为通用橡胶和特种橡胶。

天然橡胶是一种以聚异戊二烯为主要成分的天然高分子化合物，分子式是$(C_5H_8)_n$。天然橡胶主要来源于三叶橡胶树，这种橡胶树表皮的胶乳成分中聚异戊二烯占91% ~ 94%，其余为蛋白质、脂肪酸和糖类等非橡胶物质。胶乳经凝聚、洗涤、成形、干燥即得天然橡胶。天然橡胶无一定熔点，加热后软化，至130 ℃完全软化为熔融状态。天然橡胶具有优良的回弹性、绝缘性、隔水性及可塑性等特性。目前世界上部分或完全用天然橡胶制成的物品已达7万种以上，如日常生活中使用的雨鞋、暖水袋、松紧带，医疗卫生行业所用的外科医生手套、输血管等，交通运输上使用的各种轮胎，工业上使用的传送带、耐酸和耐碱手套，以及各种密封、防振零件，航空航天飞行器、军工武器的零件等。

合成橡胶是借助人工化学合成方法制成的具有天然橡胶基本特性及其他所需特性的高分子材料。由丁二烯聚合而成的丁钠橡胶是最早合成的橡胶，后来又出现了异戊橡胶、丁苯橡胶、顺丁橡胶等，主要用于制造轮胎和一般工业橡胶制品。异戊橡胶是聚异戊二烯橡胶的简称，由异戊二烯溶液聚合而得。异戊橡胶生胶强度低于天然橡胶，质量均一性、加工性能等则优于天然橡胶。异戊橡胶的结构和性能与天然橡胶近似，具有良好的弹性和耐磨性、优良的耐热性和较好的化学稳定性，可以代替天然橡胶用于制造载重轮胎和越野轮胎，以及各种橡胶制品。丁苯橡胶由丁二烯和苯乙烯共聚而得，是产量最大的通用合成橡胶。其综合性能和化学稳定性好，在大气环境下的耐热性、耐老化性和耐油性均优于天然橡胶。顺丁橡胶由丁二烯聚合而得。其耐寒性、耐磨性和弹性特别优异，耐老化性也较好；但抗撕裂性能和抗湿滑性能较差。顺丁橡胶常与天然橡胶、氯丁橡胶、丁腈橡胶等并用，绝大部分用于生产轮胎，少部分用于制造耐寒制品、缓冲材料以及胶带、胶鞋等。乙丙橡胶由乙烯和丙烯为主要原料合成。其耐老化性和电绝缘性突出，化学稳定性好，耐磨性、弹性、耐油性与丁苯橡胶接近。乙丙橡胶价格较低，用途十分广泛，一般作为轮胎和汽车零部件、电线电缆包皮、高压或超高压绝缘材料，以及胶鞋、卫生用品等浅色制品。氯丁橡胶以氯丁二烯为主要原料。其力学性能和耐热、耐光、耐老化性能优良，尤其耐油性能优于天然橡胶、丁苯橡胶、顺丁橡胶。此外具有较强的耐燃性、化学稳定性和耐水性；但电绝缘性能、耐寒性能较差。氯丁橡胶常用来制作运输皮带和传动带、电线电缆的包皮、耐油胶管、垫圈以及耐化学腐蚀的设备衬里等。

特种橡胶指除了具有通用橡胶的一般特点外，还具有某些特殊性能的橡

图3.42　各种橡胶轮胎。(a)工程车轮胎；(b)歼6超音速飞机机轮；(c)沙漠车轮；(d)各种手推车胶轮

胶，如丁腈橡胶、氟橡胶、硅橡胶、聚硫橡胶等。丁腈橡胶由丁二烯与丙烯腈共聚而得，耐油性和耐老化性能突出。其中丙烯腈含量越多，耐油性越好，但耐寒性则相应下降。丁腈橡胶可在150 ℃的油中长期使用。此外丁腈橡胶还有良好的耐磨性、耐水性、气密性及黏结性能，广泛用于汽车、航空、石油、复印等行业中各种耐油橡胶制品，如各种耐油垫圈、垫片、套管、软包装、软胶管、印染胶辊、电缆胶材料等。硅橡胶是含有硅氧烷的一类聚合物，按照性能和用途硅橡胶可分为通用型、超耐低温型、超耐高温型、高强力型、耐油型、医用型等。硅橡胶具有优异的耐热性、耐寒性、介电性和耐大气老化等性能；其突出的优点是使用温度宽广，能在−60 ℃至+250 ℃下长期使用。但硅橡胶的力学性能、耐油、耐溶剂性能较差。在普通工程领域的应用不及其他通用橡胶，但在许多特定环境有重要应用，例如医用级硅橡胶具有优异的生理惰性，无毒、无味、无腐蚀、抗凝血，与生物组织的相容性好，能经受苛刻的消毒条件，可用于医疗器械和用做人工植入脏器等。

图3.43　橡胶应用实例。（a）化学防护手套；（b）防污手套；（c）雨鞋；（d）动力传输皮带；（e）幕墙密封接缝；（f）荷兰霍夫曼设计的由200多片橡胶拼接的大黄鸭

3.4.3　有机纤维

传统上人类种植棉花或养蚕，用以纺纱织布，满足对纺织品的需求。2012年中国内地生产了2 984万吨纱和840亿米布，比上年有明显增加，但仍无法满足现代社会的需求。因此需大力采用工业合成纤维的方法充实纺织品的产量。

有机纤维是一类高力学强度、形态细而长的有机高分子材料。根据有机纤维的来源可分为天然纤维和化学纤维。天然纤维包括植物纤维（如麻纤维、棉纤维、竹纤维等）和动物纤维（如蚕丝、羊毛、驼毛等）；化学纤维是指用天然的或人工合成的高分子物质为原料，经过化学或物理方法加工而制得的一大类纤维，简称化纤。根据高分子化合物来源的不同，化学纤维可分为以天然高分子化合物为原料的人造纤维和以合成高分子化合物为原料的合成纤维。按照纤维的用途，可分为普通纤维，包括人造纤维与合成纤维；以及特种纤维，包括耐高温纤维、高强度高刚性纤维、高模量纤维、耐辐射纤维等。2012年中国内地生产了3 800万吨各种化学纤维，比上年提高了12%。可见化学纤维的产量明显超过纱的产量。

人造纤维以天然高分子化合物为原料制成，也称为再生纤维，主要有粘胶纤维、硝酸酯纤维、醋酯纤维、铜铵纤维和人造蛋白纤维等。粘胶纤维以纸浆或棉绒为原料纺丝而得，其手感像棉纤维一样柔软、像丝纤维一样光滑，吸湿性与透气性优于棉纤维和其他化学纤维，染色后色彩纯正、艳丽；但粘胶纤维弹性较差，织物易折皱且不易恢复，耐酸、耐碱性也不如棉纤维，因此主要用于室内装饰和服装工业。素酯纤维也称醋酸纤维，是将天然植物纤维用醋酸反应获得醋酸纤维素酯后进行纺丝制成，主要用做人造丝、玩具、文具等。铜铵纤维是采用氢氧化四氨铜溶液做溶剂，将棉短绒溶解成浆液纺丝制得的人造丝，其丝质精细优美，但成本较高。

合成纤维是以合成高分子化合物为原料制成的化学纤维，如聚酯纤维、聚酰胺纤维、聚丙烯腈纤维、聚乙烯醇纤维，聚丙烯纤维等。合成纤维具有强度高、耐磨、密度小、弹性好、不发霉、不怕虫蛀、易洗快干等优点，但其缺点是染色性较差、静电大、耐光和耐候性差、吸水性差。合成纤维的制备过程通常是，先把高分子聚合物制成纺丝熔体或溶液，然后经过过滤并挤出成液态细流后，凝固成力学性能较差的初生纤维；然后进行后加工，进而提高纤维的力学性能和尺寸稳定性。聚酯纤维的商品名为涤纶，其原料易得、性能优异、用途广泛，发展非常迅速，现产量居化学纤维首位。涤纶最大的特点是其弹性高于所有纤维，耐磨性较好，耐热性和化学稳定性也较强，能抗微生物腐蚀，耐虫蛀。由涤纶纺织的面料不但牢度比其他纤维高出3 ~ 4倍，而且挺括、不易变形，有“免烫”的美称。涤纶的缺点是吸湿性极差、不透气，经常摩擦之处易起毛、结球。聚酰胺纤维的商品名为锦纶，有时也称尼龙、耐纶、卡普纶、阿米纶等。锦纶是世界上最早的合成纤维品种，其性能优良、原料资源丰富，在合成纤维中的产量居第二位。将己二酸和己二胺缩水成盐，再聚合制成的纤维为锦纶66；将

(a)

(b)

(c)

(d)

图3.44　聚酯纤维（涤纶）制品实例。(a) 遮阳伞；(b) 帐篷；(c) 毛绒玩具；(d) 空投救灾的降落伞（《解放军画报》2008年6月上）

氨基己酸缩水生成己内酰胺，再进一步聚合而获得的纤维为锦纶6。锦纶的缺点是吸湿性和通透性较差；在干燥环境下，锦纶易产生静电，短纤维织物也易起毛、起球；锦纶的耐热性、耐光性、保形性较差，熨烫承受温度在140 ℃以下。涤纶和锦纶都具有优异的强度、耐磨性、回弹性等，广泛用于制作袜子、内衣、运动衣、轮胎帘子线、工业带材、渔网、军用织物、填充玩具等。

聚丙烯腈纤维的商品名为腈纶，有时也称奥纶、考特尔、德拉纶等。腈纶的外观呈白色，卷曲、蓬松、手感柔软，酷似羊毛，多用来和羊毛混纺或作为羊毛的代用品，故又被称为合成羊毛。腈纶的吸湿性不够好，但润湿性却比羊毛、丝纤维好。它的耐磨性是合成纤维中较差的，腈纶纤维的熨烫承受温度在130 ℃以下。腈纶纺织物轻、松、柔软、美观，能长期经受较强紫外线集中照射和烟气污染，是目前最耐气候老化的一种合成纤维织物，广泛用于制作绒线、针织物和毛毯，以及船篷、帐篷、船舱和露天堆置物的盖布等。聚乙烯醇纤维

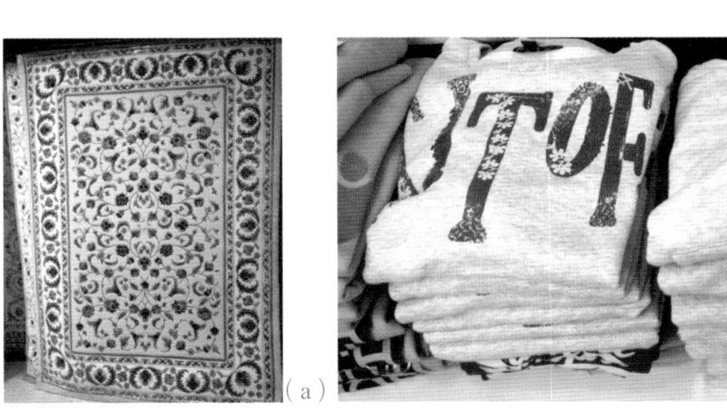
(a)

(b)

(c)

(d)

图3.45 日用化纤制品举例。(a) 地毯；(b) 涤纶与棉混纺的服装；(c) 涤纶袜子；(d) 各种绳索

的商品名为维纶，有时也称维尼纶、维纳尔等，以醋酸乙烯为原料经聚合、纺丝，然后借助适当化学处理制得。维纶性质接近于棉，吸湿性比其他合成纤维高。维纶洁白如雪，柔软似棉，因而常被用做天然棉花的代用品，称为合成棉花。维纶的耐磨性、耐光性、耐腐蚀性都较好。主要产品为短纤维，用于制作渔网、滤布、帆布、轮胎内增强线、软管织物、传动带以及工作服等。

特种纤维指具有耐腐蚀、耐高温、难燃、高强度、高刚性等一些特殊性能的新型合成纤维。特种纤维除作为纺织材料外，广泛用于国防工业、航空航天、交通运输、医疗卫生、海洋水产和通信等部门。常见的特种纤维有耐腐蚀纤维、耐高温纤维、高强度高刚性纤维等。耐腐蚀纤维是用四氟乙烯聚合制成的含氟纤维，商品名为特氟纶，也称氟纶。氟纶几乎不溶于任何溶剂，化学稳定性极好。氟纶织物主要用于工业填料和滤布。耐高温纤维包括聚间苯二甲酰间苯二胺纤维、聚酰亚胺纤维等，其熔点高，可长期在200 ℃以上使用且能保持良好的性能。如酚醛纤维等阻燃纤维在火焰中难燃，可用做防火耐热帘子布、绝热材料和滤材等。聚对苯二甲酰对苯二胺液晶溶液可制成高强度高刚性纤维，也称芳纶1414，具有高强度和高模量，可用做飞机轮胎内增强线和航空航天器材的增强材料。此外以粘胶纤维、腈纶纤维、沥青等为原料，经高温碳化、石墨化可以得到高强度、高模量的碳纤维，广泛用于宇宙飞船、火箭、导弹、飞机、体育运动器材等的结构复合材料中。改变纤维形状和结构，使其具有某种特殊的功能，可获得功能纤维。例如将铜铵纤维或聚丙烯腈纤维制成中空形式，在医疗上可用做人工肾透析血液病毒的材料。聚酰胺66中空纤维可用做海水淡化透析器，聚酯中空纤维可用做浓缩、纯化和分离各种气体的反渗透器材等。

利用聚合物的高折射率制作的通体发光塑料光纤也广泛出现在人们日常家庭生活和聚会场所。用聚合物光纤和传统织物混合制成的布料可制作自行发光和变色的服装，用于舞台表演、娱乐场所和家居生活的装饰。例如利用光纤织物和很少的电能就可以制作出在黑暗中自动发射出上百种不同深浅颜色的服装、衬垫、帷幔等，用于歌剧演出。

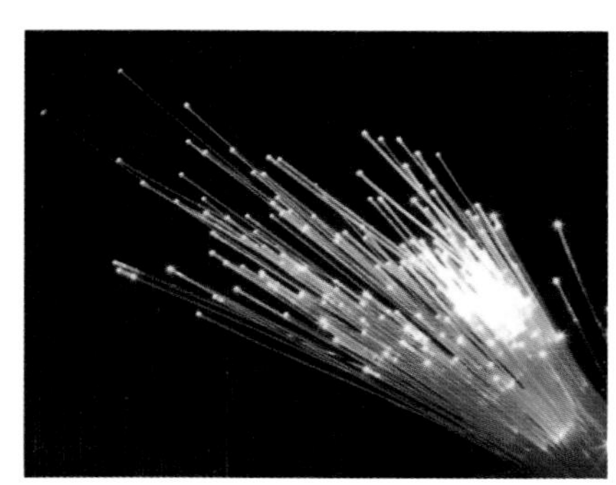

图3.46　光化纤制成的通体发光塑料制品（肖永清，2010）

3.4.4 生物医学上使用的高分子材料

除了力学性能，许多高分子材料还具备很多突出的非力学性能，如果以这些性能为主要的材料服役指标，则可以发展出功能高分子材料。常见的功能高分子材料包括导电高分子材料、生物医用高分子材料、高分子液晶、高分子凝胶、可降解高分子、光电转换高分子材料、高分子催化剂、高分子分离材料等。其中生物医用高分子材料是与人类健康直接相关、十分复杂且发展迅速的一类材料。

生物医用高分子材料指用于生理系统疾病的诊断、治疗、修复，或替换生物体组织或器官、增进或恢复其功能的一类特殊功能高分子材料。根据来源不同可分为天然生物医用高分子材料和合成生物医用高分子材料。前者指从生物体中提取的一类天然高分子材料，包括胶原、明胶、丝素蛋白、角蛋白、黏多糖、壳聚糖和纤维素及其衍生物等；后者包括硅橡胶、聚氨酯、聚乙烯、聚丙烯、聚酯等高分子材料。根据材料与组织的反应特性可分为生物惰性医用高分子材料、生物活性医用高分子材料、可生物降解医用高分子材料。生物惰性医用高分子材料指在体内不与组织发生任何反应的高分子材料。生物活性医用高分子材料指能与组织发生有益的相互作用，或对组织和细胞有生物活性的一类材料，例如能与天然骨发生骨性结合的羟基磷灰石、高分子药物、高分子修饰的生物大分子治疗剂、多肽等生物分子修饰的高分子等。可生物降解的医用高分子材料可在体内逐渐降解，降解产物对人体无毒副作用，可被机体吸收代谢或排泄。

生物医用高分子材料的一个重要评判指标是其生物相容性。生物相容性是指材料与生物体之间相互作用后各自产生的各种复杂的生物、物理、化学反应的概括，用以表征材料在特定应用中与生物体相互作用的生物学行为。生物相容性包括材料在生物体和生理环境作用下发生的一系列结构和性能的变化，以及生物体中植入生物材料在其生存环境周围发生的反应和产生有效作用的能力等两个方面。生存环境反应一般包括组织反应、血液反应和免疫反应等。根据在人体内应用环境和接触部位的不同，对生物医用材料的要求有很大差别。概括地说，生物医用材料应具有良好的生物相容性和物理、化学稳定性以及良好的力学性能，即使长期植入人体内，也不会使人体产生不良的组织反应而发生炎症、坏死和功能下降与损害等，不干扰人体正常的新陈代谢和繁殖。

生物医用高分子材料根据用途可分为硬组织修复高分子材料、软组织修复高分子材料、组织工程支架材料、血液相容性高分子材料、高分子药物缓释控释载体材料、医用黏合剂、诊断与检测医用高分子材料等。硬组织修复高分子材料包括用于骨科和齿科的高分子材料，具有良好的力学性能和耐疲劳性以及耐体内腐蚀性，如超高相对分子质量聚乙烯人工关节臼、树脂型牙冠修复材料等。软组织修复高分子材料主要用于软组织替代和医用修复，这类材料与软组织具有良好的组织相容性和力学相容性，如聚乙烯醇水凝胶人工软骨修复材料、聚甲基丙烯酸β－羟乙酯－甲基丙烯酸戊酯人工晶体材料、聚甲基丙烯酸β－羟乙酯、聚甲基丙烯酸β－羟乙酯－N－乙烯吡咯烷酮、聚甲基丙烯酸甘油酯－N－乙烯吡咯烷酮等。血液相容性高分子材料主要用于与血液循环系统相关的器官和组织修复和治疗，如人工心脏、人工血管、血管支架、透析材料等。这类材料须具有优异的血液相容性，不引起凝血、溶血等血液反应；还要具有与人体血管相似的弹性和延展性以及良好的耐疲劳性等。高分子药物缓释控释载体材料包括本身具有药理活性的高分子药物，以及辅助药物发挥作用的药物载体材料，它们具有延缓或控制药物释放速度和部位、提高疗效、减小药物毒性和刺激性对人体正常组织的不良影响、保护药物并增加药物贮存稳定性等方面的作用，同时还要求其在体内具有可降解性和可吸收性。医用黏合剂是指将组织黏合起来的组织黏合剂，这类材料应在体内能迅速聚合，不产生过量的热和毒副产物，并且在创伤愈合时黏合剂可被吸收而不干扰正常的愈合过程。常用的黏合剂有α－氰基丙烯酸烷基酯类、甲基丙烯酸甲酯－苯乙烯共聚物及亚甲基丙二酸甲基烯丙基酯等。诊断与检测医用高分子材料指通过与生物分子连接，可在体内对特异细胞、病毒、抗体等产生特异性反应，从而实现对疾病的诊断和检测。

生物医用高分子材料已经应用于人工心脏、人工肾脏、人工肝脏和胰脏、人工肺、人工关节、人工骨、人工皮肤、人工角膜、人工血管、人工胆管和尿道、人工食道和喉头、人工气管、人工腹膜、人工支架材料、药物释放载体等。其中生物惰性医用高分子材料主要用于人工组织与器官、心血管系统与血液净化材料、医用黏合剂、导管、插管、外用医疗辅助材料等，例如硅橡胶、聚砜、聚酯、聚四氟乙烯、聚酯纤维、聚甲基丙烯酸甲酯等。可生物降解医用

(a)

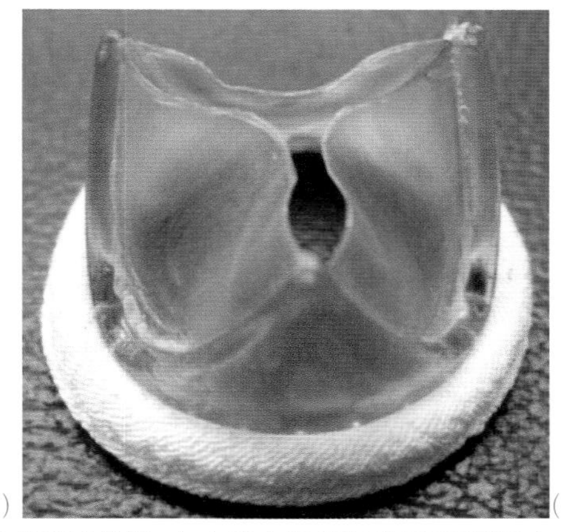
(b)

图3.47 生物医用高分子材料制作的人工器官举例。(a)超大相对分子质量聚乙烯人工关节试样(Liu et al., 2012);(b)聚合物人工心脏瓣膜(Ghanbari, et al., 2010)

高分子材料主要用于可吸收手术缝线、骨科固定钉板、组织工程支架材料、药物缓释材料等，例如磷脂、脂质体、聚氨基酸、聚乳酸、聚乙醇酸、壳聚糖、海藻酸盐等。

3.4.5 木材与纸张

木材属于自始至终伴随人类社会发展且使用极为广泛的天然高分子材料，是人类生活中必不可少的材料。木材密度较低、比强度较高、容易加工，但木材容易变形、易腐、易燃、质地不均、常有天然缺陷等，使其应用范围受到一定局限。

木材源自各种各样的树种，以树干为主要木材来源。根据来源可以把木材划分成针叶类木材和阔叶类木材。针叶类木材包括杉、柏、冷杉、云杉、樟子松、红松以及各种松木。针叶树的树干高大而挺直，木质轻软、变形小、易于加工，也称为软木，经常用做承受载荷的立柱、门窗、地板等构件。阔叶类木材源自各种榆、柚、榉、柞、桃、梨、柳等以及质地稍软的杨、椴、桦等多种阔叶树木。多数阔叶树的树干短、木质硬、密度高、易翘裂、不易加工，因此也称为硬木。硬木虽然强度高，但易变形，不适合用做承重载的构件。一些硬木树种的木纹与颜色非常美观，常用做建筑装饰及家具等具有美观要求的构件。鉴于对环境和气候的保护，近几年来中国的木材生产量不再呈进一步发展趋势，大体持稳定。2012年中国内地木材产量8 088万立方米，大量木材需要依靠进口解决。

（a）
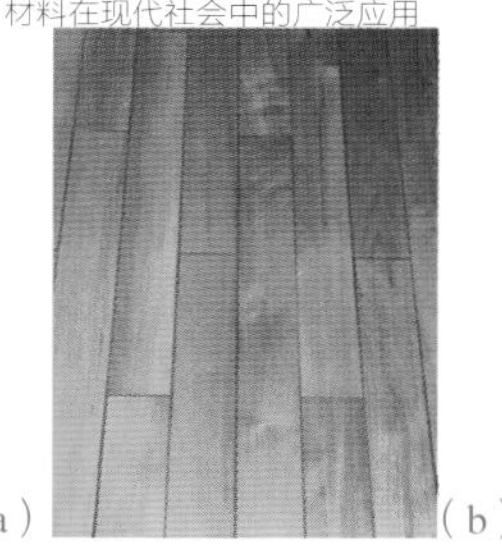
（b）

（c）

图3.48 木材的常规应用举例。（a）故宫太和殿的立柱；（b）地板；（c）家具

木材的化学成分通常包括49% ~ 50% C、6% H、43% ~ 44% O、<1% N，另外还有0.3% ~ 1.7%的无机灰分，以及S、P、K、Ca、Mg、Fe、Mn、Zn、Cu、Mo、B等微量元素。非均质木材的力学性能呈现明显的各向异性，顺纹方向与横纹方向的力学性质有很大差别。木材顺纹方向的抗拉和抗压强度均高于横纹方向。质地优良的木材在顺纹方向的抗拉强度可达80 ~ 200 MPa，而针叶树横纹方向的抗拉强度只有顺纹方向的2.2% ~ 4.6%，阔叶树横纹方向的抗拉强度为顺纹方向的8.5% ~ 22.6%。实际应用的木材是整体受力，木材中分化或生长出的树枝、树杈等天然缺陷部位就成了木材服役失效的部位，这些缺陷的位置、尺寸等因素对木材实际的承载能力产生重要影响，使之不同程度地低于相应优良均质部位的水平。

造纸术是中国古代的四大发明之一。东汉的蔡伦在总结前人经验基础上，用树皮、破渔网、破布、麻头等作为原料，制造成了适合书写的植物纤维纸，改进了造纸术。纸已经成为现代人类生活、学习、工作、生产等方面不可缺少的一种产品，木材是造纸的主要原料。在造纸过程中，首先需要将木材制成纸浆，称为木浆；然后用木浆制成不同类型的纸张使用。近10年来，中国机制纸及纸板的产量以年平均11%的速度增长，2011年中国内地生产了1.1亿吨机制纸及纸板。目前中国造纸的主要原料是废纸和木浆。废纸的重新利用本身是一个可持续发展的措施，但面对如此巨大的造纸产业和相对有限的木材资源，中国每年需要进口大量的废纸和木浆，以支撑大规模生产。利用其他非木材的植物纤维虽然也可以造纸，但相应纸浆的制备过程中会造成环境污染，因此受到很大限制。有关分析认为，为保护环境和森林资源，同时维持造纸产业的发展，须考虑种植专门用于造纸的速生林。

思考题

1. 钢铁材料的主要特点是什么？
2. 有色金属材料的主要特点是什么？
3. 无机非金属材料的主要特点是什么？
4. 有机高分子材料的主要特点是什么？

参考文献

- 傅学怡，顾磊，施永芒，邢民. 2004. 北京奥运国家游泳中心结构初步设计简介. 土木工程学报，37（2）：1−11.
- 郭永新. 2010. 中国造纸原料的现状和未来. 中华纸业，31（19）：15−17.
- 国家统计局. http://www.stats.gov.cn/tjgb/
- 黄玲. 2012. 中国海事新旗舰：大型巡航救助船“海巡01”轮下水. 中国海事，（8）：2.
- 刘国权. 2014. 材料科学与工程基础. 高等教育出版社.
- 毛卫民. 2009. 工程材料学原理. 高等教育出版社.
- 石应江. 2005. 国家大剧院：我国使用钛材最多、最有标志性、最具现代建筑典范的大型公共文化设施. 钛工业进展，22（4）：8−11.
- 孙烈. 2012. 党的八大二次会议与万吨水压机. 百年潮，（1）：15−21.
- 田宗伟，叶葳. 2008. 500万：骄人的三峡速度. 中国三峡建设，（1）：20−27.
- 王双军. 2010. 高性能ETFE膜气枕成套技术在国家游泳中心的应用. 中国建筑防水，（7）：40−45.
- 肖永清. 2010. 光纤照明技术给汽车增添精彩. 交通与运输，（3）：44−45.
- 赵德先. 2003. 杨氏模量y与劲度系数k以及组合弹簧系统. 物理通报，（8）：10−11.
- Ghanbari H, Kidane A G, Burriesci G, Ramesh B, Darbyshire A, Seifalian A M. 2010. The anti-calcification potential of a silsesquioxane nanocomposite polymer under in vitro conditions: potential material for synthetic leaflet heart valve. Acta Biomaterialia, 6: 4249−4260.
- Kokubo T, Matsushita T, Takadama H, Kizuki T. 2009. Development of bioactive materials based on surface chemistry. Journal of the European Ceramic Society, 29: 1267−1274.

- Kuang J, Cao W. 2013. Stacking faults induced high dielectric permittivity of SiC wires. Applied Physics Letters, 103: 112906.
- Liu H, Leng Y, Tang J, Wang S, Xie D, Sun H, Huang N. 2012. Tribological performance of ultra-high-molecular-weight polyethylene sliding against DLC-coated and nitrogen ion implanted CoCrMo alloy measured in a hip joint simulator. Surface & Coatings Technology, 206: 4907−4914.

第4章

材料的服役及材料科学与工程学科的知识范围

本章将从多方面揭示在材料使用过程中可能遇到的种种问题，并由此引出材料专业所需学习和研究的知识，以及相应的途径。

4.1 材料服役过程中的损耗与失效

我们熟知，材料制成有用物件后并不能无限期地使用下去。例如一双鞋经过一定时间的使用后会破损、磨穿甚至断裂，当其没有可修复价值时就得废弃。由此可见，任何材料都有其服役寿命，或服役期限。超过这个期限，材料的服役就不再具备良好的安全性，随时都可能失效。对于一些有很高安全性要求的构件，材料服役的可靠性尤为重要。

随着现代社会的不断发展和进步，人们对所使用的装备、设施及相关材料的性能和技术指标的要求越来越高，材料的加工技术及服役环境也越来越复杂。同时，现代工业也对工程材料在使用过程中的可靠性和安全性提出了更高的要求，并因此不断提出了开发高技术新材料的要求。

材料及相应制品的使用者和生产者不仅希望材料具备优良的性能，而且希望其具有尽可能长的使用周期。为实现这一目标，首先需要了解材料在服役过程中的失效形式，并由此组织相关的专业知识体系，以便通过该知识体系的学习掌握促使材料优质服役的科学与技术，服务于现代社会。

4.1.1　材料的常规失效

根据材料服役过程中的失效形式，可以把造成材料失效的原因大致归结为力学和化学两大要素。任何材料都会有一定的承受力学载荷的能力，当材料所承受的载荷使其改变了外观几何尺寸、发生了塑性变形，或超出了材料所能承受载荷的上限时，材料服役中就会出现力学失效行为，如磨损、变形、断裂等现象。在环境介质中服役的材料因化学作用而发生破坏、失效的现象称为材料的腐蚀。在很多情况下外界特定的物理和化学因素会促进材料的腐蚀行为，如载荷、海洋环境、化工环境等条件下的腐蚀。通常，材料的服役温度会影响其承载能力及其与环境的化学交互作用进程，因而会对其失效行为产生重要影响。在材料持续承受载荷的服役过程中，其内部可能会生成某种不断扩展的缺陷，造成材料因实际的承载能力持续下降而失效，如材料长时间服役后的疲劳失效现象。因此，材料的服役时间也会影响材料的服役能力。

(a)

(b)

(c)

图4.1　材料常规服役的力学失效实例。(a) 过度磨损的轮胎；(b) 汽轮发电机轴瓦因磨损出深沟痕而失效（张黎明　等，2010）；(c) 重载车轴老化断裂（《德州晚报》2012年9月25日）

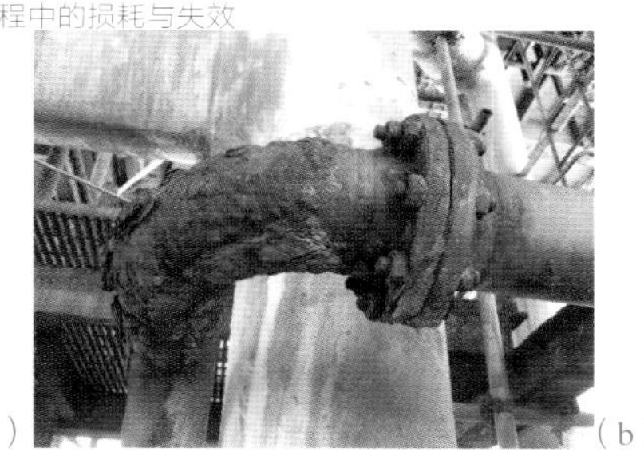
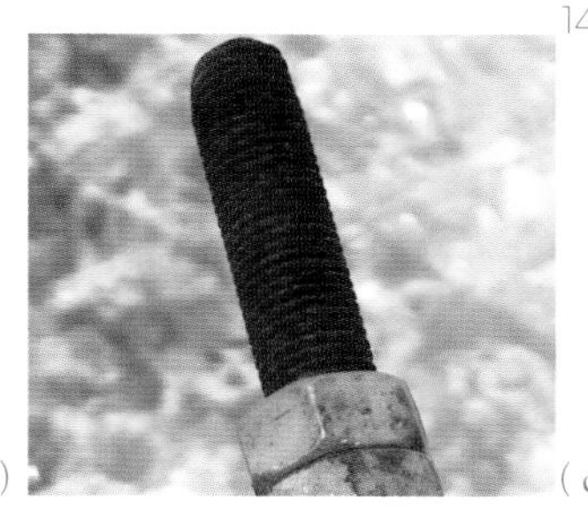

图4.2 材料常规服役的化学失效实例（李晓刚供图）。（a）自然环境腐蚀；（b）化工管道腐蚀；（c）海洋环境的金属腐蚀；（d）跨海大桥桥墩腐蚀；（e）海岛码头混凝土柱腐蚀

在生产材料、制备构件时，人们总是设法使材料能够具备尽可能高的抗失效能力，以延长其服役寿命。这也是材料科学与工程学科需要解决的重要课题。

4.1.2 人为因素造成的失效

材料服务于人类社会，为人们所广泛使用，因此人为因素会造成多种材料的非正常失效。2012年11月26日京台高速山东段发生重大交通事故，造成车辆报废和人员伤亡。2011年7月23日晚D301动车在行至温州附近时因发生追尾事故而出轨，造成大量人员伤亡。2013年7月6日韩亚航空214班机在旧金山机场降落时因机尾撞上海堤而坠落，3名中国女学生丧生。1986年4月26日位于乌克兰的切尔诺贝利核电站因操作不当而发生核泄漏事故，50%的乌克兰国土遭到污染，约170万人受到不同程度的危害，所造成的损失估计为2 000亿美元，须采用大量的防辐射材料和水泥封堵和阻隔核辐射的持续扩散。

不仅在各种设施的使用过程中会因人为因素而导致破坏，不当的制造和施工过程也会造成严重恶果。1980年3月27日在海上风暴的吹袭下挪威北海上的浮动钻井平台的柱脚断裂，造成钻井平台完全倾覆，平台上人员全部丧生。分析发现，在制作钻井平台的焊接过程中，因操作不当在平台柱脚的一个部位残留了焊接裂缝，在钻井平台数月的服役过程中裂缝在海浪冲击载荷的作用下不断扩展，使平台的柱脚形成了一个大裂口，并最终因海上风暴而倾覆。2004年5月23日巴黎戴高乐机场2E候机厅顶棚突然坍塌，包括两名中国公民在内多人死亡。调查认为，候机厅应对偶然性事故所设计的安全系数不足，造成候

图4.3　人为因素造成材料失效的实例。(a) 2012年11月26日京台高速山东段交通事故（赵萍，2012）；(b) 2011年7月23日温州动车追尾事故；(c) 2013年7月6日韩亚航空214班机旧金山机场坠落事故（《人民画报》2013年8月）；(d) 1986年4月26日乌克兰切尔诺贝利核电站核泄漏事故；(e) 1980年3月27日北海上的浮动钻井平台倾覆事故；(f) 2004年5月23日巴黎戴高乐机场候机厅顶棚坍塌事故（新华社/法新社，2004）

机厅的水泥顶棚与圆柱形金属支柱连接处出现穿孔，当混凝土材料不足以支撑大厦玻璃外壳的钢铁支架时，支柱便刺破房顶而导致顶棚坍塌。

尽管上述事故的发生往往源于多种人为管理和操作的失误，但在人为因素不能完全避免的情况下，人们也在考虑如何利用材料技术尽量减少事故发生时的人员伤亡。

4.1.3 极端条件下服役的材料及其失效

随着现代经济和人类社会的发展，工程设施可能涉及的服役环境越来越多样，也越来越具有挑战性，由此对相关的材料提出了日益严苛的要求。例如，当高速运行的飞机由亚音速提升到超音速时，飞机发动机的轰鸣声开始落后于飞机的飞行速度，并会在飞机周围产生球状声波团，飞行的飞机会挤压其正前方向外传递的声波。当飞机以音速飞行时，向前传递的声波因受到强烈挤压而形成一道阻碍飞机飞行的屏障，即音障。如果飞机速度超过音速，即飞机飞行速度比其发出声音的速度还快，则飞机就可以突破这道音障。在突破音障的瞬间，被压缩的空气会生成巨大的冲击波和爆鸣声，此时超高速运行飞机所经受的特殊振动对飞机材料是一个严峻的考验。沙漠是当今世界人们探索和开发的热点，干燥、地形起伏复杂、昼夜温差极大是沙漠环境的重要特点，在沙漠中穿行车辆所使用的材料必须能够承受温度、载荷巨大起伏振动所带来的挑战而不能失效。南极、北极的极地考察工作的环境温度极低，通常为摄氏零下几十度，此时许多金属材料已经处于脆性状态，而用于极地的破冰船不仅要承受低温，而且还要承受破冰时巨大的冲击载荷，因而对所使用的金属材料有特殊的要求。

(a)

(b)

(c)

图4.4 极端条件下服役的运载工具。(a) 超音速飞机突破音障（小蒙，2004）；(b) 沙漠中行驶的陆风越野车；(c) 雪龙号极地破冰船（中国极地考察队图稿）

随着中国经济的迅速崛起，现代海洋技术和设施的发展对中国的经济、贸易、能源供应、海洋资源开发等涉及国家可持续发展战略的领域越来越重要。例如，中国在西沙永兴岛修建了永久性机场，在渤海、东海和南海广泛开展海洋油气资源的勘探开发。但海水环境和海洋的水雾、盐雾气氛会对工程设施造成很严重的腐蚀，因此相关的材料必须具备良好的防腐蚀能力，以防止灾害事故的发生。

（a）

（b）

图4.5　海洋环境下服役的材料（中国海洋摄影家协会2013年国庆王府井全国海洋摄影展）。（a）西沙永兴岛机场（查春明摄）；（b）海上石油钻井平台（张远高摄）

人类在探索太空的过程中经常需要发射和接收飞行器。只有至少达到第一宇宙速度，即7.9 km/s的飞行器才能摆脱地球的引力，飞离地球。当飞行器返回地球时又会以很高的加速度降落。高速的飞行、巨大的推进力、高能量密度的燃料、飞行器表面与空气的剧烈摩擦、复杂多变的载荷状态、服役环境的偶然不确定性等，都使飞行器的安全性面临巨大的挑战，且对制造飞行器的各种材料提出了多重而严苛的要求，任何微小的疏漏或不足都可能造成严重的后果。1986年1月28日美国挑战者号航天飞机发射73秒后在空中爆炸，7名机组人员全部遇难，造成20亿美元的经济损失。挑战者号右侧固体火箭发动机尾部装配接头的小聚硫橡胶环形压力密封圈不适应低温环境而过早地老化失效，所造成的裂纹使液氢燃料大量外泄，并引起爆炸。2003年2月1日美国哥伦比亚号航天飞机经16天飞行返回地面，着陆前几分钟在得克萨斯州上空解体，7名宇航员全部丧生，同样造成20亿美元的经济损失。调查显示，在哥伦比亚号发射升空81.7秒时，燃料箱外表面一块泡沫材料失效脱落，并撞击到航天飞机左翼前缘的热保护系统，形成裂缝。当哥伦比亚号重返大气层时，超高温气体从裂缝处进入机体，直接导致航天飞机解体。相对频繁的航天飞机事故使人们不得不考虑，当今的材料技术能否满足类似航天飞机的这种在极端条件下反复服役的要求。目前，美国已停止了航天飞机的计划；而中国一次性使用的神舟飞船飞行计划则相对比较安全。

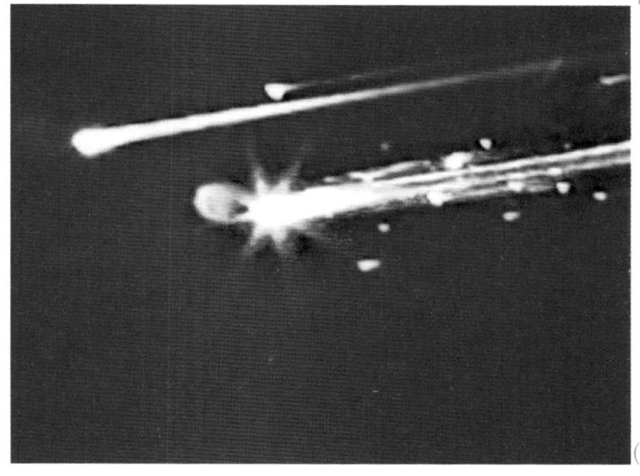

图4.6 失事的美国航天飞机。(a)挑战者号爆炸；(b)哥伦比亚号解体

4.1.4 自然灾害造成的材料失效

我们所生存的地球并不是一个平静的天体。地壳内部的活动、大气层的风云变幻时常会引起各种自然灾害并危及人类的生存。人类必须充分准备好各种防灾、减灾的措施，以应对自然灾害的来临。2008年5月12日汶川地区发生地震，公路损毁、房屋倒塌；2009年9月17日四川达州宣汉县山体滑坡，大量山石扑向村庄、损毁房屋。在遭受严重地震的建筑区域，虽然大量房屋被夷为平地，但仍有楼房挺过了劫难依然颤巍巍地竖立着，这显然为房屋内人群的逃生提供了基本的保证。由此可以设想，正确地选用建筑材料和进行建筑设计可以获得良好的防灾、减灾效果。

图4.7 地质灾害造成的破坏举例。(a)2008年5月12日汶川地震破坏的公路(《人民画报》2011年9月)；(b)汶川地震毁坏的北川县乡镇(《解放军画报》2008年6月下)；(c)2009年9月17日四川达州宣汉县的山体滑坡(《解放日报》2009年9月18日)

人类的生存虽然必须依赖于水的存在，但在许多自然灾害中水也会同时衍生出可怕的灾难。2013年7月8日北川遭遇50年来最强的洪水，大量不具备抗灾能力的房屋倒塌；同时台风也会吹袭起滔天巨浪，毁坏村庄和房舍。2012

年9月1日飓风及后续的热带风暴吹袭美国中部，造成房屋倒塌、多个地区被淹、人员伤亡、财产损失、大面积停电。2011年3月11日在日本本州岛以东海域发生特大地震并引发海啸，受海啸冲击，临海的福岛核电站随后发生了一系列爆炸，并产生大量核泄漏。尽管事先已有专家提出应该增强核电站预防海啸的措施，但并没有引起核电站所属东京电力公司及有关当局的重视。核电站的建筑设施无法抵挡海啸的袭击，最终造成严重的核泄漏事故。由此可见，对于关键和敏感的工程建筑，其防灾、减灾的设施尤为重要。

4.1.5 材料科学与工程学科的社会责任

可以看出，材料与人类日常生活密切相关，是社会经济健康、安全发展的物质基础，因此材料科学与工程学科承担着重要的社会责任。材料科学与工程学科需要向社会提供以集约、可持续发展的方式生产所需优质材料的技术，并为材料工业技术和科技的发展不断提供理论支持，为工业设施和日常生活所需材料的正确选择、设计和使用提供依据和系统知识。在现代社会中，这种技术或知识还应该包括材料使用过程中的安全储备设计，以实现防灾、减灾的需求。在材料服役失效，尤其是在材料的使用过程中发生意外或恶性事故时，应该对材料的失效原因和事故中与材料相关的问题提供分析研究和技术支持。

由于工业企业追逐利润和效益的商业利益驱动，在工程建设和商品生产过程中时常会发生虚假科技掩护下不当使用材料和偷工减料的现象，材料科学与工程学科也应对此承担审查、辨别、监督、宣传等职责。例如，1995年6月29日汉城市中心正在营业的三丰百货大楼突然垮塌，造成大量人员伤亡。后经专家进行大量调查研究和分析计算发现，在三丰百货大楼建设过程中不仅违规增加了楼体结构的质量，而且还减少了支撑楼体的承重材料的使用，属于典型的偷工减料行为。再如，1999年1月4日重庆綦江彩虹桥突然垮塌，数十人落水并最终丧生。在调查获知的多种导致事故的原因中，存在主拱钢管加工、钢管混凝土性能、主拱钢结构材质等多种与材料相关的质量问题。

（a）

（b）

（c）

（d）

（e）

图4.8　自然灾害引发的水患和事故举例。（a）2013年7月8日北川老县城遭遇50年来最强的洪水(《人民画报》2013年8月)；（b）台风吹袭起滔天浪潮扑向岸边的村庄(中国海洋摄影家协会，刘昌明摄)；（c）2012年9月1日热带风暴吹袭美国中部造成损害（鲁实，2012）；（d）2011年3月11日日本本州岛地震引起的海啸灾难（张旭辉，2011）；（e）日本本州岛海啸引发了福岛核电站的核泄漏事故（马瑞，2011）

现代工业社会的持续发展不断对材料科技提出更新、更高的要求。相对来说，材料工业为尖端科技领域所能提供的工业材料往往会表现出一定的局限性。因此高技术新材料的研究和发展始终是材料科学与工程学科重要的任务和责任。下面仅举两例，展现当代材料技术的局限及现代社会对材料发展的需求和驱动。

当今社会中会有许多人因外伤、炎症、肿瘤和先天畸形等原因造成体内骨缺损或肢体不全，需要进行骨修复手术，并大量需要适当的人工骨修复材料。理想的骨修复材料应具有与人体真实骨质相似的密度和力学性能，应与所接触的人体其他组织具备良好的生物相容性，不引起人体的排斥反应；同时还应具备可降解和可被人肌体吸收、排出的特性。这里降解是指，用人工骨修复材料制成的骨结构件或骨修复部位植入人体后，在人体环境下随时间的延长和原损伤骨部位处新生骨组织的增长而逐渐被分解、吸收，其所发挥的替代缺失骨组织部位的多种性能逐渐、自然、连续地由新生骨组织所取代。目前，这种人工骨修复材料已经在有限的范围得到临床应用。然而，人们对各种可吸收人工骨修复材料降解过程和特点的了解还不够透彻，不能完全避免不良反应和并发症的出现。人们还需要对相关材料的力学性能、降解速度、组织相容性、生物安全性等方面做进一步研究和改善，有效地控制和调整材料使用过程中各种性能及其变化；同时也需要不断探索和发现新的更优秀的人工骨修复材料体系。

一个地球以外的天体进入地球大气层后会迅速坠落，如果最终能够以陨石的形式落到地球表面，其撞击地球的速度可以达到音速的20 ~ 30倍。随着陨石逐渐接近地面，其速度和空气的密度都在不断增加，因此多数陨石会在高速坠落过程中因与空气越来越剧烈摩擦造成的高温而烧毁，消失在大气层中。一个近地轨道的卫星以自由落体的形式坠落到地面时的速度可以达到音速的数倍，只有特别耐高温的材料才能承受住坠落时的高温考验。人类所发射的人造卫星及其他外太空飞行器在达到第一宇宙速度之前，在速度逐渐增加的同时空气的密度越来越低，相应摩擦程度的增强并不非常剧烈，其烧损的倾向也不如飞行器返回地球时那么高。因此飞行器返回地球时需要采取减速措施以防止烧毁。当今美国、俄罗斯等许多国家和地区都在建设导弹防御体系，以防止、拦截并摧毁外来武器的攻击。导弹防御体系须首先发现敌方攻击导弹，精确计算来袭导弹的运行路线，并发射常处于静止状态的拦截导弹进行精确拦截，包括拦截导弹提速到追上攻击导弹的过程需要一定时间。通常，较短程导弹的运行速度较慢，只要发现就比较容易拦截。远程的战略导弹往往先要发射到大气层以外的近地轨道，实施攻击时须重返大气层并快速击中目标。速度越快，越难拦截。如果在自由落体的基础上外加强大的推动力，则导弹的攻击速度就会大大加快。假设导弹到达被攻击目标时的速度超过音速的10倍，则从近地轨道发起攻击到击中目标只需1 ~ 2分钟或更短的时间。此时，当导弹防御体系发现攻击苗头后，往往已来不及实施精确拦截。在现有导弹技术的基础上，战略导弹以近似陨石坠落的速度实施攻击时还至少须具备两个附加条件：其一是在超高速攻击过程中整个导弹外壳必须能够承受住与空气摩擦产生的数千摄氏度高温并具备良好的隔热功能；其二是在高速、高温条件下处于导弹头部的攻击制导系统必须能正常工作。目前，在耐高温导弹外壳材料和保证弹头制导的材料性能研究方面还须继续努力，以确保导弹攻击的速度和效率。

4.2 材料科学与工程专业的课程设置与学习过程简介

学习材料专业需要对材料科学与工程的理论与技术有良好的了解和掌握。在初步认识材料的广泛使用和材料的主要失效形式的基础上，可以较好地体会材料专业需要学习的内容。材料专业相关的知识体系和内容大致包括：基础知识、专业基础知识、专业知识，以及适当拓宽知识面的选修知识。作为工科专业，在材料科学与工程领域进行适当的工业实践和科研训练与培养也是必不可少的环节。下面对材料专业的学习内容做概括性的介绍，仅做参考。不同的学校和不同的学科方向对学习内容和学习重点会有特殊的安排。

4.2.1 材料专业的工科基础知识

通常，报考高等学校材料专业的高中生应是理科生，根据材料专业涉及的知识范围，理科生应该具备较好的数学、化学、物理的基础。同时学习材料专业的理科生也应具备良好的语文和外语基础。在大学本科学习的各阶段，学生需要完成各种实验报告和实习报告，在参与学习阶段的科研活动时需要完成科研报告，在学习的最后阶段完成毕业论文或毕业设计时还要撰写学位论文，甚至发表学术论文。这些报告或论文首先都需要以书面的形式完成，需要学生具备良好的语文基础。另一方面，现代的材料专业的学习和研究已经非常国际化，学习的内容始终在追踪国际的前沿，学习的过程中也经常需要参与国际交流，包括阶段性出国学习或聆听外国专家讲学。在参与科研训练和完成毕业论文阶段还需要大量查找和阅读外国文献资料。有相当多的本科毕业生会选择出国深造。这些国际交流行为都需要材料专业的本科生具备较好的外语基础。

材料专业会开设一系列工科基础课程，工程基础课程一般指不仅对材料专业学生而且对其他工科专业学生都普遍适用和必要的基础课程。材料专业所开设的工科基础课程通常有无机化学、工科物理、工程力学等。数学类的课程通常包括高等数学、线性代数、概率论与数理统计、数理方法等，计算机类的课程包括计算机基础、计算机语言类课程等。

4.2.2 专业基础知识和专业知识

在大学本科专业学习的初期通常会开设材料科学与工程导论课，对材料专业涉及的范围、特点、学习内容、就业前景等情况做基础性介绍，属于材料专业的专业基础课。专业基础课指只适合于某特定专业或较窄学科范围的基础性课程。材料专业基础知识课程通常还包括机械设计和工程制图、电工技术、物理化学、材料科学基础等。材料专业基础课中的物理化学，是一门把物理原理和实验技术结合以便分析和研究物质体系化学行为及其规律的课程。另外，材料科学基础是最为重要的一门专业基础课程，会系统而全面地介绍材料学的重要理论原理。

另外根据第1章表1.3所示的不同学科方向，在教学内容上往往会向本学科方向倾斜，并同时开设一些配套课程。如偏重金属材料的学科会强化材料科学基础理论的课程；偏重无机非金属材料的学科会针对无机非金属材料的特点强化其结构、制备等方面的教学；偏重有机高分子材料的学科会从多个角度强化各类化学课程方面的教学；偏重材料物理或材料加工方向的学科会增强多种材料物理基础或加工原理方面的教学。

专业课指材料专业本身的核心课程，其课程内容和选择范围应与学科方向相对应。根据学科方向，材料专业知识课程通常包括金属材料学、无机非金属材料学、高分子材料学、材料加工理论，或多种材料物理原理等方面的课程。各个学科方向通常都会设立各种加工或处理材料的技术、方法、流程方面的材料工艺学类的课程，以及材料的力学性能、材料的物理性能、材料的腐蚀与防护等类型的课程。专业课程通常还包括材料分析方法类课程，如光学显微分析方法、电子显微分析原理、X射线原理等。

有时很难把专业课与专业基础课划分开。不同学校、不同学科方向对专业基础课和专业课有不同的选择和划分，有时会出现二者互换位置的现象。另一方面，根据学科方向的不同，所设专业课的名称变化多端。一般来说，材料专业的专业基础课和专业课是区别于其他工科专业、体现材料专业实质内容的课程。学好这类课程才具备在材料领域从事专业工作（如科学研究和技术开发）的能力。

4.2.3 选修及其他知识

鉴于材料涉及人类社会生活的各个角落，材料科学与工程专业所涉及的知识范围极为宽广。在有限的大学本科学习期间不可能全面了解和学习所有的材料专业知识，实际上只可能在所选择的学科方向上学习有限的专业知识。学生需要在初步了解材料专业范围的情况下选择自己喜欢或适合自己学习的学科方向，并在该方向上做重点学习。另一方面，现代社会的发展也要求材料专业的专业人才具备较宽的专业知识面，以便能适应复杂的社会需求。因此材料专业的本科生除了重点掌握所选择学科方向的课程外，也应该适当选择其他课程，拓宽自己的知识面、增强社会适应能力。

目前多数学校采取学分制学籍管理，在必修课之外为学生提供了大量的选修课程，也为学生自主选择课程提供了时间、学时空间和较宽的课程选择范围。学校所提供的专业选修课程范围往往包括：材料专业其他学科方向的课程、有利于拓宽知识面的课程、有巨大社会需求的课程等。除此之外，各个学校在设置选修课程时还注重发挥学校的特长和特色，设置涉及学校科研优势的课程、学校著名学者的课程、学校学科特色方向的课程、为学校当前所承担主流科研任务配套的课程、与学校规划将来发展学科方向相关的课程等。

在专业选修课之外，高等学校普遍会为工科学生提供人文和社会科学类的选修课程，如基础外语、法律基础、经济与管理等。

在工科本科学习过程中学校还会提供社会实践环节、社会公益环节、军训等社会活动培训和锻炼的机会，以及国家高等教育规范要求的其他课程。

4.2.4 实践环节

高等学校本科工科教育的突出特点在于它的工程实用性。在教育培养的过程中学生不仅仅追求学习和掌握相关原理，而且还必须要追求解决实际工程问题的能力。材料是用于制造有用物件的物质，从社会实际需求观察，用和有用是首要和直接的需求。在材料专业的生产领域存在大量的此类现象，人们已经获得和掌握了生产某种优质材料的技术、方法并广泛地使用，满足了社会的需求，但相关材料的性能原理、加工控制原理、结构转变原理等方面还没有完全被了解和掌握。由于实验手段的局限、实验现象的异常和证据的不充分等原因，在相关原理上不同的学者还不能达成统一看法，人们还不得不对此继续做深入细致的研究和探讨，以便全面掌握相关原理，进一步挖掘材料的潜力，确保材料的稳定生产和安全服役。

由此可见，社会对工程材料的首选要求是能够良好使用、解决工程问题，因此，材料专业本科教育非常重视实践环节的培训。以工科为背景的材料专业的本科学生尤其要具备很强的动手能力和解决实际问题的能力。相应的本科培养体现为一系列的实践环节。

在配合课堂理论教学上，有配套的各种实验课程，包括工科物理实验、各种化学实验、数学实验、电工技术实验、电子技术实验、物理化学实验等。在专业教学上，有材料科学基础实验、材料学实验等，这种专业实验培训中也包括了专业实验经验的积累。

材料是以工业应用为背景的学科，因此其课程设置中有独立的工业实践环节或以工业为背景的实践环节，包括金属或材料加工的车间实习、在材料生产企业的认识实习和生产实习等，以初步熟悉和了解工业生产实践。材料专业同时还具备明显的科研和技术开发特征，因此学生的科研能力培养也包括在课程设置的范围内。

目前，高等学校材料专业通常都会向学生提供参与科研和技术开发的实践课程环节，如科技创新实践课程。学生可以借此参与学校的科研或技术开发活动，在教师的指导下初步尝试和了解科学研究过程，并尝试获得科研成果，甚至在校期间发表科研论文。

计算机是促进现代材料科技发展的重要工具，本科教学除了设置计算机课程外还相应配套了计算机实践课程，以借助所学的计算机基础知识和计算机语言练习使用计算机软件并尝试独立编写计算机程序。在相关的科研训练和毕业论文工作中，学生还有机会尝试利用所学的计算机知识模拟计算某些材料过程或分析解决材料研究中的问题。需要注意的是，鉴于材料专业重视实践的工科特点，相应的计算机模拟和分析是一种非常有力的辅助工具和手段；但材料的研究和技术开发不能只局限在计算机模拟上，其计算成果最终要体现在实际应用上，并直接为生产和经济发展服务。

本科教学最终且最重要的实践环节是完成毕业论文或毕业设计，即在教师指导及研究生的协助下用十几周的时间完成科学研究论文或工程设计任务。材料专业多以毕业论文的形式完成。论文过程中需要阅读大量的国内外文献，了解所需研究的问题，设计和建立研究思路和解决问题的方案，实施实验研究，获得实验结果并做出分析；然后借助所学知识和文献信息探讨研究相关的规律及背后的原理，得到有价值的结论，撰写并完成学位论文，通过答辩，获得学位。其中探讨研究相关的规律及背后的原理并得到有价值的结论，是毕业论文的核心成果，是判断学生在材料专业独立分析和解决问题能力的依据；之前的部分是学生实际运用所学的知识而获得论文核心成果的基础。

4.3 材料科学与工程专业的实验与研究

如第1章所述，结构、加工、性能、服役是材料专业学习和研究的四个重要的方面，材料科学与工程须关注材料结构、加工、性能、服役的相关原理以及它们两两之间和整体的内在联系。这些与材料的实际应用及高性能、长寿命的追求目标有着密切的联系。在大致了解材料服役失效的种种现象和形式后，在材料的研究、设计及生产中要越来越注重考虑材料使用的安全性，以及人们对防灾、减灾的必要需求。本书不试图细致阐述材料结构、加工、性能、服役的相关理论、技术和科学研究；在较深入了解和掌握材料专业知识之前，也不可能全面讲解材料科学与工程学科所涉及的知识细节和实验装备。因此，这里仅以初步入门为背景，简略地介绍学科范围的大致内容及典型的教学和科研实验设备，使有学习或了解材料科学与工程专业意愿的读者能借以获得对材料学科进一步的印象。

4.3.1 材料的结构与观测

如第1章所述，构成材料的各种化学元素原子的排列方式称为材料的内部结构，材料的化学构成和内部结构可统称为材料的结构。可见光的光束是用来观察材料结构的重要光源，另外，材料研究中还经常以电子束为光源观察材料的结构。以可见光为光源观察材料结构的设备称为光学显微镜，以电子束为光源观察材料结构的设备称为电子显微镜。

在显微镜下观察材料表面时需要把观察的范围放大很多倍，以便观察材料结构的细节。在观察范围内显微镜可分辨任意两点间的最小距离称为显微镜的分辨率。分辨距离越小则分辨率越高；不论把所观察范围放大多少倍，显微镜都无法观察比其分辨率更小尺度的距离。显微镜的分辨率主要取决于所采用光源的波长及显微镜镜片的质量和精度。以电子束为光源，使电子束穿过薄片状材料而在薄片另一端形成结构图像的显微镜称为透射电子显微镜，其分辨率可以达到0.1 nm以下，属于高分辨率显微镜。

（a）

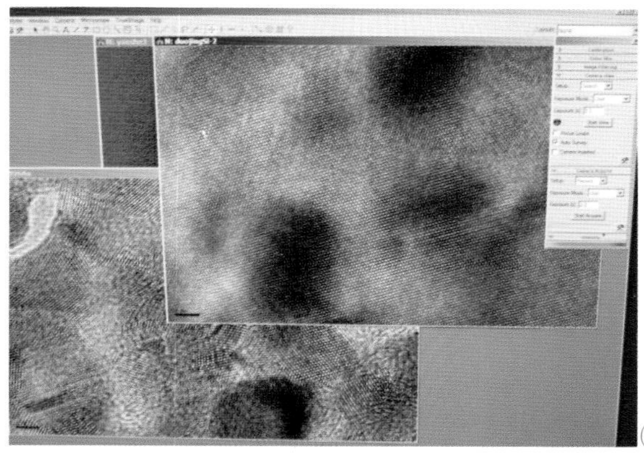
（b）

图4.9 高分辨透射电子显微镜（a）及对原子排列结构的观察（b）

多数材料内原子之间的距离低于1 nm，因此可以通过透射电子显微镜直接观察到原子的排列情况。多数材料中原子的排列会表现出明显的规律性，因此被称为晶体。也可以用相应的网格示意性地表达原子的这种规则性排列。

以电子束为光源，令电子束照射到材料表面后再反射回来，由此也可以形成微观结构图像。细小的电子束在材料表面按照一定规则逐点照射，照射完一行后再照射下一行，由若干行的照射就可以形成一个能反映材料结构的平面图像。电子束以这种逐点、逐行扫描形式形成图像的原理类似于电视机的成像原理。这种显微镜称为扫描电子显微镜，其分辨率通常可以达到几个纳米的水平。若在扫描电子显微镜中装配高温加热装置，就可以在不同温度观察材料的结构及其随温度的变化。

以电子束扫描衍射的方式照射材料表面，还可以确定出材料的原子排列规律及原子的排列方向。对许多材料的观察可以发现，其微观结构并不是到处都是一致的。虽然材料内各处原子的排列规则一致，但不同区域内原子排

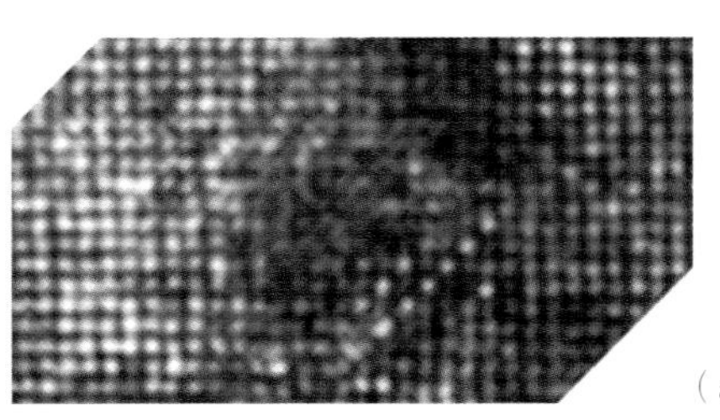
（a）

（b）

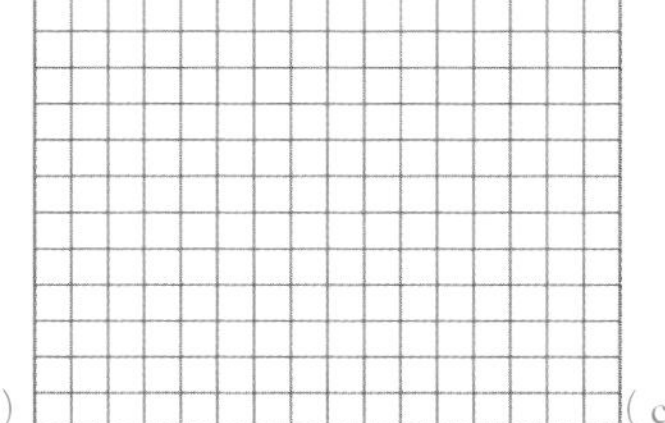
（c）

图4.10 规则排列的晶体原子（白色斑点为原子位置）。（a）铁原子（毛卫民 等，2013）；（b）铝原子（毛卫民 等，2012）；（c）原子规则排列示意图

图4.11 （a）普通扫描电子显微镜；（b）可加热到1 500 ℃的扫描电子显微镜

列的方向会有所差异。这样就构成了观察范围不同小区域内原子的不同方向排列，这种材料称为多晶体，每个小区域称为晶粒。如果一块材料内所有原子都按照同一规律和同一方向排列，则该材料称为单晶体。在材料的生产加工过程中多晶体内晶粒尺寸和形状会不断发生变化，甚至原子排列的规则也会发生变化。原子排列规则、晶粒形状和尺寸会对材料的性能产生非常重要的影响，因此它们的变化规律及控制方法是材料学科重要的学习和研究课题之一。

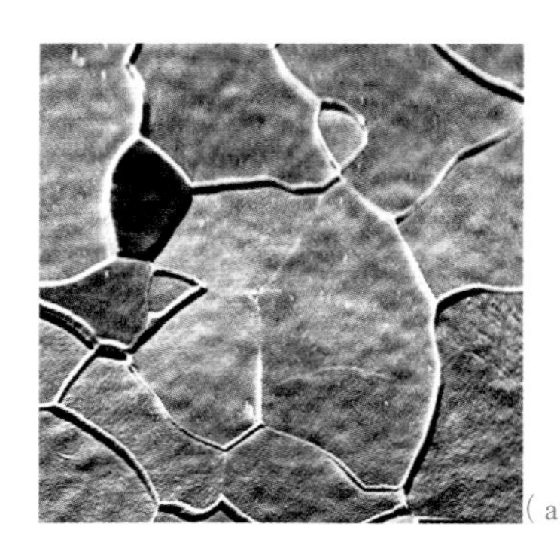
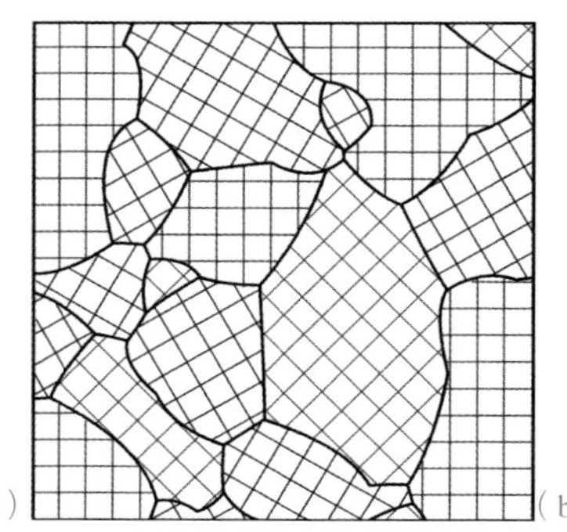
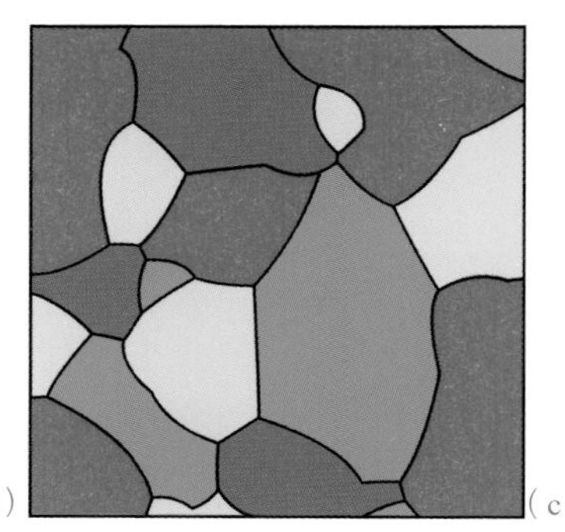

图4.12 用扫描电子显微镜观察和分析铁基多晶体的微观结构（a），原子不同排列方向示意图（b），以及用不同颜色表示原子的不同方向排列（c）

当电子束照射到原子后，特定条件下原子会发出特定的电磁波，其波长与该原子的原子序数密切相关。以电子束照射而识别被照射原子序数的方法称为电子探针。许多非单质材料中各种元素的分布可能不很均匀，并在材料加工过程中发生变化，且会对材料的性能产生重要影响。因此，可以借助电子探针显微镜观察或追踪非单质材料中各种元素的分布情况。

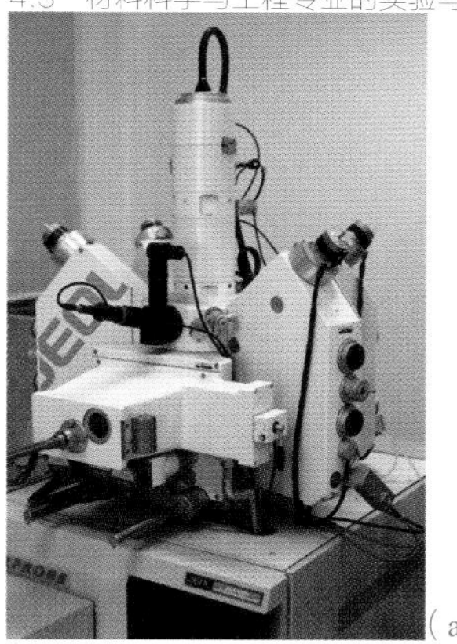
(a)

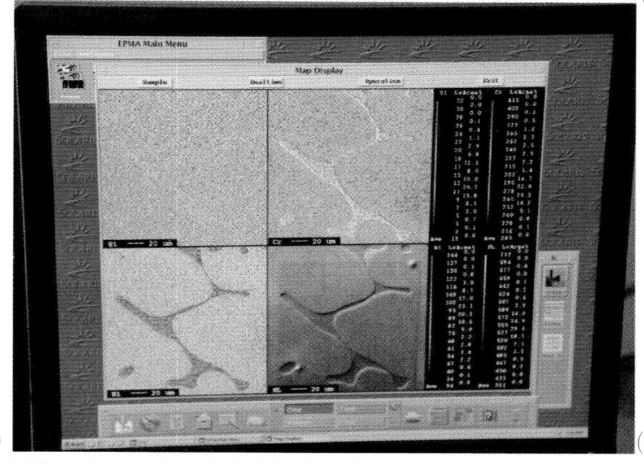

(b)

图4.13 电子探针显微镜（a）及用颜色表示各种元素浓度的分布情况（b）

用以可见光为光源的光学显微镜观察材料微观结构是一种常规的材料结构观察手段。受可见光波长的限制，其分辨率水平通常为1 μm左右。如果对可见光源做偏振化处理，用偏振光观察某些多晶材料，则可以获得更好的观察效果。光学显微镜下有机高分子材料的结构比较复杂，常出现接近圆形的结构，称为球晶。球晶内更细致的结构也非常复杂。

1895年德国科学家伦琴发现了后来以他的名字命名的伦琴射线，也称为X射线。X射线是波长非常短的电磁波。1912年德国科学家劳厄把原子规则排列的晶体材料作为光栅，用X射线照射，进而观察到了X射线的衍射现象，并根

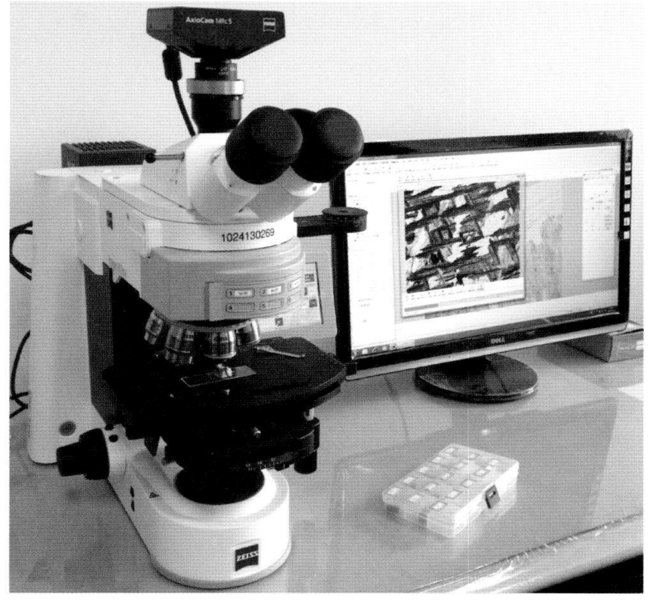

图4.14 光学显微镜

据衍射规律计算出了晶体的排列规律、原子间的距离等许多微观结构信息。从此X射线衍射仪就成为了广泛使用的材料结构参数测量和分析设备。

实际上，不论是单晶材料还是多晶材料，其内原子的规则排列并不是完美无缺的，且必然存在着不同的缺陷。即规则排列的原子内会出现局部不规则排列的现象，如某些部位丢失了原子、沿某些方向或某些面原子的排列偏离了多数原子排列的规则性等，统称为晶体缺陷。晶体缺陷会在材料加工过程中发生变化，并对材料的性能产生重要影响，因此其变化规律及控制方法也是材料学科重要的学习和研究课题之一。

(a)

(b)

图4.15 材料的光学显微结构。(a)偏振光下的铝多晶结构；(b)聚丙烯中的球晶

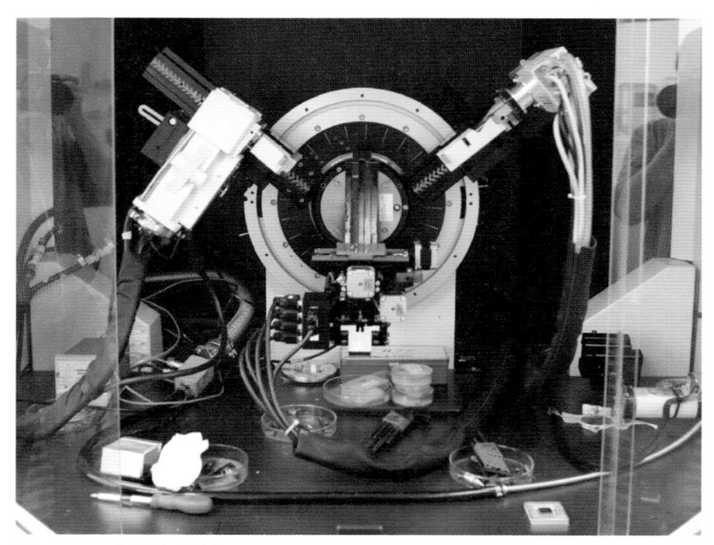

图4.16 X射线衍射仪

在0 °C以下的冰内，大多数原子会按照一定规则排列，属于晶体。把冰加热到0 °C以上时冰就会熔化成流动的液体，其间原子由规则排列方式转变成无规则的排列。在熔化过程中原子排列规则发生改变的同时，会吸收熔化热，且体积与密度也会发生突变。在固体状态下许多材料内原子排列的规则也会在穿越特定温度时发生改变，并产生类似于熔化热的转变潜热，即升温高过特定温度时会吸收一定热量，降温低于该特定温度时会释放一定热量。同时，原子排列规则的改变会使材料的体积和密度在该转变温度上下发生突变。利用量热仪可以检测到材料释放或吸收转变潜热的温度，利用热膨胀仪可以检测材料体积发生突变时的温度。这都有利于获知材料内部原子排列规则发生变化的规律。

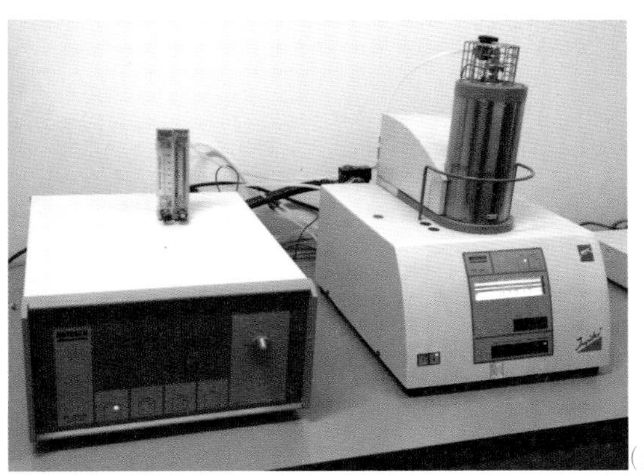
(a)

(b)

图4.17 材料固态结构转变温度的测量设备。(a)量热仪；(b)热膨胀仪

图4.18 红外光谱检测仪

各种高分子材料不同的特性取决于不同高分子结构中特定的原子或原子团，称为官能团；在较宽波长范围不同波长的红外光谱中，各种官能团会分别对不同波长的红外线有各自特殊的吸收效应。因此，可以利用红外光谱检测仪确定高分子材料中存在何种官能团，进而帮助了解该高分子材料的细致结构。

4.3.2 材料的加工与制备

在现代工业社会中存在着种类繁多的各种材料，它们都是通过不同的工业流程加工制备而成，因而相应的生产加工流程也是多种多样。加工流程的选择及所选流程中各环节诸如温度、速度、载荷等许多参数值的选择，对材料的加工制备质量及最终的结构和性能会产生极为重要的影响。

在材料专业的学习过程中须参与各种不同的实验课程和实习，学习的后期阶段还要参加一定的科研活动。在这些与材料相关的实践活动中不可避免地要接触到不同材料的实验室制备和加工。这些加工过程可能是模拟材料实际生产中的某些环节，也可能是出于科学研究目的而设计出的特殊制备和加工过程。为此材料科学与工程学科的实验室中配置了大量的材料加工装置和设备，这里亦可举出一些实例。

对于金属材料，首先要借助熔炼过程获得实验材料。鉴于金属的化学不稳定性，通常需要在真空下完成金属的实验熔炼过程，即采用真空熔炼炉熔炼。对于一些高熔点难熔金属或贵金属，可采用以电弧为热源、更高熔炼温度的真空电弧熔炼炉熔炼。对于一些高纯度或极活泼的金属或非金属材料，可采用真空磁悬浮熔炼炉熔炼。磁悬浮熔炼炉内交变电场感生的磁场会在材料表面附近形成强大的涡电流，使材料熔化并被均匀搅拌；同时，在磁场中熔体表面涡电流内运动的电荷由于受到洛仑兹力的作用，会促使熔体呈悬浮或半悬浮状态，防止了熔体因与外壁接触而造成的污染。

经过熔炼的实验金属材料通常须经历成形或变形加工。例如，将熔炼好的金属熔体注入特定的模腔中凝固、冷却，成为一定的或形状非常复杂的固态构件，这一加工过程称为铸造。另外，金属熔体可以铸造成厚板或坯块，并借助后续塑性变形的方式改变其形状，如可以用轧制机（简称轧机）把厚板轧制成薄板，用压缩变形设备把坯块压制成所需的形状，把棒材拉拔成线材或挤压成型材等。还可以借助冲压成形的方式把薄板金属加工成不同的起伏形状，以检验其成形能力。常见的金属饮料罐就是由一片平面金属薄板经冲压成形过程而制成。

许多工业金属材料的加工需要经过不同温度阶段及各温度段不同的塑性变形过程完成，且变形流程的变化会对变形后的内部结构和性能产生明显的规律性影响。在实验研究中常会设计热变形流程或模拟热变形生产流程，并在热变形模拟实验机上实施，以便观察和分析热变形过程、材料内部结构和所对应性能之间的关系，借以分析研究相关的基本原理。

许多材料在固态下的不同温度区间会产生不同的原子排列规则，并对性能产生重要影响。因此在研究改进材料的技术，或在工业中实施性能改造时，经常

(a)

(b)

(c)

图4.19 金属的实验真空熔炼设备举例。(a) 普通真空熔炼炉；(b) 真空电弧熔炼炉；(c) 真空磁悬浮熔炼炉

(a)

(b)

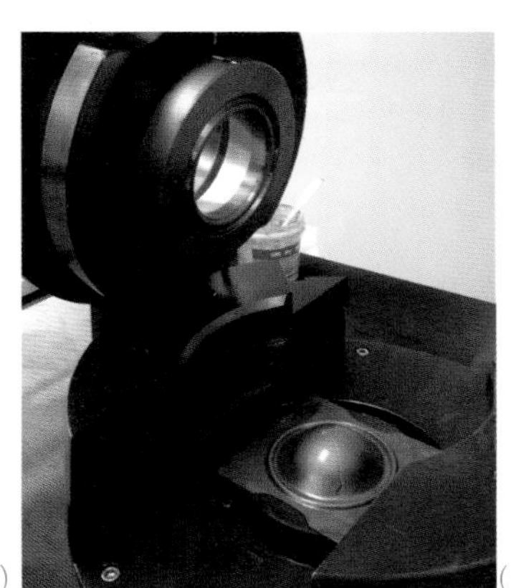
(c)

图4.20 金属的变形与成形加工实验设备举例。(a) 轧制机；(b) 压缩变形设备；(c) 冲压成形机

需要对材料做加热处理，因此材料实验室也会配备各种加热处理设备，例如在大气气氛中加热的空气加热炉，可防止材料在加热中氧化的真空加热炉等。加热处理过程通常包括以一定速度使温度上升到设定值，在该设定值保持一定时间，随后再以一定速度冷却等。不同的材料及不同的加热处理目的对加热的升温速度、保温温度和时间、冷却速度的要求有很大的差别。在一些特定条件下需要对材料连续做多个阶段的加热处理，且需要防止氧化的发生，因此可以采用由计算机操纵的多阶段自动控制加热炉在非氧化性的保护气氛下对材料做加热处理。

许多无机非金属材料需要通过高温烧结的方式加工制作成构件使用。相关过程包括各种化合物或单质原料粉末的制备，将粉末制成所需的粉末坯料并压实，然后在粉末烧结设备中的高温下烧结构件。为了保证烧结构件的质量，烧结设备中通常会保持真空或通入非氧化性保护气氛。在烧结过程中还常常对粉末构件施加静压力，以提高粉末构件的致密度和性能。粉末烧结过程具有很高的灵活性，可以烧结出形状非常复杂的构件。

高分子材料的实验制备加工过程通常明显区别于无机材料，其加工制备更多地涉及有机化学过程。例如往往须将单体原料经特定合成装置制作成各种高分子材料。所制备的一些高分子材料粒料可以在高分子材料成形装置中经混合、加热、注入特定模具、冷却而制成特定形状的塑料构件。

薄膜材料是现代社会越来越广泛使用的新型材料，尤其是在微电子领域

图4.21　金属热变形过程模拟实验机

和光学领域，各种薄膜功能材料层出不穷。其加工制备方法也往往与材料的常规制作方法有所不同。在高电压作用下，一定真空度的容器内少量的特定气体分子会被电离，形成电子和阳离子体；阳离子在电场加速作用下会快速轰击阴极金属靶，使靶上金属原子溅射出来，称为离子溅射。选取所需的金属制成金属靶并控制离子溅射的方向、速度、密度、时间、温度、离子分布均匀性、溅射气氛等细致过程，就可以逐渐沉积形成薄膜，且使薄膜实现所需的尺寸和成分。离子溅射是一种以物理的方式先把所沉积的固态物质转变成气态，然后沉积成薄膜，是常见的制作金属薄膜材料的方法。借助蒸发、溅射、放电等物理方法先把固态或液态物质转变成气态，然后沉积的过程称

(a)

(b)

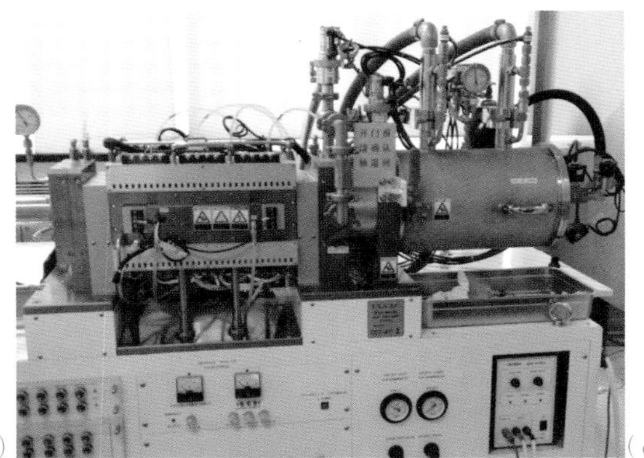
(c)

图4.22　材料加热处理实验设备举例。(a)空气加热炉；(b)真空加热炉；(c)保护气氛自动控制加热炉

为物理气相沉积。因此离子溅射属于物理气相沉积。将特定组分的气体输入反应室，在特定温度和压力下气体借助分解或化合等化学过程产生所需的原子和分子，然后使其逐渐沉积形成一定厚度的薄膜，该过程称为化学气相沉积，这也是制造薄膜材料常见的方法。例如，利用与其他气体混合的甲烷在反应室内分解出碳原子并沉积成膜，就可以在低温、低压下借助化学气相沉积过程制作出人工金刚石薄膜材料。

(a)

(b)

图4.23　粉末烧结设备（a）及形状复杂的粉末烧结零件（b）（郭志猛供图）

(a)

(b)

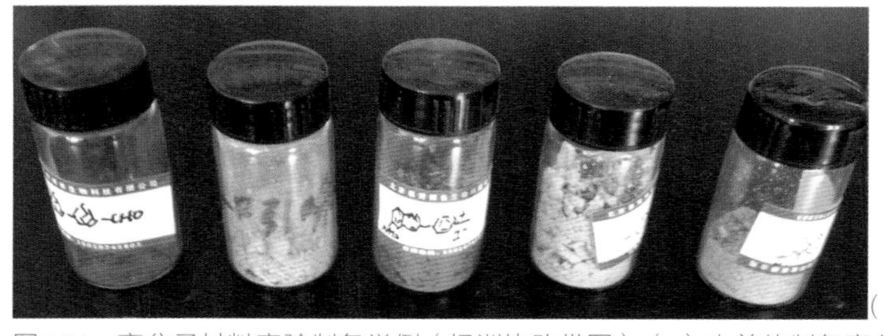
(c)

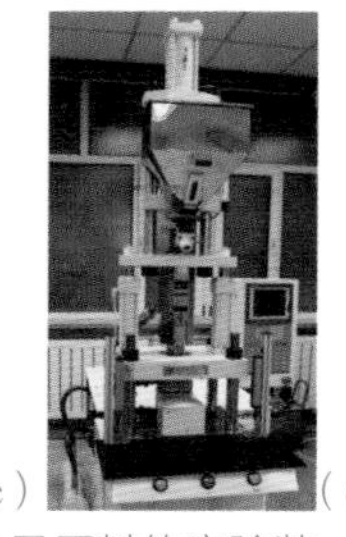
(d)

图4.24　高分子材料实验制备举例（杨洲协助供图）。（a）由单体制备高分子原料的实验装置；（b）实验制备的高分子粒料；（c）实验制备的高分子染料；（d）高分子材料成形装置

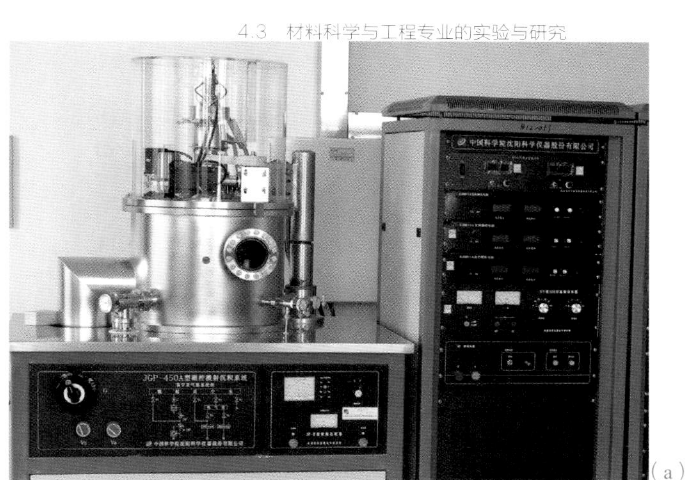

图4.25 薄膜材料实验制备设备举例。（a）离子束溅射沉积设备；（b）气相沉积金刚石薄膜设备

4.3.3 材料的性能及其测量

实际使用中的材料需要具备某种特性以满足服役需求，称为服役性能，或使用性能；另一方面，材料在服役之前的一系列加工过程中也需要具备不同的特性，称为加工性能，以使加工过程顺利完成。在对材料的分析研究中人们逐渐发现，材料的上述两大类性能往往对应着、或可以简化成某些可以借助实验室仪器测量的性能数据。测量、观察和分析这些性能数据可以为材料的选择、材料加工流程的设计、所制成构件的形状和尺寸设计、材料的安全性设计等提供重要的依据和参考。

力学性能的测量是结构材料的选择、加工和构件设计的重要基础。根据材料服役的力学载荷环境的差异，有名目繁多的各类力学性能测量指标和测量仪器或设备。下面举几个典型的实例。

例如，远古时代人们就常把两种固体物质互相刻画，以区分二者的软硬。如果一个特定物体可以在另一物体表面造成刻痕，即在表面形成沿刻痕局部微小的塑性变形，则该特定物体就比较硬。由此形成了材料硬度的概念，即材料表面抵抗外来物体压入时引起局部塑性变形的能力。将一定坚硬的物体制成标准压头，以标准载荷压入被检测材料，就可根据压痕的尺寸来判断被检测材料的硬度。这样的测量设备称为硬度计。压痕尺寸越大，说明材料的硬度越低；反之则硬度越高。高硬度的材料比较耐磨损。可以在不同温度下测量材料的硬度。

将材料加工成一定尺寸的长条形状，就可以在拉伸试验机上沿长条长轴方向施加拉应力做拉伸试验。当应力达到使材料发生塑性变形时可测量到该材料的屈服强度值。当应力继续提高到使材料被拉断时可获得抗拉强度值。屈服强度和抗拉强度反映出了材料承受载荷能力的水平。在拉应力作用下材料屈服后会因发生塑性变形而伸长，直至拉断时所发生的相对伸长率称为延伸率，延伸率数值的高低反映材料的塑性及其塑性变形能力。在达到抗拉强度之前延伸率很低、或没有延伸率的材料为脆性材料。可以在不同温度下对材料做拉伸试验。

也可以在冲击载荷下测量材料抵抗冲击破坏的能力。将具备一定质量和一定臂长的旋转摆锤悬起到一定高度，使之具备一定势能；然后让摆锤以单摆的形式自由旋转落下并击中置于摆锤旋摆最低位置处且具有一定几何形状和尺寸的材料，使材料折断。随后摆锤旋摆过其最低位置，并在旋摆的另一次达到其尚可达到的最高位置，并获得一定的残余势能。摆锤旋摆之前的初始势能与旋摆后残余势能之差即为摆锤冲击材料并使之折断所做的功或所消耗的能量，称为冲击功，亦为材料的冲击韧性值，表达了材料的韧性水平。冲击功越高，则材料的韧性越好。相应的摆锤装置称为冲击试验机。也可以在不同温度下测量材料的冲击韧性。

各种非力学的物理性能的测量是选择功能材料类型并进行构件设计的重要基础。根据功能材料服役的需求，亦有名目繁多的各类物理性能测量指标和实

（a）

（b）

（c）

图4.26　材料力学性能测量设备举例。（a）硬度测量（硬度计）；（b）强度和塑性测量（拉伸试验机）；（c）韧性测量（冲击试验机）

验室测量仪器或设备。如可以测量材料的密度、弹性模量、摩擦因数、相对介电常数、电阻率或电导率、会影响到材料磁感应强度及自感系数的相对磁导率、表面张力、熔化热、汽化热、折射率，以及大量读者可能尚不熟悉的物理参数。

例如，在同样的磁场强度下不同的物质可以实现不同的磁感应强度，磁感应强度与磁场强度的比值即为材料的磁导率；用磁性测量设备可以测得材料的磁导率及许多其他的磁性参数。再如，紫外线穿越材料时不仅会发生折射，而且在穿越时部分会被材料吸收、部分则会透过材料；可以用紫外线吸收和透过测量设备测量材料对紫外线的吸收率和透过率。

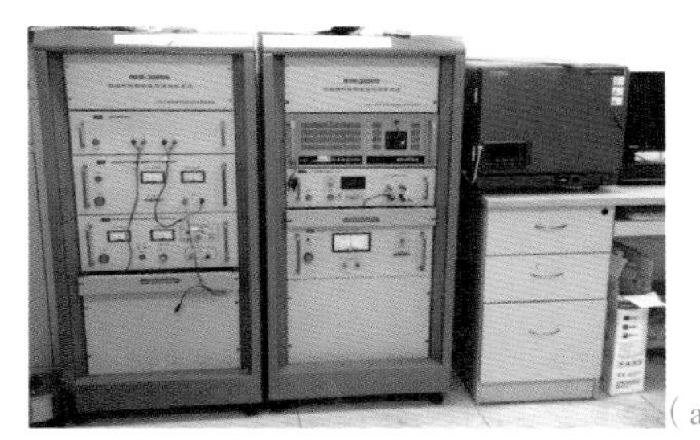
（a）

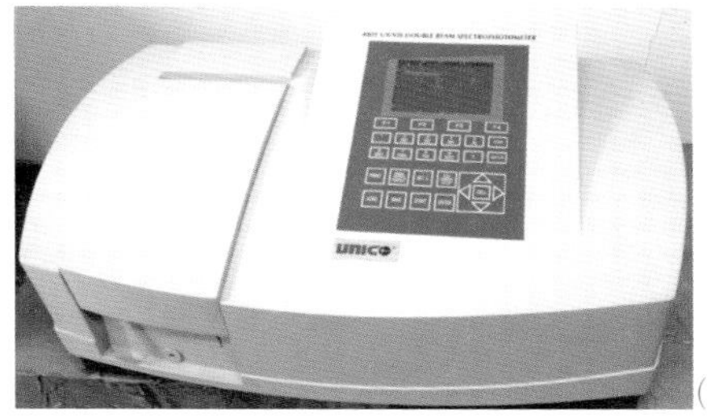

（b）

图4.27　材料其他物理性能测量设备举例。（a）磁性测量设备；（b）紫外线吸收和透过测量设备

为了研究材料的电化学行为，通常需要在各种温度、介质、电流电压条件下测量材料的各种电化学参数，用做观察和分析诸如材料耐腐蚀性能等电化学特性的依据。许多电化学参数都可以借助电化学工作站的测量而获得。

（a）

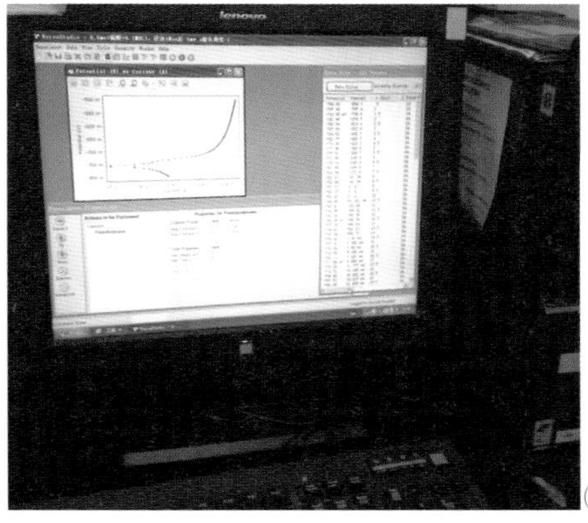

（b）

图4.28　材料电化学参数测量工作站（何业东协助供图）。（a）测量设备与装置；（b）获得的测量数据

4.3.4 材料的服役检测

材料制成构件后须按要求应用服役，其所承受的真实载荷状况和真实的服役环境会不同程度区别于实验室测量性能时的简化条件。基于简化条件测量数据而选择的材料并因而加工成的构件不一定能满足对材料所提出的长期服役要求。因此，通常还需要在真实或接近真实的服役条件下检测和考察材料的服役行为和性能。

例如，为了检测材料长时间真实的摩擦磨损情况，可以在摩擦磨损试验机上把具有特定硬度的接触材料以一定载荷压在待检测材料表面，并进行长时间的摩擦运动，如旋转摩擦运动，以检测材料真实的承受摩擦、磨损的能力。

在高温条件下长时间服役时，无机材料内部的结构会缓慢地发生某种变化，使得材料性能也逐渐改变。例如，在恒定载荷下材料可能会在较低的应力水平下发生缓慢的塑性变形，也称为蠕变。在实验室可以在高温蠕变试验机上把材料加热到不同温度，长时间考察材料在不同载荷下的塑性行为，或不同缓慢变形条件下的强度变化规律等。

材料在实际使用过程中的耐腐蚀性也是人们需要特别关注的性能。通常可以制造出各种模拟实际服役环境下材料腐蚀特性的实验检测装置，以

(a)

(b)

图4.29　模拟服役条件下材料力学行为的实验设备举例。(a) 摩擦磨损试验机；(b) 高温蠕变试验机

检测材料出现的腐蚀行为，如模拟海洋大气盐雾环境、海水高流速冲刷腐蚀环境等。

图4.30 模拟实际服役环境下材料腐蚀特性的实验检测装置举例（李晓刚供图）。（a）海洋大气盐雾环境模拟试验机；（b）海水高流速冲刷腐蚀环境模拟试验机

然而，无论如何模拟，实验室的腐蚀环境通常都是比较单一或简单的，而真实的腐蚀环境则千变万化、非常复杂，因此往往还需要在真实的环境下考察材料的综合腐蚀耐受能力。如在各种不同的气候环境地区建立大气实验站，考察材料在不同气候条件下长年累月地承受暴晒、风雨、温差等气候变化而正常服役的能力；或在不同典型海洋领域建立海水腐蚀试验站，检验材料在不同海水成分、温度变化、海水冲刷等腐蚀条件下长期正常服役的能力。

许多机电设备由许多部件组成，而各个部件又是由不同材质的零件构成。在依照各个材料的特性制成各种零件、部件并组装成整机后，为了机电设备服

图4.31 真实环境材料腐蚀特性检测实验机构举例（李晓刚供图）。（a）拉萨大气实验站；（b）厦门海水腐蚀试验站

图4.32 运载工具部件或整机承载实验举例（IMA材料研究和应用公司资料）。（a）汽车车身承载实验；（b）飞机起落架承载实验；（c）大型客机整机承载实验

役的安全性往往还需要检测部件或整机的服役性能如何、如果发生失效行为首先会从哪里开始、各个零件的选材和形状设计在部件或整机中是否合理等，以便进一步改进。例如经常需要对复杂的运载工具在模拟真实载荷的情况下进行部件或整机的承载检测。

材料的服役检测往往需要根据所制成的产品和相应的复杂服役环境做针对性的检测，并设计出相应的检测实验装置，因此针对服役检测会有种类繁多的装置。借助以上几个实例希望能使读者对服役检测有一个初步印象。

思考题

1. 试归纳材料服役失效的形式与类型。
2. 试归纳材料科学与工程学科承担了哪些社会责任。
3. 如何归纳材料科学与工程专业的知识结构?
4. 如何理解材料的服役、结构、加工、性能之间的联系?

参考文献

李晓刚. 2009. 材料腐蚀与防护. 中南大学出版社.

鲁实. 2012. 全球近期灾害录. 防灾博览，(5)：90-95.

- 马瑞．2011．潘多拉盒子再度打开：世界各国应对福岛核事故综述．环境保护，(6)：16-23.
- 毛卫民．2007．材料的晶体结构原理．冶金工业出版社．
- 毛卫民．2009．工程材料学原理．高等教育出版社．
- 毛卫民，何业东．2012．电容器铝箔加工的材料学原理．高等教育出版社．
- 毛卫民，杨平．2013．电工钢的材料学原理．高等教育出版社．
- 文文，汤逊．2010．骨科可吸收材料的降解与调控研究进展．脊柱外科杂志，8(3)：178-181.
- 小蒙．2004．现代航空史上最大的挑战之一：穿越音障．世界博览，(2)：74-75.
- 新华社/法新社．2004．戴高乐机场屋顶坍塌事故．中国记者，(6)：30.
- 张黎明，户传斌，王恩德，朱丰浩．2010．汽轮发电机组轴颈与轴瓦磨损问题浅析．电力技术，19(17-18)：47-55.
- 张旭辉．2011．福岛核震启示录．环境保护，(6)：8-15.
- 赵萍．2012．全球近期灾害录．防灾博览，(6)：90-95.
- 赵新兵，凌国平，钱国栋．2006．材料的性能．高等教育出版社．
- 庄东叔．2009．材料失效分析．华东理工大学出版社．
- http://bbs.wzrb.com.cn/thread-139383-1-1.html
- http://www.bitauto.com/
- http://www.iclickfun.com/top-10-most-expensive-accidents-in-history/
- http://www.norskoljeoggass.no

F-35 LIGHTNING

JOINT STRIKE FIGHTER
F-35
AA-1

第5章

形形色色的高技术新材料

当前，材料生产企业不断向社会提供着各种各样性能优异的材料，有力地支撑了现代科技发展，并较好地满足了人类消费的需求。同时，材料科学与工程领域也不得不面对高新科技发展对更优异性能材料迫切需求的持续挑战。社会的巨大需求推动着人们不断地探索、研究和开发特殊性能的优质材料，使形形色色高技术含量的新材料不断涌现；相应的材料学理论也在不断地深化、拓展。对于刚刚接触材料学科的入门者，尚无法深入理解与各种新材料相关的原理，因此本书尚不能全面介绍各种优异的新材料。本章以材料学科入门者的知识背景为基础，在不过多深入探讨材料学理论的前提下举例介绍若干高技术新材料，分析不同类型新材料出现的背景、所依据的物理学及化学的原理、其研究发展和满足社会需求的情况等。希望读者能借此对当今社会材料的研究和发展有一个初步的认识和了解。

5.1 社会安全的守护者——抗灾安全用钢

5.1.1 道路交通事故及汽车用钢的安全对策

随着全球经济的发展和人们生活水平的提高，汽车的消费需求量不断增加。以中国为例，改革开放以来经济水平明显上升；同时民用车辆和私人车辆保有量也迅猛上升。根据国家统计局和公安部交通管理局的统计数据，至2012年中国民用车辆保有量超过了1亿辆，其中主要源于私人车辆的增长。随着车辆的增多，交通事故的发生也愈加频繁。中国内地每年因交通事故死亡的人数在1950 年时为几百人，而到2004年时则发展到超过10万人，即平均每5分钟就有一人因道路交通事故死亡；同时，交通事故受伤人数也超过50万人。

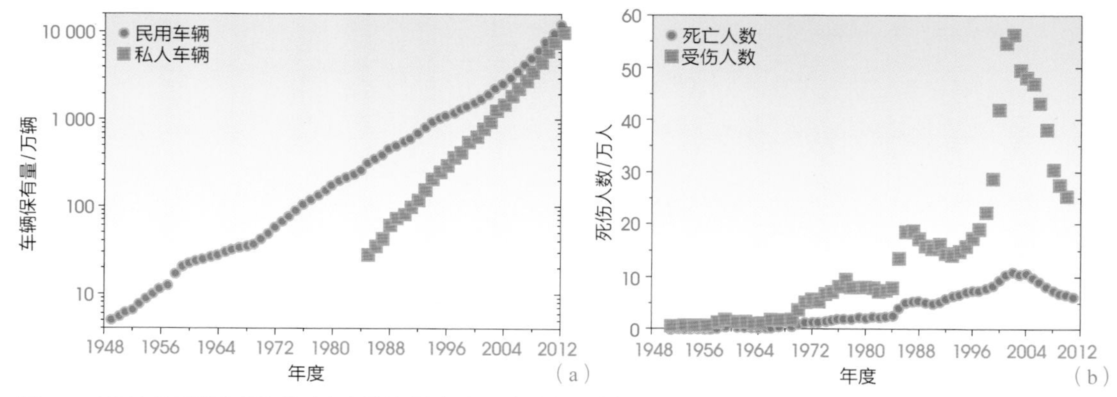

图5.1　中国内地民用车辆和私人车辆保有量（a）及道路交通事故死伤人数（b）的统计

面对频发的交通事故和所造成的伤亡，不仅交通管理部门需要加大交通安全的宣传教育、提高人们的安全意识、加强管理措施和交通安全设施的建设，世界各地汽车制造工业的研究部门也在积极探索并发展高安全性的新型车辆品种。一般来说，很难完全杜绝交通事故的发生。高速行驶的车辆具有很大的动能，当正在行驶的车辆因出现危险状况而发生碰撞时，巨大的动能就会在短时间内完全释放出来，并损耗殆尽。通常这种动能的瞬时耗散是交通事故中破坏车辆、造成人员伤亡的主要原因。研究发现，适当的车辆构造设计及用材选择可以明显降低动能耗散时车内剧烈的冲撞，并减少人员伤亡。随后这些减灾措施迅速被大量地转换成民用车辆制造技术并付诸实践。2004年以后随中国民用车辆和私人车辆保有量的持续增加，交通事故造成人员伤亡的数目却明显下降。根据中国法院网和公安部交通管理局的统计数据，2010年全国接报道路交通事故390.6万件，其中伤亡事故约22万件；而2011年随道路车辆和驾车新手数量的增多，全国接报道路交通事故上升到422.6万件，但其中伤亡事故却下降到了约21万件。这一变化显示，车辆构造设计及用材选择的安全性措施确实可以在发生交通事故时发挥明显的防灾、减灾作用。

5.1.2 抗灾安全用钢的基本原理

设想一辆高速行驶的汽车发生碰撞时会在瞬间停止；与此同时，其巨大的动能会转化为破坏车辆和伤害人员的能量。如果制造车辆所用的材料能够在碰撞时发生大幅度塑性变形，则车辆减速的过程会得到很大缓解，其大部分动能会转变为金属塑性变形的能量而被逐步消耗掉，从而减少了对车辆和人员造成的损毁。

遭受撞击的汽车钢质躯体在撞击作用下发生塑性变形时，所承受的载荷会超过其屈服强度σ_s，当载荷继续增大而达到车体钢材的抗拉强度σ_b时车体会发生断裂。设汽车遭受撞击时，截面积为A的汽车钢会受到一个冲击力F的作用，则其单位面积上所承受的力，即汽车钢承受的应力σ为

$$\sigma = \frac{F}{A} \tag{5.1}$$

在外力作用下汽车钢会发生弹性变形并吸收一定的动能。当外力增大到某一极限值F_s时载荷达到屈服强度σ_s，使汽车钢在外拉力作用下发生永久性的塑性变形。当外力继续增大，达到另一极限值F_b时，载荷达到抗拉强度σ_b，则汽车钢会发生断裂。假设长度为L_s的汽车钢在外力作用下发生塑性变形，直至延伸至L_b时断裂，此时汽车钢的塑性延伸率δ称为总延伸率δ_f，即有

$$\delta_f = \frac{L_b - L_s}{L_s} = \frac{\Delta L}{L_s} \tag{5.2}$$

应力、屈服强度、抗拉强度以及总延伸率均为材料的重要指标。它们的关

系可以横坐标为延伸率、纵坐标为应力的图形曲线表示；各曲线左侧斜线部分表示的是弹性变形时应力与延伸率的关系，应力超过屈服强度σ_s使曲线发生转折后为塑性变形时应力与延伸率的关系，曲线的最高的纵坐标值即为抗拉强度σ_b。

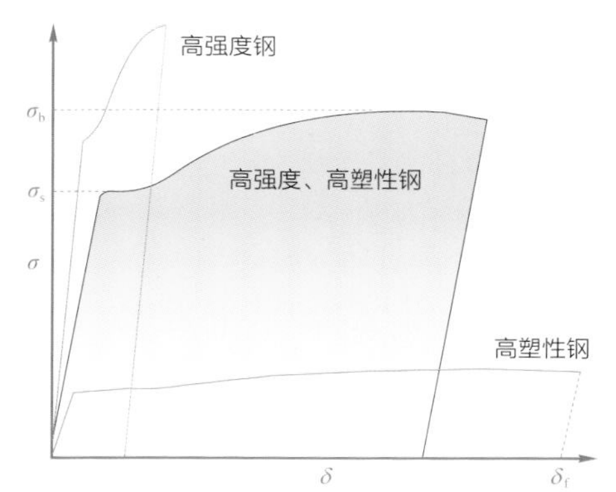

图 5.2　钢材断裂耗能的应力－延伸率曲线示意图（蓝色面积大小相当于变形耗能值）（毛卫民，2009）

汽车钢在塑性变形过程中所承受的应力会在其屈服强度与抗拉强度之间变化。为了方便运算，取汽车钢所承受的塑性变形应力为屈服强度与抗拉强度的平均值$\bar{\sigma}$，即有

$$\bar{\sigma} = \frac{\sigma_s + \sigma_b}{2} \tag{5.3}$$

设e为钢材单位体积所能消耗的最大塑性变形能，称为塑性耗能率，则e等于外力对汽车钢所做的功W除以汽车钢的变形体积V，因此有

$$e = \frac{W}{V} = \frac{F}{A}\frac{\Delta L}{L} = \bar{\sigma} \cdot \delta_f \tag{5.4}$$

可见，汽车钢的塑性耗能率e等于汽车钢单位截面所承受的平均变形应力与其总延伸率的乘积。所以，提高汽车钢的屈服强度与抗拉强度，或提高其总延伸率，均可以提高其塑性耗能率，而同时提高强度与总延伸率则是提高汽车钢安全性的重要途径。

钢材变形时的耗能量正比于应力－延伸率曲线所围成的面积。对比分析可以发现，单纯的高强度钢或单纯的高塑性钢都不能在从屈服到断裂的过程中消耗很高的外载荷能量；钢材只有在能同时达到高强度和高塑性的情况下才能在汽车撞击时大规模消耗汽车动能，进而提高汽车的安全性。因此通过各种材料学研究，开发和应用不同种类高强度、高塑性的钢材是发展高汽车安全钢的基本思想。

5.1.3 抗灾安全用钢的其他应用

高速公路是中国重要的交通设施。近几年来，高速公路的建设迅猛发展，因此高速公路的安全尤为重要。护栏作为高速公路安全的重要设施，其选材及结构设计直接涉及它所能够提供的安全保障作用。当出现紧急状况时，高速行驶的车辆会出于躲闪、失控等原因横冲直撞，当它无意或有意冲向护栏时，护栏须发挥避免车辆剧烈冲撞并减少或避免人员伤亡的作用。

当一辆汽车高速撞向一堵水泥墙时会在瞬间停止，其间水泥不会发生明显塑性变形，因而不会吸收很多的汽车动能。如果将水泥墙换为一堵类似于硬橡胶般的金属墙，则车辆减速的过程会得到大幅减缓，如上所述，其很大一部分动能会转变为金属塑性变形的能量而被逐步消耗掉，从而减少了对车辆和人员造成的损毁。高速公路的金属护栏就是发挥这种缓冲作用的安全设施。

车辆的动能与其质量和速度有关。当小型轿车的质量大致相等时，速度是决定车辆动能的主要因素。例如时速分别在常规的80 km和高速公路上限的120 km时汽车所具有的动能会有很大差异。

表5.1 车辆整备质量及相应时速下的动能（毛丰昕，2006）

常见小型轿车	车辆整备质量/kg	80 km时速动能/J	120 km时速动能/J
桑塔纳3000	1 248	3.08×10^5	6.93×10^5
POLO1.4三厢	1 152	2.84×10^5	6.40×10^5
帕萨特2.0手动	1 385	3.42×10^5	7.69×10^5
索纳塔2.0GL手动	1 444	3.57×10^5	8.02×10^5
捷达手动基本型	1 110	2.74×10^5	6.17×10^5

目前中国高速公路的护栏多设立在道路两侧，双向道路共四排，由压成波形的钢板呈条形一节节地连接而成，每段护栏之间都由钢制支柱支撑并固定。两段护栏钢板首尾由螺钉连接，并通过钢制缓冲板连接到支柱上。钢板材质以结构钢Q235为主，标准的护栏钢板尺寸为：厚度0.3 cm，展开宽度48 cm，单节长度400 cm。由此算得单节护栏的体积为5.76×10^3 cm^3，并可借此计算受到一定速度和某种型号汽车冲撞时单节护栏的最大耗能E_{max}。

(a)

(b)

图5.3　高速公路的钢质护栏（a）及护栏之间的连接（b）

对比不同强度级别结构钢板的屈服强度、抗拉强度、总延伸率、相应计算出的塑性耗能率以及制成单节护栏的最大耗能可以发现，现在服役的许多高速公路的Q235护栏钢板单节长4 m，其最大耗能低于常规小型轿车常见车速下的动能。发生碰撞时，小型轿车不一定会正面冲撞护栏，车辆的动能也不会全部转变成护栏钢板的塑性变形能；同时，单节护栏钢板在碰撞时也不可能整体发生彻底的塑性变形以使其潜在的塑性耗能得到充分发挥。因此Q235钢板的安全性并不足够高。考虑到大量在高速公路上飞驰着的10吨以上的载重货车，即使是并行双排的护栏钢板也经不起高速冲撞。根据上述原则所做的计算显示，如果简单采用强度略高的Q345护栏钢板，也不能完全解决上述安全性不高的问题。随着钢铁工业的发展、新品种的开发及钢材性能的改进，可供选择的护栏钢材越来越多。如高强冲压板、BH钢板、双相钢板、TRIP钢板等都是可以使高速公路护栏钢板安全性进一步提高的可选之材，可大幅度提高护栏用钢的安全性。另外，TWIP钢板具有非常高的塑性、强度和极高的塑性耗能值，是目前正在开发研究中的新钢种，其损耗动能的潜力很大，具有相当大的发展空间。如果把护栏钢材与汽车用钢自身的安全性结合起来，就可以大幅度提高道路交通的安全性。

表 5.2　不同强度级别钢板的性能指标（毛丰昕，2006）

钢种	屈服强度 σ_s/MPa	抗拉强度 σ_b/MPa	总延伸率 δ_f/%	塑性耗能率 e（J · cm^{-3}）	单节护栏最大耗能 E_{max} /J
Q235 钢板	235	~ 420	26	85	4.9×10^5
Q345 钢板	345	~ 550	21	94	5.4×10^5
高强冲压板	215	370	39	114	6.6×10^5
BH 钢板	240	340	44	127	7.3×10^5
双相钢板	500	690	26	155	8.9×10^5
TRIP 钢板	400	640	32	166	9.6×10^5
TWIP 钢板	310	830	80	456	26.2×10^5

汽车安全用钢和高速公路护栏安全用钢的防灾、减灾设想也可以用于其他的设施。例如，在地震等各种自然灾害发生时，各种建筑结构用钢及其他材料若能在灾害发生时都可以借助其塑性变形而大量吸收能量，则可避免或减少建筑设施的即时损毁，为人们的逃生和救助提供宝贵的时间和空间。可以设想，对各种材料都可以做安全性设计，且各种安全性技术指标也还有待进一步的改进与提高，相关的问题也需要人们不断地探索与研究。

5.2 航空发动机材料中的皇冠——涡轮盘和叶片用高温合金

自古以来，人类一直怀揣着飞行之梦，并不畏挫折和失败，不断尝试。1903 年莱特兄弟造成第一架载人带动力飞机并成功试飞，使人类的飞行之梦迈出了跨时代的一步。而飞行器的动力装置，即发动机，则是拉开人类飞行时代序幕的关键。

图 5.4　莱特兄弟于 1903 年制造的飞行器

5.2.1　航空发动机

百年航空发展是一个飞行速度不断提升的历程。迄今的空中巴士 A380 和最为先进的战机，无不彰显人类攀登科技之迅猛。而提升飞行速度的关键在于动力系统性能的改进。航空发动机为航空器提供飞行所需的动力，作为飞机的心脏，它直接影响飞机的性能、可靠性及经济性，是一个国家科技、工业和国防实力的重要体现。

（b）

图 5.5　欧洲空中巴士 A380（a）、美国先进的 F35 军用战机（b）和国产 ARJ21 客机（c，李东供图）

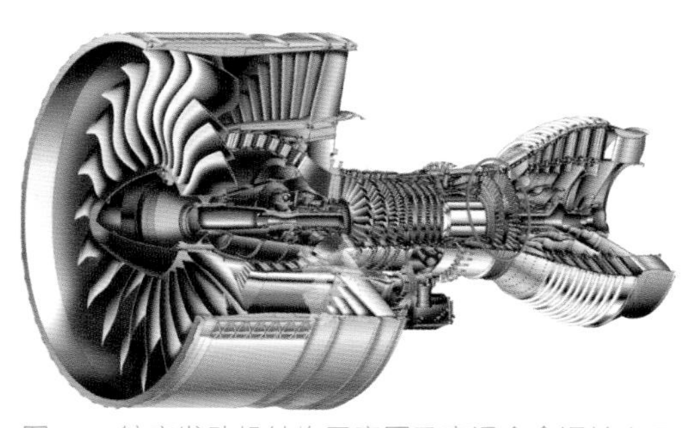
图5.6 航空发动机结构示意图及高温合金涡轮盘工作部位（图中红圈所示）

从航空发动机的发展来看，无论是省油的民机用发动机还是强调作战机动性的战斗机发动机，进一步提高航空发动机的性能，尤其是提升航空发动机推重比，一直是其发展的主攻方向。推重比即为发动机推力与发动机质量或飞机质量之比，它表示发动机或飞机单位质量所产生的推力。发动机材料及其制造技术则是实现航空发动机综合性能的保障。据预测，未来新材料在提高航空发动机性能方面的贡献率将达到50%以上，而新结构、新材料和制造技术在发动机减重方面的贡献率将达到70%。可见材料及其制造技术是提高航空发动机综合性能的基石。

航空喷气发动机通常为燃气涡轮发动机，具有压气机、燃烧室和燃气涡轮。燃气涡轮一般由多级的装配上叶片的涡轮盘组成，涡轮盘也称为整体叶盘。发动机工作时，气流依次经进气道进气、压气机增压、燃烧室加热、涡轮膨胀做功带动压气机、尾喷管膨胀加速、排气到体外等过程。发动机转起来之后，压气机源源不断地把压缩了的空气送到后面的燃烧室，在燃烧室里空气和燃油混合燃烧，向后排出高温、高速、高压气体，产生推力。对发动机不同部位实际的工作状况分析可以了解到，燃烧室中涡轮盘的叶片不仅要承受最高的温度，而且还是一组要承受很大应力的转动件。涡轮盘主体承受的温度虽然比在其边沿的叶片低，但其承受的离心力则更大。造成发动机推力的主要途径是借助叶片带动涡轮盘高速转动而产生的高温、高速、高压气体。理论分析显示，燃烧室的温度越高，则所产生的推重比就越大。因此，要提高发动机推力，就必须提高涡轮盘尤其是叶片在更高温度下承受载荷的能力。叶片承受高温的能力每提高10 ℃，就可以使发动机的效率提高约2%。由此可见，各部件中服役条件最为复杂恶劣的涡轮盘和叶片是制造高性能发动机的关键材料。涡轮盘和叶片要同时承受高达上千摄氏度的高温及高速旋转应力，所以把涡轮盘和叶片称为航空发动机材料中的皇冠。

5.2.2 发动机上的关键材料

如上所述，航空发动机涡轮盘，尤其是其边沿上安装的叶片要长时间承受高温和高载荷的作用，因此，其内部显微结构在长时间服役条件下须保持稳定而可靠。另一方面，航空用材料的轻量化或高比强度也是极为重要的，因此叶片材料不能选用熔点可高达 3 410 ℃但密度约为 183 g/cm^{3}的钨。同时，叶片和涡轮盘是以叶片根部的齿嵌入涡轮盘边沿的槽而机械连接的，其间的接触匹配对发动机的性能有很大的影响，因此其制造加工技术极为精细。

实际的涡轮盘和叶片大多是一种密度为 8 ～ 9 g/cm^{3}的镍基高温合金材料。高温合金是一种能够在 600 ℃以上及一定应力条件下长期工作的金属材料，具有优异的高温强度，良好的抗氧化和抗热腐蚀性能，良好的疲劳性能、韧性等综合性能，是军用及民用燃气涡轮发动机热端部件不可替代的关键材料。高温合金主要由镍、钴、铬等元素组成，另外还会含有多种甚至更贵重的元素，因此比较昂贵。

常规的高温合金微观结构是由大约几十到几百微米的晶粒组成的多晶体。根据材料学的原理，合理地调整合金中的各种元素含量，并促使在晶粒内和晶粒之间均匀分布大量的细小粒子，可以使发生塑性变形所需要的外载荷大幅度提高，即可使强度明显提高。如果这些尺寸为几十个纳米的粒子在高温长期服役条件下保持稳定，则可以维持高温合金的高温强度。合理地选择组成合金的各种元素并做适当的表面处理可使合金在高温服役环境下具备抗腐蚀的能力。

图 5.7 飞机发动机涡轮盘及涡轮盘边沿上安装的一圈叶片

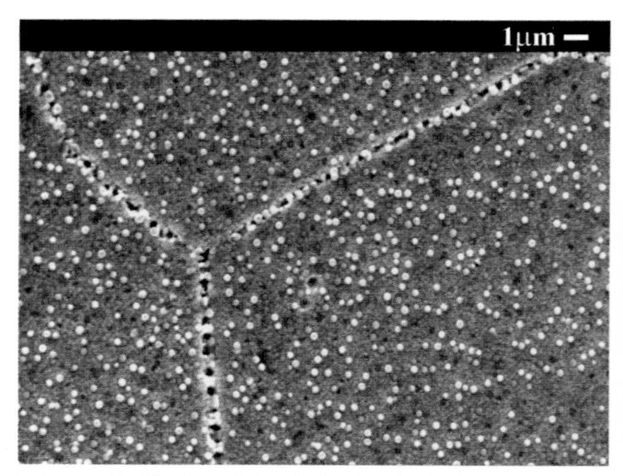

图 5.8 显微镜下观察到的高温合金典型的微观结构（晶粒内和晶粒之间分布着大量的白色细小粒子）

借助以上方式，一般高温合金的服役温度可达900 ℃，但如果用单晶体取代多晶体高温合金，则可以使服役温度进一步提高，达到1 150 ℃。

5.2.3 发动机高温合金的发展与展望

从以上的分析可以看出，要获得合格的高性能涡轮盘和叶片，需要掌握大量的高技术手段。为了提高叶片的服役温度，除了对高温合金化学成分进行合理的设计外，还需要对叶片的制造技术进行研究。例如，使叶片中形成沿长轴方向贯穿分布的、由长条晶粒构成的多晶叶片，甚至制成一个晶粒的单晶叶片。为了进一步提高服役温度，在叶片内部加工出能通冷却液的流道；同时，在叶片表面还需要涂覆一种陶瓷类的涂层。这些措施可以间接提高叶片的服役温度。

纵观航空发动机技术发展现状和趋势，世界航空发动机技术正呈现出一种加速发展的态势，现已开展了推重比为15 ~ 20的更先进发动机的研究计划。虽然中国已经跻身能自主研发和生产航空发动机的几个主要国家之一，但从发动机的推重比的对比可以看出，中国与美国等发达国家还是有很大的差距。中国现阶段飞机的设计要求正处于向推重比为10的研发目标迈进的过程中，相对于发达国家的研发水平，中国在整体上还处于落后的局面。

表5.3 美国与中国军用航空发动机推重比发展差异对比

年代	美国	中国
1980	7 ~ 8	—
1990	10	—
2000	10 ~ 12	6
2010	12 ~ 15	7 ~ 8
2020	15 ~ 20	10

随着飞机的航程和飞行速度的提高，对飞机的推力、推重比的要求也越来越高，从而导致了发动机的压力比、进口温度、燃烧室温度以及转速都大大提高。在先进的航空发动机中，高温合金占发动机材料总量的40% ~ 60%。因

此，从某种意义上来说，没有高温合金就没有先进的航空工业。当前，陶瓷基复合材料、碳/碳复合材料、金属间化合物等材料在航空发动机上得到了应用。但在1 200 ~ 1 600 ℃高温条件下使用时，这些材料均未能达到与镍基高温合金相抗衡的地步。可见，高温合金已经成为国防武器装备不可或缺的核心材料，同时也是民用工业领域中的关键材料，其研究和应用水平是衡量一个国家材料科学发展综合实力的重要标志。要提升中国航空发动机的研发水平和使用性能，必须大力开展高性能高温合金的相关研究。这不仅能推动航空、航天发动机等国防尖端武器装备的技术进步，而且也会促进交通运输、能源动力、石油化工、核工业等国民经济相关产业的技术发展。相信随着中国整体科研实力的快速提升，以及相关软硬件研发条件的建设，在不久的将来，一定会在中国航空领域开出更加鲜艳瑰丽的发动机工业之花，使得发动机上的皇冠更加璀璨炫丽。

5.3　点石成金——人工金刚石

在日常生活中，人们常会接触到价值不菲的各种宝石。从材料学的角度观察，它们往往由不同的化学物质组成。例如，玉或玉石是以复杂硅酸盐晶体为主体并与多种氧化物混合而成的矿物集合体。著名的和田玉，其主要成分包括SiO_2、MgO、CaO及少量其他氧化物，主要含有硅酸钙镁，即$CaMg[Si_2O_6]$，质地偏软，称为软玉；其内各种其他的微量氧化物会给软玉带来不同的颜色。再如，翡翠也是一种玉石，其主要成分为SiO_2、Al_2O_3、NaO及少量其他氧化物，主要含有硅酸钠铝，即$NaAl[Si_2O_6]$，质地偏硬，称为硬玉；其内的微量氧化物也会给硬玉带来不同的颜色。

图5.9　和田玉手镯

5.3.1 性能优异的金刚石

碳是自然界中大量存在的元素。碳以单质形式存在时，其内碳原子排列的常规方式使其硬度很低，这种碳通常被称为石墨。但在特定情况下碳原子也可以非常规的形式紧密排列，使其硬度极高，称为金刚石。自然界中金刚石极为罕见。

金刚石是自然界中硬度最高的物质，而且具有很好的透光性。不仅可见光可以透过金刚石，而且波长为220 nm至几十微米范围内的电磁波均可以穿透金刚石。金刚石的优良性能还在于其热导率高于所有已知的材料，有很低的热膨胀系数、很高的耐受温度骤变能力、极强的抗化学腐蚀能力、极高的抗磨损能力等。金刚石这些优异的性能使它在工业上，尤其是在光学和电子设备上具有广泛的用途。

金刚石的高硬度使其成为非常好的工具材料，用于加工许多难加工材料。光学金刚石不仅对紫外至远红外的透过性好，而且对X射线也呈现很好的透光性，加之其高硬度、高热导率和极佳的化学稳定性，使其成为优异的光学窗口材料。不仅可以在多种射线条件下用做检测或观察用面罩、窗口材料，而且还可用于超高音速飞行器的头罩和红外平面热成像装置的窗口及光学涂层。那些必须在高温、腐蚀、磨损等恶劣工业环境条件下工作的红外光学装置的窗口也可以用光学金刚石制作，如化工厂或钢厂的红外光学在线监测装置或窗口保护涂层。

金刚石在军事上可用做超高音速、高磨损新型拦截导弹的头罩等极端恶劣条件下的透光材料，机载、车载或舰载红外热成像装置窗口或窗口保护涂层，战场等恶劣环境下工作的红外光学装置的窗口或窗口保护涂层。新一代高速拦截导弹和红外制导导弹战场生存能力的提高都要借助于配备金刚石膜球罩，这种球罩可确保制导系统在雨滴、灰尘、风沙、盐雾强冲刷和核、化学、生物侵蚀破坏及超高速强热震条件下无障碍地正常运作。目前国外研制的红外制导导弹金刚石膜球罩，在8 ~ 14 μm红外波段的透过率可超过60%。

5.3.2 天然金刚石

人类最早对金刚石的记载是关于公元前1 000多年前印度的金刚石。印度是早期金刚石的主要产地；18世纪在巴西发现了金刚石，随后南非成了金刚石主要产地之一。这些都是自然生成的天然金刚石。目前出产天然金刚石的地区主要有南非、扎伊尔、博茨瓦纳等非洲国家，以及澳大利亚和俄罗斯等；另外巴西、印度、中国等地也有出产。生成天然金刚石的母矿主要是因火山喷发而带到地表附近的一类碱性镁质火山岩，多以南非地名Kimberlite命名为金伯利岩；其主要组分为多种复合氧化物$CaO \cdot 2MgO \cdot Al_2O_3 \cdot 3SiO_2$或$CaMg_2Al_2Si_3O_{12}$，以及以$Me_2SiO_4$为基础的一类硅酸盐矿物，其中Me主要为镁、铁、锰等。金伯利岩的一个重要特点在于其岩浆中游离碳的含量达到2% ~ 4%，远高于其他岩浆。

生成天然金刚石的必要条件包括足够的碳源、高温、高压、适当的冷却与降压条件等。分析表明，液态岩浆可以提供足够的高温，地表以下足够的深度可以提供足够高的压力，金伯利岩浆可以提供碳源。当金伯利岩浆以适当的方式降温、降压时，即可在其中产生一定形态和数量的天然金刚石。不同研究表明，形成天然金刚石所需的粗略温度范围在1 200 ~ 1 300℃之间，所需的压力范围约5 ~ 6 GPa；地表150 km深度以下的金伯利岩浆可以达到这样的温度与压力范围。在适当的温度与压力条件下，金伯利岩浆内的碳会凝结成金刚石晶体。适合于金刚石结晶的条件能够保持稳定的时间越长，则金刚石晶体的尺寸也越大。据分析，天然金刚石的形成过程长达六千万年至几十亿年，以至于与地球的年龄相当。随着地壳运动和火山的喷发，金伯利岩浆会带着其内形成的天然金刚石一起沿着火山喷发形成的管状通道上升到地壳表层，形成含有金刚石的管状金伯利岩矿脉。经风吹雨打等地球风化作用，露在地表的金伯利岩矿会破碎，并在雨水或山洪冲刷下经长途迁徙来到下游河床甚至海岸地带沉积下来，形成冲积层金刚石矿床。在金伯利岩浆随火山喷发向地表运动的过程中，其温度和承受的压力均在不断下降。分析金刚石与石墨的关系可以发现，温度与压力下降的过程必须满足一定的条件，否则金伯利岩内的金刚石就不能保存下来。例如，金伯利岩浆的压力在不断下降时如果温度下降太慢，则其内已经形成的金刚石晶体会全部转化为石墨。

另外，金伯利岩浆中已形成的金刚石晶体也可能会因其较高的密度而沉向火山熔岩的深处，不能到达地球表层。因此，即使在含有金刚石晶体的金伯利岩矿脉中，金刚石的含量也非常低，通常其质量比不超过亿分之四。目前人类发现最大的一块天然金刚石的质量约为620 g，源自南非；分割成数块后其中最大的一块约109 g，次大的一块约63 g，分别镶嵌在英国女王的权杖和王冠上。中国最大的天然金刚石发现于山东，质量约56 g，第二次世界大战期间被日本掠去，至今下落不明。中国现存的最大天然金刚石于1977年在山东发现，质量约31 g。

5.3.3 人工金刚石

由于金刚石所具备的众多方面的优异性能，很早人们就企图把金刚石用做工程材料。然而天然金刚石的稀缺珍贵使人们一直寻求把石墨转变成金刚石，即“点石成金”的人工金刚石制造方法。1772年法国化学家证实金刚石是碳的晶体，经过一个多世纪的努力，1954年瑞典和美国的研究人员分别采用特殊的技术手段将石墨变成了人工金刚石，即利用高压和高温设备将石墨转变成金刚石。其基本过程为把选定的含碳砂矿加热到1 400 °C以上，在5.5 GPa压强下的密封容器内让砂矿自上方通过熔融状态的铁镍合金混合物区，并使砂矿熔解；其内的碳原子逐渐沉积在混合物区下方低温区内安置的金刚石种晶上，使种晶缓慢生长。用这种方法一周大约可生长0.2 g人工金刚石。目前，人工金刚石的生产效率已经大幅度提高。金刚石获得广泛应用的主要障碍除了高昂的制造成本外，还在于传统高温、高压法只能制造出尺寸非常小的金刚石，这种金刚石主要适合用做磨料和硬质工具。

低温化学气相沉积金刚石薄膜工艺的出现使得以较低价格制造较大尺寸人工金刚石成为可能。20世纪50—60年代人们就开始了用化学气相沉积（CVD）法制备金刚石的尝试，并在80年代初取得突破，随后得到迅速发展。根据以甲烷为原料的CVD法制备金刚石膜的原理，先将甲烷气（或其他含碳气体）、氢气及其他气体构成的混合气输入气相反应室，混合气会受到热灯丝或等离子体激发而分解，形成含碳活性基团和原子氢。甲烷借助

$CH_4 \rightarrow CH_3 \rightarrow CH_2 \rightarrow CH \rightarrow C$ 等一系列复杂的物理化学过程转变成具有活性的碳原子，并沉积到衬底表面形成不断增厚的金刚石膜。所分解出来的氢原子又会互相结合成氢气分子。沉积时甲烷浓度可以是0.5% ~ 2%，衬底温度为700 ~ 1 000℃，气体压力为4 ~ 6.6 MPa。一些新的沉积技术可以使衬底温度进一步降低，甚至低于200 ℃。可以看出，其生成金刚石的温度和压力条件远低于天然金刚石和传统金刚石的要求。

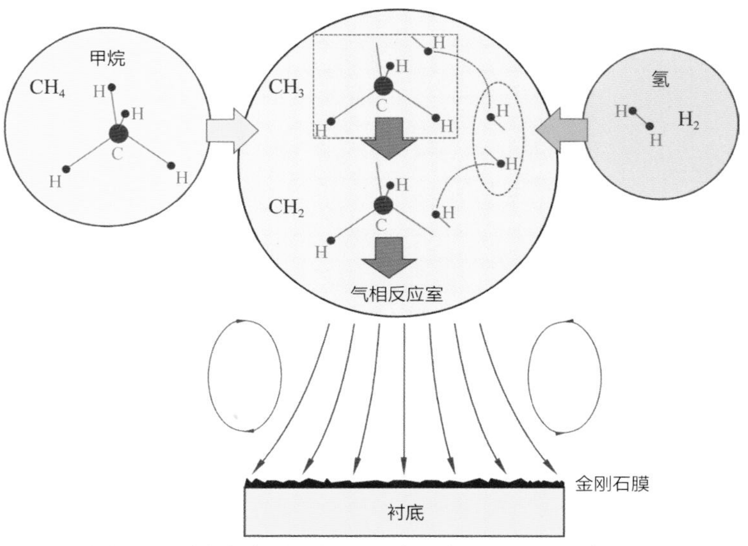

图5.10　低温CVD法制备金刚石膜原理示意图（毛卫民，2009）

图5.11　低温CVD法制备出的光学级金刚石膜（右：抛光前，左：抛光后）（毛卫民，2009）

低温CVD金刚石膜研制成功后，其制备成本成为了衡量其是否能工业化应用的关键因素。最初制备出的低温CVD金刚石膜的单价比地球上任何物质都贵。随着技术的改进，低温CVD金刚石膜的沉积速率急剧提高，从每小时几个毫克上升到大于6 g/h，其制备成本从20 000美元/g以上下降到15美元/g以下。目前CVD制备技术制作金刚石膜的质量还不够稳定，不同制作单位所制备的薄膜的性质差异很大，与控制技术、设备状态、操作经验有很大关系。总体上低温CVD金刚石膜的性能水平仍略差于天然金刚石。

5.4 传输电流而无电阻的神秘物质——超导材料

5.4.1 物质的超导现象

金属导体的电阻率通常会随温度的下降而降低，并在0 K达到非常低的值。1911年物理学家昂内斯（H.K.Onnes）将汞冷却到液氦温度，即约4.2 K时，汞的电阻率突然地消失为0。随后昂内斯又发现许多纯金属都与汞相类似，在达到某一个超低温度时突然失去电阻。他把金属的这种状态称为超导态。物质呈现零电阻的现象称为物质的超导电性，处于超导态的材料或物质称为超导体。物质开始失去电阻时的最高温度为其超导临界温度T_c。例如锡的超导临界温度为3.8K，铅为6 K等。昂内斯给冷却到4 K的铅线回路施加一个电流，一年后再次测量这个电流时发现，电流没有任何减弱的迹象。此后，人们发现钨、铌、钒、钽、钛、锌、铝等均可以呈现超导态。目前发现约有26种金属以及数百种合金与化合物具备超导电性。

1933年物理学家迈斯纳（W. Meissner）和同事奥克森菲尔德（R. Ochsenfeld）对锡单晶球超导体做磁场分布测量时发现，在磁场H中把金属冷却进入超导态时，金属体内表示磁通的磁感应线不能穿过，完全被排斥出体外，即超导态物质为完全抗磁体，其体内的磁感应强度B恒等于零。这一现象被称为迈斯纳效应。

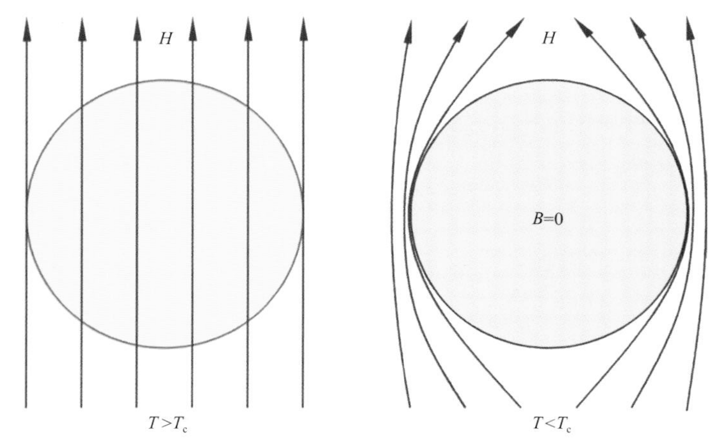

图 5.12　物质在超导态下的迈斯纳效应示意图（毛卫民，2009）

处于超导态的物质逐渐靠近一个外磁场的过程中，超导体内磁场的变化造成感生电动势，并在超导体表面引发感生电流。超导体零电阻率的状态使其内无损耗感生电流所诱发的磁场刚好和外磁场的大小相等、方向相反。外磁场与感生诱发磁场互相完全抵消，使超导体内部的磁感应强度为零，即有 $B=0$，因此超导体把磁场完全排斥于体外。无损耗感应电流对外加磁场起着屏蔽作用，是造成迈斯纳效应的物理原因。需要注意的是，不同超导态的物质能够排除的磁感应强度值都是有限的，当磁场产生的磁感应强度超过某一上限值 B_c，即临界磁感应强度时，物质就会丧失超导状态。

物质一旦进入超导状态，体内的磁感应线或磁通量将全部被排出体外，磁感应强度恒为零。这种现象不仅出现在超导态的物质靠近某外磁场的过程中，也出现在始终处于磁场中的物质，其温度从超导临界温度以上冷却到超导临界温度以下的过程中。磁场中的非超导态物质内部会保持一定的磁场，在其温度降低并转变成超导态的过程中，超导体表面也会产生感生电流，并可以引发完全抵消原磁场的感生磁场，因此其内部磁感应强度也会完全消失。证实这一现象的典型实验为，在一个盘子中放一小块正常态高温超导体，其上放置一小块永久磁铁，让磁感应线穿过超导体。然后把液氮倒入盘子使超导体降温并进入超导态，这时可以看到永久磁铁会离开超导体表面而慢慢地飘浮起来，并保持在空中。超导体内的感生磁场造成了与永久磁铁的磁场方向相反的磁性排斥力，当永久磁铁的重力小于该磁性排斥力时就会被推起来。随着永久磁铁与超导体距离的增大，排斥力逐渐减弱；当二者之间达到适当的距离 d，使重力与磁性排斥力绝对值相等时，永久磁铁就悬浮在空中保持不动了。

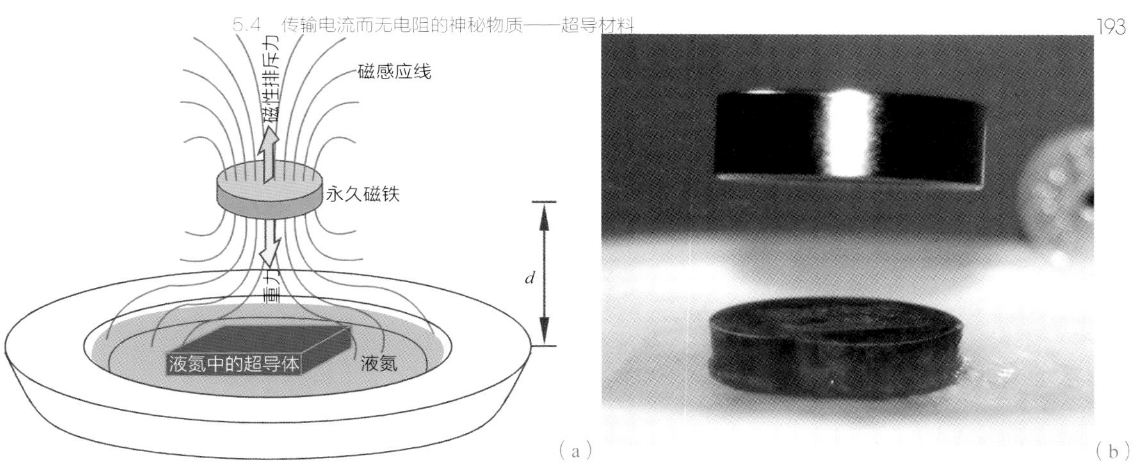

图5.13 超导态悬浮物重力与磁性排斥力平衡的Johansen实验示意图（a）（毛卫民，2009）与实际观察（b）（Johansen et al.，1994；Yang et al.，1992）

5.4.2 超导原理浅析

晶体中规则排列的原子会以其位置为中心做无规则热振动，且这种无规则热振动随温度的升高而加剧。根据经典的电子理论，高于超导临界温度时在电场作用下导体内正常运动的电子单独地定向迁移，并会受到晶体中无规则热振动原子的干扰或碰撞；因而导体会产生电阻，且电阻率随温度的升高而上升。热振动原子的外围电子参与定向运动时，该原子会略呈带正电荷的离子特征。当导体处于低于超导临界温度的超导态时，原子的无规则热振动明显减弱，且其振动中心会因自由运动电子经过时的吸引而略微偏离原点阵位置中心，并在偏离方向附近造成微小的正电荷密度上升。略高的正电荷密度点还会再吸引另一个自由电子，这样偏离原点阵位置中心且呈正电荷的原子会同时与两个电子互相吸引。这两个借助一个略微偏离中心位置振动的原子结合在一起的电子构成一个电子对，称为库珀对。超导态金属内库珀电子对的能量低于两个常规电子的能量之和，在绝对零度时，全部自由电子都结成库珀对。当温度升高时原子无规则振动的能量不断增大，库珀对就会不断地被拆开并转变成常规电子。当温度达到超导临界温度以上时库珀对就会被全部拆散。1957年巴丁（J. Bardeen）、库珀（L. N. Cooper）和施里弗（J. R. Schrifer）根据库珀对的原理联合提出合理解释金属超导现象的微观理论，也称为BCS理论。

根据量子力学的原理，静态下构成库珀对的两个电子的动量大小相等、自旋方向相反，不仅使总动量为零，而且总能量最低，因而最稳定；因此库珀对的两个电子可以克服其间的库仑斥力而成对结合。在外电场驱动下正常金属中单个运动的电子会被原子无规则振动散射，导致电子动量变化而产生电阻。外电场作用于超导态金属时，所有电子对都将获得相同的动量，并产生高度有序的迁移。由于库珀对的总动量守恒，当电子对中的一个电子受到无规则振动原子的散射而动量发生改变时，电子对中的另一个电子必然发生相反的动量改变；在电子单个运动的情况下这种现象不可能出现。在这种情况下点阵中原子的振动不能改变电子对的总动量和运动状态，导致对电子对的宏观电阻为零，因此构成库珀对的电子对也称为超导电子。然而迄今为止，BCS 理论并不能很好地解释陶瓷材料中所存在的超导现象。因此，人们还没有认识清楚物质呈现超导现象的全部细节原理。

库珀对中电子对与略微偏离中心位置振动的原子结合，当电子对定向迁移时偏离振动的原子并不会随着迁移。因此电子对的迁移会造成其迁移方向上其他原子偏离中心位置振动，并与之结合为库珀对。可以把原子偏离中心位置振动现象在晶体内的传播看成是波的传递，称为声子波。因此库珀对中电子对的迁移可以表达成“电子－声子－电子”的传播。

5.4.3 超导材料的发展

发现超导现象之后，在相当长的时间内所能找到的超导物质的超导临界温度非常低，通常只能在昂贵的液氦温度下工作。这使得超导物质的实际应用受到了很大的限制，从而也引发了人们不断寻求高超导临界温度的超导物质。然而，直到1986年之前这种努力始终没有取得本质突破，所发现的超导物质只能在液氦的温度下工作，称为低温超导。1911年至20世纪70年代人们一直在低温超导领域努力探索高超导临界温度物质，并缓慢地提高着超导临界温度。1986年德国物理学家柏诺兹（J.G. Bednorz）与瑞士物理学家缪勒（K.A. Müller）在研究Ba−La−Cu−O陶瓷时发现，当温度降低到35 K时出现了超导电性。这一发现使得超导工作温度可以从传统的液氦温度提高到了30 K附近的液氖温度，同时拓展了超导物质的研究思路。陶瓷具有超导现象的发现

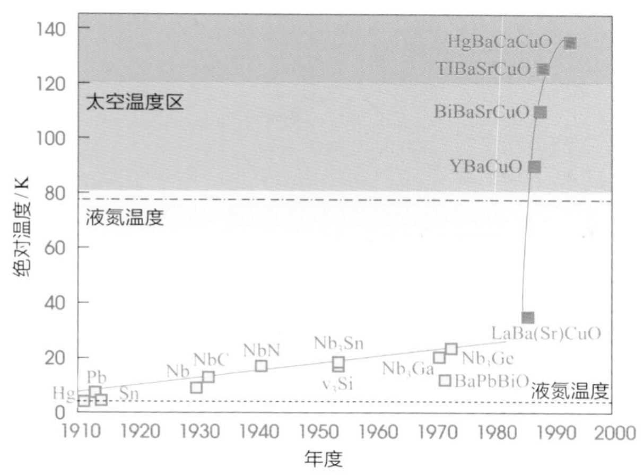

图5.14　物质超导临界温度的发展（蓝色符号为低温超导，绿色、红色符号为高温超导）（马如璋 等，1999）

引发了高温超导研究的热潮。1987年2月16日美国国家科学基金会宣布，美籍华裔科学家朱经武和吴茂昆获得了超导临界温度高于90 K的超导体，即以$YBa_2Cu_3O_7$为基础的超导体。这是第一个超导临界温度高于液氮温度的超导物质，随后各种可以在更高温度使用的超导物质不断涌现。1986年以来人们不断在高温超导领域发现更高超导临界温度的物质，这些物质甚至可以在太空的温度下保持超导态。

当前，超导材料被越来越多地运用到了各种不同的工业部门。根据超导材料具体的工作环境和服役条件，会对超导体的磁感应强度有不同的要求。对比可以发现，一些常规超导体金属不仅具有低的超导临界温度，而且允许的磁感应强度值低于很多工程机电产品的超导要求，因此这些超导体的工程应用价值非常有限。

表5.4　一些工程机电产品对超导材料磁感应强度的要求（马如璋 等，1999）

需要使用超导的机电产品	磁感应强度B/T（特斯拉）
电缆	0.1
交流传输线	0.2
直流传输线	0.2
量子干涉仪	0.1
电机	4
故障电流限制器	>5

表5.5　常规超导体金属的超导临界温度T_c和临界磁感应强度B_c（Smith et al.，2006；Askeland et al.，2004）

超导金属	T_c/K	0 K时的B_c/T
Ta	4.48	0.083 0
Ti	0.39	0.010 0
Sn	3.72	0.030 6
Al	1.18	0.009 9
Hg	4.15	0.041 0
Pb	7.19	0.080 0

表5.6　一些高临界磁感应强度超导体的超导临界温度T_c和临界磁感应强度B_c（Smith et al.，2006；Askeland et al.，2004）

超导体	T_c/K	0 K时B_c/T	4.2 K时B_c/T
Nb	9.25	0.199 0	
V	5.30	0.102 0	
Nb_3Sn	18.05	24.5	
Nb_3Ge	23.2	38	
Nb−45%Ti	9	6	
MgB_2	39		~ 10
$YBa_2Cu_3O_x$	93	300	

然而在探索研究中人们还发现了一类高临界磁感应强度的超导材料，其临界磁感应强度可以满足一些工程应用的需求。以Nb−45%Ti超导合金为例，可说明超导导线和线圈的制作。含Ti的质量分数为45%的Nb−45%Ti超导合金具有较好的塑性，可以事先把Nb−45%Ti加工成直径约为6 μm的长纤维细丝；然后，把细丝成束地嵌入铜基体内，制成直径约为0.8 mm的导线。从这种导线圆截面上的一个扇形区可以看出，嵌入铜基体的黑点聚集区的每个黑点为一根超导纤维丝的截面露头，白色区表示铜的基体。完整的导线截面为圆形铜基体内7 250根呈环形分布的超导纤维群，并可以此绕制成超导线圈。导线Cu与Nb−45%Ti的体积比为60：40。

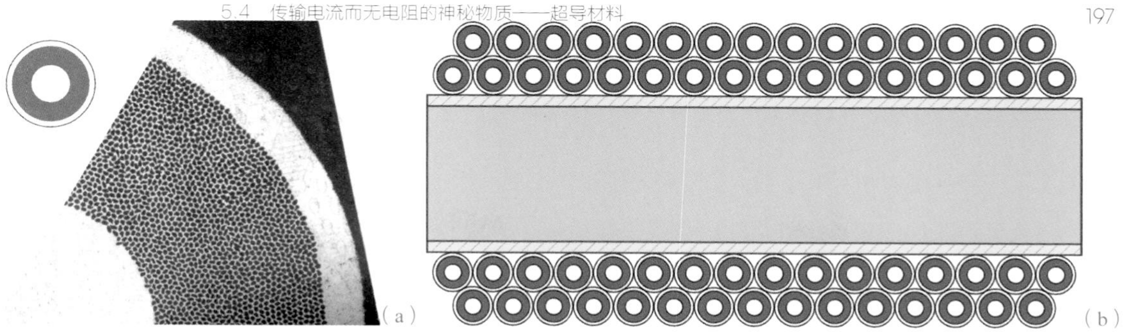

图5.15　用Nb−45%Ti低温超导体制作导线和线圈示意图（Smith et al.，2006）

5.4.4　超导材料的工程应用

高温超导材料具有工作温度高和临界磁感应强度大的特点，具有广泛的应用前景。然而，高温超导材料多为陶瓷质材料，脆性大而易碎，给应用带来了障碍。在很多情况下为了克服高温超导材料的脆性，需要把它制作在金属基材上使用。例如可以把$YBa_2Cu_3O_x$型高温超导材料制作在镍、银等金属基材上使用。

利用超导材料制作的线圈可以产生5 T以上的磁感应强度，且能量损失极小。发电机的输出功率与线圈中磁感应强度的平方成正比，利用这一原理制作超导发电机，可以大幅度提高发电机的发电容量、减小发电机体积和质量，使发电效率大幅度提高。超导发电机在现代工业中，尤其是航空、航天领域有重要的应用前景。超导材料可以制作成超导电缆或电线，用于超导变压器和超导输电线路，进而以极低的损耗输送电能。

超导体完全抗磁体的特征可以用来制作高速磁悬浮列车。磁悬浮列车在运行过程中完全摆脱了摩擦阻力的影响，有利于列车低能耗、无噪声、无污染、无振动地高速运行。

一些高速计算机所采用的超大规模集成电路内的元件和互连导线排列密集，因而内部电流群所产生的大量热能会妨碍计算机的正常运行，甚至会导致集成电路的失效。如果元件间采用超导连接，其电阻接近零而所发热量微乎其微，有利于推进计算机运算速度的大幅度提高。

面对目前越来越紧迫的能源问题，人们不断努力发展新的能源，其中受控热核聚变发电就是一种环保、可持续发展的新能源。要实现核聚变热核反应的可控性，就需要采用“磁封闭”设计的核聚变反应堆，把温度高达1 ~ 2亿摄氏度的等离子体用磁场包围起来，其难度非常大。必须采用超导强磁体才有可能实现所需的磁封闭，进而把人类从能源危机中彻底解放出来。

大型粒子加速器是高能物理研究的重要设备。一台3 000亿电子伏特的普通同步加速器，用1.2 T的常规磁体时其粒子轨道半径为1.2 km，而采用6 T超导磁体则可使轨道半径减少170 m，因此可以大幅度降低加速器的制造成本。在同步加速器中还需要通过偏转磁场把多种高能粒子分离出来并分别重新束集。采用超导磁场可以增强偏转和束集能力，并减小通道长度。

在一恒定磁场和交变磁场的共同作用下，某些物质原子核内粒子运动造成的磁矩会对变化的电磁场产生强烈的共振吸收现象，称为核磁共振。生物体中不同的核及同种核在不同的微环境条件下会有不同的共振谱线，因此利用核磁共振谱线可以对人体的组成、状态、构造和变化过程进行分析，从而获得人体的生理和病理信息。核磁共振成像不使用放射线，又不接触人体，所以对人体组织无损害。通过超导核磁共振成像仪中超导磁体产生的大范围均匀强磁场可以获得很高的共振谱线分辨率，进而得到高清晰度的图像。医用核磁共振成像仪对于癌症的诊断极为有效，可用于早期诊断肿瘤、脑髓及心血管疾患等。人体的心、脑和眼的活动伴随着电子的传递和离子的移动，这些带电粒的运动会在空间产生强度为10^{-9} ~ 10^{-13} T的微小磁场。人体中的电荷运动产生的磁场随时间变化的曲线称为心磁图、脑磁图和眼磁图。地球平时产生的磁场强度为10^{-4} ~ 10^{-5} T，远高于人体活动产生的磁场。要想准确测量人体的心磁图、脑磁图、眼磁图，就需要采用高灵敏度的超导量子干涉磁强仪，以探测小到10^{-13} T的磁场的变化。目前，先进射频超导量子干涉仪的灵敏度已可以探测到10^{-15} T的磁场变化。

在军事上，定向聚能武器能把能量汇聚成极细的能束，沿着指定的方向向外发射，以摧毁目标。在未来战争中聚能武器将发挥重要作用。其关键在于在瞬时间提供大量的能量，因此需要制作电感储能装置。在该装置中只有采用超导线圈，才可以在极小能耗的情况下储存和瞬时释放大容量的能量。另外，利用超导材料制作的电磁推进系统不仅能产生很大的推力，而且节省能源、噪声低、推进效率高、推进速度快，尤其适合用于潜艇航行。同时，超导在测辐射热计、陀螺仪、磁悬浮支架、磁场计、重力仪、开关、信号处理器、磁屏蔽等方面均有所应用。

5.5 无限清洁能源的输送载体——储氢材料

5.5.1 全球的石油资源

统计显示，在全球的能源消费中石油、煤炭、天然气分别占据了约33%、30%和24%的份额。随着世界人口的增长和经济的发展，人类对石油、煤炭、天然气等地球内蕴藏能源的消费量越来越大。以石油为例，全球1992年每天消费约6 700万桶（1桶为159升），而20年后的2012年每天消费接近9 000万桶，增幅约34%。尽管借助对石油的勘探仍会发现新的石油储量，但地球的石油资源总是有限的，总会有用完的一天。多方分析表明，按照现在石油消费的发展状况，估计只需几十年时间就可以消费掉地球上全部的石油蕴藏量。煤炭、天然气等传统自然资源的消费也有类似的发展趋势。

自20世纪70年代以来，中国在东海大陆架，即中国大陆领土的自然延伸部位200海里以内的专属经济区内开展了长期的石油勘测工作，发现了蕴藏丰富的油气田，随后进行了30多年的钻探开发，据测算其油气蕴藏量够中国使用80年。然而，日本政府不愿接受《联合国海洋法公约》中以“大陆架自然延伸”的原则划分专属经济区，并对该油气田的归属提出了自己的主张。中日

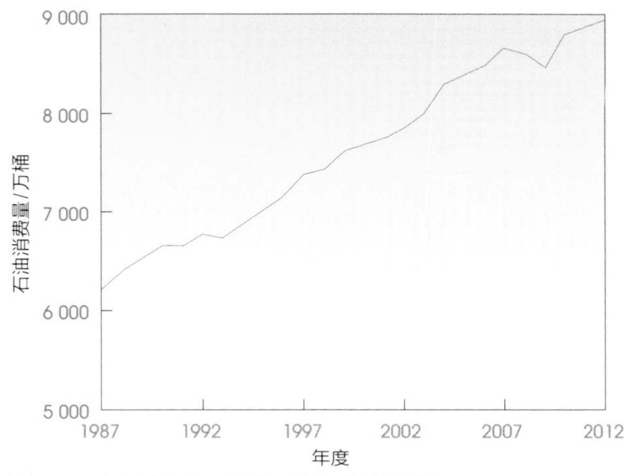

图5.16 人类社会每天平均石油消费量的增长

两国领域在该地区的距离不到400海里，因此日本政府认为其专属经济区应跨越两国间的冲绳海沟到中国大陆架上两国领土之间的中间线；日本政府甚至极力阻止中国在日方主张中间线的中方一侧开采油气资源。这种在石油资源方面的冲突和争夺也从一定层面反映出石油资源对人类发展的重要作用及石油资源逐渐匮乏给人类社会带来的巨大生存压力。因此，人们在继续寻找新的油气田的同时，也在不断探索新的安全、清洁、来源丰富的新能源技术。

5.5.2 氢燃料电池及其工作原理

氢是元素周期表中的第一号元素。在宇宙中氢是最丰富的元素，构成了宇宙中物质的75%。在包括海洋和大气的地壳1 km范围内，化合态氢占质量组成约1%，原子组成约15.4%。氢常见的存在形式是水和有机物中的化合态氢。

作为燃料，氢气在燃烧时会放出热量，并生成水：

$$O_2 + 2H_2 \xrightarrow{\text{燃烧}} 2H_2O \uparrow$$

氢是自然界中普遍存在的元素，主要以H_2O的形态贮存于水中。把海水中的氢全部提取出来所对应的总热量比地球上所有燃料放出的热量高很多倍。氢气的导热性非常好，其热传导效率比多数气体高10倍。氢燃烧后的发热值约为142 kJ/g，而汽油约为46 kJ/g，因此氢的发热值约是汽油的3倍。在很宽的浓度范围内氢都可以在空气中燃烧，且燃点高、点燃快、燃烧快。氢燃烧后主要生成水，不会产生CO、CO_2、碳氢化合物、铅化物和粉尘颗粒等污染环境的有害物质，属于清洁燃料。氢燃烧后生成的水还可用来继续制氢，即可反复循环使用。

氢可以直接燃烧生热，但这种热量较难被各种工程机械所直接利用。如果能控制氢与氧的结合过程，使其释放的能量直接变为电能形式，则可以被绝大多数工程机械直接利用。控制氢与氧的结合使之直接产生电能的过程与电池类似，称为燃料电池。燃料电池是一种将储存在燃料和氧化剂中的化学能直接转化为电能的装置。如果不断从外部供给氢气燃料和氧化剂，则燃料电池可以连

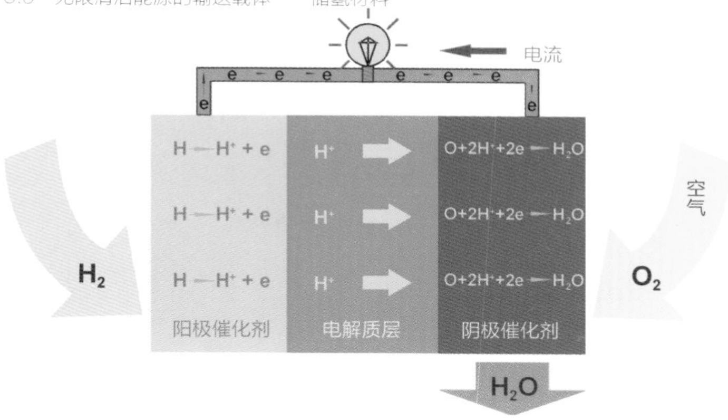

图5.17　氢燃料电池工作原理示意图

续发电。燃料电池能量转换效率高，一般大于80%；且燃料电池洁净、无污染、噪声低、比功率高，既可以集中供电，也适合分散供电，属于具有发展前景的能源提供模式。19世纪时欧洲已经认识到了燃料电池的工作原理，20世纪中期英国剑桥大学制成了燃料电池实验装置。目前燃料电池已经广泛地实用化。

氢燃料电池的工作原理可简单地阐述如下。将氢气输入电池的阳极端，在阳极催化剂的作用下氢气分解成带正电的氢离子和电子；其中氢离子穿越电解质层流向位于另一端的阴极，而电子则可以通过外部导线流出。将空气输入电池的阴极端，在阴极催化剂的作用下空气中的氧与从电解质层流过来的氢离子和从外部导线流过来的电子结合形成水分子，并被导出。流动的电子及所形成的与其反向的电流可以做功，因而使氢与氧结合所释放的能量以电能的形式输出。

5.5.3　储氢材料的发展

制成燃料电池后，需要不断提供大量存储的氢气作为燃料，以维持燃料电池的运行和发电。氢可以为气态、液态，或以固态的金属氢化物的形式存在，以适应各种储运及应用的要求，因此氢可以气态、液态和固态三种方式储存。

气态储氢方式较为简单方便，也是目前储存压力低于17 MPa氢气的常用方法，但体积密度较小是该方法最严重的技术缺陷，另外气态氢在运输和使用过程中也存在安全隐患。液态法储氢时的体积密度可高达70 kg/m^3，但氢气的液化需要冷却到20 K的超低温下才能实现，此过程消耗的能量约占所储存氢能的25% ~ 45%。液态氢不仅储存成本高，而且使用条件苛刻，目前只限于在航天技术领域应用。利用吸氢材料与氢气反应生成固态溶体和氢化物的固体方式储存氢气的材料称为储氢材料。储氢材料能有效克服气、液两种储存方式的不足；其储氢体积密度大、安全度高、运输方便、操作容易，特别适合于对体积要求和运行安全性要求较严格的场合。

例如当地球的石油不足以供应汽车用燃料时，可以考虑用燃料电池为汽车提供动力。设想燃料电池驱动四处奔跑颠簸的汽车，如果携带着高压压缩氢气瓶作为燃料源会是非常危险的；高压氢气在颠簸震动中如果溢出就很容易引起爆炸，并造成伤害和灾难，因此很不安全。此时须选用和发展固体的储氢材料。

研究发现，许多以金属间化合物为基础的金属材料具有比较强的储存氢并重新释放出氢气的能力，如Mg_2Ni、$LaNi_5$、TiFe、$ZrMn_2$，以及碳质等。以$LaNi_5$为例，它在高压氢气环境下会不断吸收周围环境的氢，最终可形成$LaNi_5H_6$化合物；其中氢的质量分数，即储氢容量可超过1%。在密封的高氢压环境下$LaNi_5H_6$化合物可保持稳定。如果把氢气输入燃料电池燃烧，并导致周围氢气压力下降，则$LaNi_5H_6$化合物会逐渐释放出氢气以供应燃料电池。一旦燃料电池停止工作，不再耗费氢气，则$LaNi_5H_6$所释放的氢气会提高周围环境的氢气压，直至到达特定的阻止$LaNi_5H_6$继续释放氢气的压力。持续使用燃料电池可以消耗掉$LaNi_5H_6$化合物内的全部氢气，并使之重新转变成无氢的$LaNi_5$化合物。将$LaNi_5$重新置于高氢压环境下可使之再次变成$LaNi_5H_6$化合物，并可再次使用。如此过程的反复实施，就类似于给汽车加油、开车耗油和再次加油的过程，$LaNi_5$化合物类似于空油箱，而$LaNi_5H_6$化合物则类似于加满油的油箱。大量制造燃料电池驱动的汽车，各处设置储氢材料的充氢站，就可以使燃氢汽车像今天的燃油汽车一样四处飞奔。根据上述的分析可以体会到，理想的储氢材料应该具备储氢密度大、循环使用寿命长、储氢和释放氢的效率高、工作温度适中、易于控制、价格低廉、使用安全等特点。目前，储氢材料已经得到较多的实际应用，例如其储存的能量已经超过了同体积汽油内储存能量的40%，其储氢容量可超过5%。另外，$LiAlH_4$、$LiBH_4$、$Mg(BH_4)_2$、$Ca(BH_4)_2$、NBH_6、$LiNBH_5$等新型高容量储氢材料的储氢容量已超过10%。

当前，储氢材料虽然已经进入了实用的阶段，但仍存在许多不能令人满意的缺憾，妨碍了其广泛的应用，需要人们继续深入地开发与研究。这些研究开发工作包括新型储氢材料的探索、储氢材料精细制备加工技术、提高储氢密度、降低储氢体积、提高充氢和释放氢过程的控制精度、提高充氢次数和使用寿命、提高材料的稳定性、降低成本、开发高效催化剂、开发高效率的实用产品等。因此储氢材料还有非常广阔的发展空间。

5.6 能量转换与信息转换的载体——磁致伸缩材料

5.6.1 材料的磁致伸缩效应

自然界中存在许多磁性物质，常被称为磁石，或铁磁体。人类最早发现的天然磁石的主要成分是Fe_3O_4。法国物理学家居里（P. Curie）于19世纪研究磁石时发现，当把磁石加热到一定温度以上时，原来的磁性就会消失，即铁磁体变成了顺磁体。这个磁性消失的温度被称为居里温度。

1842年英国物理学家焦耳（J.P. Joule）发现，铁磁体或铁磁材料在磁场的作用下其长度会发生变化，这就是磁致伸缩效应，又称为焦耳效应。后来的研究表明，当外加磁场变化时铁磁材料都会产生磁致伸缩效应。外磁场的变化会改变铁磁体内相邻原子核外电子间的交换作用状态，引起相邻原子之间位置的调整，进而引起材料长度和体积的变化。当外加磁场消失时磁致伸缩效应也随之消失，铁磁材料恢复到原来的长度和体积。当对铁磁材料施加外力使其发生弹性变形时，其内的磁感应强度会发生变化，称为逆磁致伸缩效应。因长度发生变化，铁磁材料的端部会发生位移并可对外做功。以一定频率周期性改变外磁场或施加交变外磁场，则铁磁材料的长度和体积也会发生周期性变化，即铁磁材料会沿外磁场方向反复伸长与缩短，从而产生振动或声波。

当铁磁材料从高温逐渐冷却并穿过居里温度时，在由顺磁体向铁磁体转变时也会发生这种尺寸与体积的变化。

磁致伸缩效应可用磁致伸缩系数λ来描述：

$$\lambda = \Delta l / l$$

式中：l为施加外磁场H前材料的长度；Δl为在磁场作用下材料的变形量。Δl为正值时，表示在磁场作用下材料是伸长的；Δl为负值时，则表示它是缩短的。一般铁磁材料的λ很小，约为$10^{-6} \sim 10^{-5}$，即百万分之一至十万分之一的量级。

在棒状磁性材料上缠绕一个线圈，在线圈内通一电流I_1时，磁性材料棒内会产生沿轴向、强度为H_a的轴向磁场，材料棒内磁感应强度升高。如果沿棒状磁性材料长轴方向再接通另一电流I_2，则磁性材料棒会受到围绕其周向、强度为H_c的磁场作用。H_a与H_c叠加成螺旋磁场H，在磁性材料棒上引起扭矩M_T，并在其驱动下产生一个扭转行为。如此产生了磁场驱动磁棒发生扭转的磁机械效应，这就是1859年威德曼（Wiedemann）发现的威德曼效应。威德曼效应通常被认为是与材料磁致伸缩特性有关的另一种磁致伸缩现象。通过外力使磁性材料发生扭转变形时，也会使其内部磁感应强度发生改变，称为逆威德曼效应。

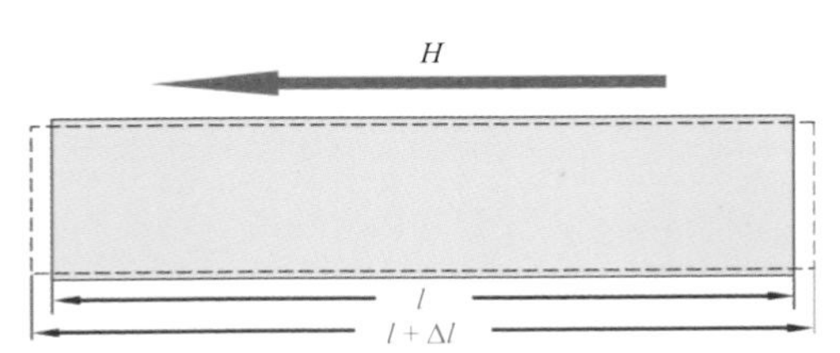

图5.18　外磁场H造成磁致伸缩示意图

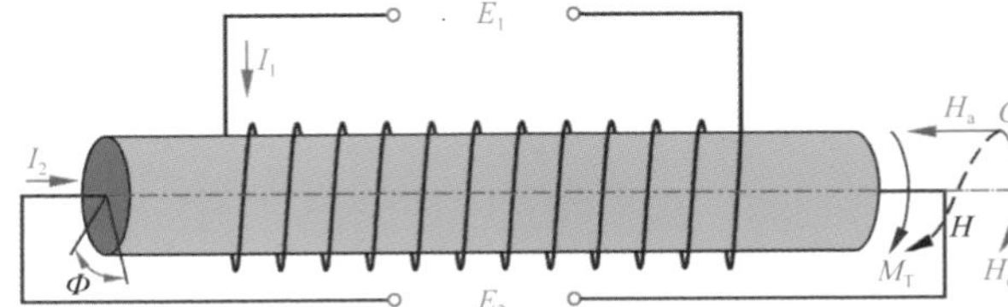

图5.19　威德曼效应示意图（E_1、E_2为引起电流的电场，Φ为材料棒的扭转角）

5.6.2　磁致伸缩材料的发展

磁致伸缩效应被焦耳发现后的很长一段时间都没有得到实际应用。直到20世纪20年代，磁致伸缩在声学器件中得到应用，才又引起了人们对磁致伸缩效应的研究与开发兴趣。

物理上把一个磁场在真空中引起的磁感应强度B除以真空磁导率μ_0定义为

该磁场的磁场强度H，单位为A/m，其中$\mu_0=4\pi\times10^{-7}\Omega\cdot s/m$为自然常数。磁场强度会对磁致伸缩效应产生影响。

金属镍是最早被开发应用的磁致伸缩材料。镍的磁致伸缩系数是负的，即随外磁场强度的增加，镍沿磁场方向的收缩量也增加，直至某一最大值后不再增加。其最大磁致伸缩系数约为-33×10^{-6}，也就是说1 m长的镍在磁场的作用下最多可缩短33 μm。虽然这个变化很小，但它所输出的力很大，且施加外磁场后收缩响应的速度很快。金属镍的这种磁致伸缩特性在很多场合下得到了应用，直到今天金属镍仍然是常用的磁致伸缩材料。

20世纪40年代以后，人们陆续发现和研究了FeNi、FeCo、FeAl、各种磁性金属氧化物等磁致伸缩材料。1963年，Legvold等人发现稀土金属铽（Tb）和镝（Dy）在低温下的磁致伸缩是传统磁致伸缩材料的100 ~ 1 000倍，但其居里温度很低，在室温下它们就转变为顺磁体，丧失了明显的磁致伸缩现象，因此稀土金属磁致伸缩材料无法在室温下使用。1969年Callen根据过渡金属核外电子的特征，指出由稀土族与过渡族金属形成的化合物可能会具有较高的居里温度，成功地阐述了室温下获得磁致伸缩效应的可能性。1971年，Clark在实验中发现，$TbFe_2$、$DyFe_2$等稀土铁合金在室温有

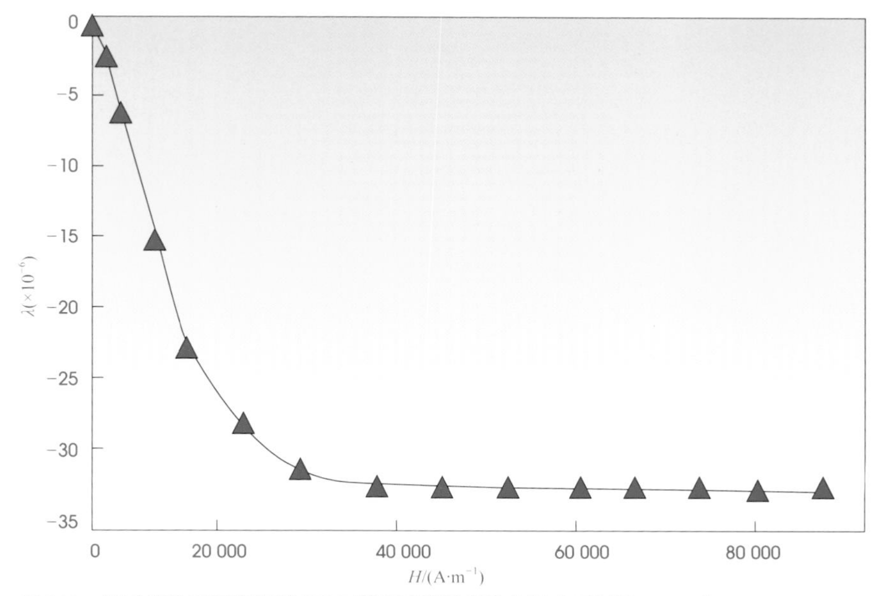

图5.20 不同外磁场强度作用下金属镍所出现的磁致收缩（王冬梅，2008）

很大的磁致伸缩系数，但需要很高的外磁场才能达到较大的磁致伸缩。之后Clark等人又在理论上提出了用复合的磁致伸缩化合物可在低磁场获得大磁致伸缩的设想，并于1973年在实验室成功发现稀土铁合金$Tb_{0.27}Dy_{0.73}Fe_2$，其单晶材料在常温下的饱和磁致伸缩系数达到$\lambda=1\ 640\times10^{-6}$，可将磁场能量的60%转换为机械能。20世纪80年代末期，研究者成功研制了TbDyFe多晶体磁致伸缩材料。

2000年，美国的Guruswamy等人发现，FeGa二元合金具有较高的磁致伸缩值，其单晶磁致伸缩系数达到271×10^{-6}，并且达到该磁致伸缩值所需的磁场强度更低、力学性能良好，引起了极大的关注。FeGa合金的研究与制备是当前磁致伸缩材料研究的热点。

表5.7　几种铁磁材料的磁致伸缩系数λ

材料	λ（$\times10^{-6}$）	材料	λ（$\times10^{-6}$）
Fe	4.4	$Tb_{85}Fe_{15}$	539
Ni	−33.0	$Tb_{70}Fe_{30}$	1 590
Fe−85%Ni	−3.0	$SmFe_2$	−1 590
Fe−40%Co	64.0	$TbFe_2$	1 753
Fe_3O_4	40.0	$TbNi_{0.4}Fe_{1.6}$	1 151
$Co_{60}Fe_{40}$	68	$TbCo_{0.4}Fe_{1.6}$	1 487
$Ni_{60}Fe_{40}$	25	$TbFe_3$	693
$Fe_{87}Al_{13}$	40	$Tb_{0.3}Dy_{0.7}Fe_{1.95}$	1 500 ~ 2 000
$Fe_{49}Co_{49}V_2$	70	$Fe_{83}Ga_{17}$	~ 300

5.6.3　磁致伸缩材料的应用

磁致伸缩材料可用做重要的能量与信息转换功能材料。利用磁致伸缩材料在外磁场作用下的长度变化，可实现电磁能与机械能之间的转换。同时，在外部应力作用下，磁致伸缩材料内部的磁感应强度会发生变化，从而实现机械能向电磁能的转换。

利用磁致伸缩效应把电磁能转变成机械能的原理可以制成磁致伸缩致动

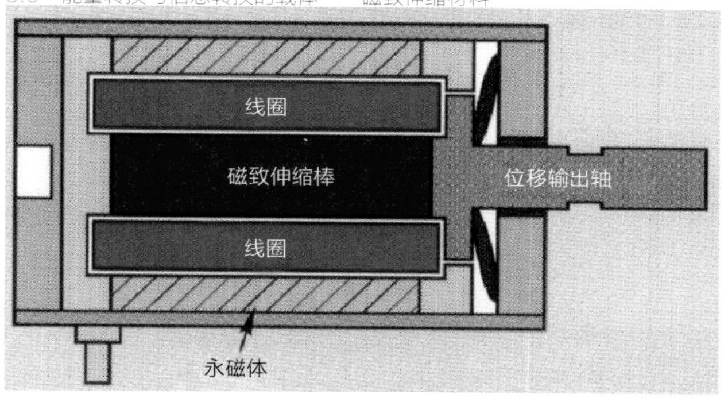

图5.21 磁致伸缩制动器示意图

器，即以磁致伸缩棒为核心部件的磁电－机械转换器件。磁致伸缩棒在其外围线圈所引发驱动磁场的激励下产生磁致伸缩，从而推动位移输出轴产生位移输出。

利用该原理制作的位移制动器已应用于流量控制阀门、燃料注入系统和微型泵等。通过控制磁致伸缩棒的伸长与缩短来控制阀门的通断。利用磁致伸缩制动器产生与振动方向相反、大小相等的位移，可以降低工业设备的振动与噪声，提高运载工具的舒适性。另外，磁致伸缩精密制动器能够满足高位移精确度领域的应用要求，如精密加工时机床刀具微位移进刀尺寸的精确控制等。

在一定频率与强度的交变磁场作用下，磁致伸缩材料会产生相应频率与强度的机械伸缩，从而发出相应能量的声波。基于该原理的磁能与声能换能器在许多领域都展现出了良好的性能，如水声换能器、超声换能器、扬声器等。这类换能器具有体积小、功率大、换能效率高、可靠性好等优点。

利用声波在水下的传播特性，通过电声转换和信息处理，完成水下探测和通信任务的电子设备称为声呐，其在水中发射声信号的器件称为水声换能器，它是声呐的核心部分。磁致伸缩材料是水声换能器的理想换能材料，通过控制线圈上的交变电压信号及所产生的磁场来控制磁致伸缩组件的振动发声。例如，舰船拖拽式声呐工作时由水声换能器的声源发出声波，声波在水中传播遇到目标物体后反射回来，接收系统在接收到包含丰富内容的反射信息后，经数据处理再与数据库里面的数据比照，从而实现对水下目标的探测、分类、定位和跟踪。同时利用声呐也可进行水下通信和导航，为舰艇、反潜飞机和反潜直升机的战术机动和水中武器的使用提供可靠的信息。

采用磁致伸缩材料还可以制作共振音响，打破传统音响通过振膜振动空气发声的常规。在变化磁场作用下磁致伸缩棒的伸缩振动可以让接触它

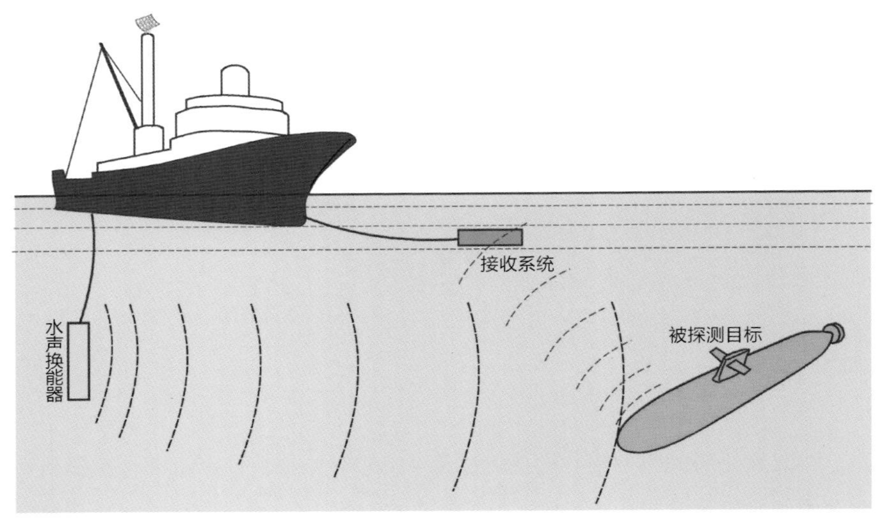

图5.22 拖拽式声呐示意图

的任意桌面、玻璃、金属、石面等硬质平面振动发声，并能让音乐穿透这些硬质平面，使平面内外都能发声。其震撼的效果可让人感受到与众不同的听觉享受。

制成丝状的磁致伸缩材料可以作为波导丝，以机械振动的方式传导传播弹性波，由此可以用波导丝制造位移传感器。例如将一根波导丝穿入一个可移动的环形磁铁，磁铁的磁场会沿波导丝中心轴分布。如果在波导丝两端输入一个电压脉冲使波导丝中有电流流动，就会在波导丝的周围产生一个磁场。这个磁场遇到移动磁铁产生的磁场时，会叠加成一个螺旋磁场。依据威德曼效应，在两磁场相遇的局部会发生一个瞬间的扭转变形，从而造成一个弹性波。这个弹性波沿波导丝以固定速度v传播，并在检测端被波导丝上的检测线圈借助逆威德曼效应原理拾取。从发射电压脉冲到检测线圈拾取信号的时间间隔为Δt，从而确定移动磁铁的位置l为

$$l = \Delta t \times v$$

如果将波导丝插入液体，并使移动磁铁保持在液面上漂浮，则借助脉冲电压信号就可以测量液面的位置。很多加油站的油库就采用这种液面位移传感器确定库内的油量。

设想一种简单的力传感器，包含两个磁致伸缩组件及两个刚性的端部板，其中一个组件被驱动线圈环绕，另一个被拾取线圈环绕。工作时驱动线圈被施

加恒定交流电压，根据电磁感应原理，传感器回路中将产生交变磁场，并在拾取线圈中造成感应电压。如果给传感器施加外力，则逆磁致伸缩效应会使组件内的磁感应强度发生改变，进而改变拾取线圈感应到的电压，因此可根据感应电压与外力的关系检测出外力的大小。与传统的力传感器相比，磁致伸缩制作的力传感器更加简单坚固。

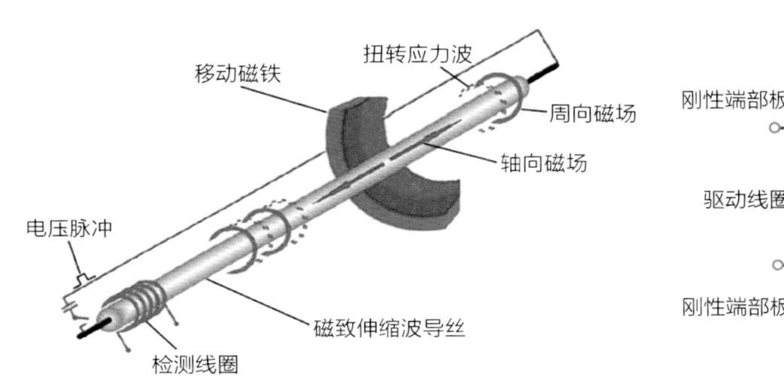

图 5.23　用磁致伸缩波导丝制成的位移传感器原理示意图

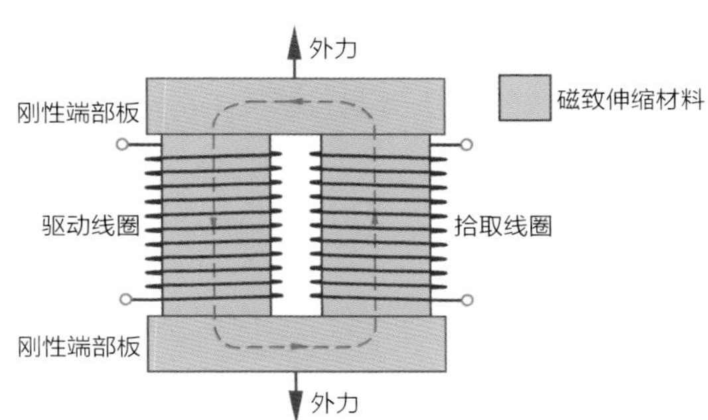

图 5.24　基于逆磁致伸缩效应的力传感器示意图

5.7　绿色环保磁制冷技术的关键——磁热材料

5.7.1　磁热效应与磁热材料

1881 年科学家瓦贝格（E. Warburg）观察到，将金属铁放入磁场后铁的温度升高了，而移去磁场时铁的温度又降低了。随后的研究确认，在与环境没有热量传递或热量交换的前提下，磁性物质在磁场作用下升温、去除磁场时降温的物理现象称为磁热效应。实验观察发现，许多材料被放入磁场后就会释放出热量，而将其移出磁场后则又吸收热量。当磁场强度发生变化时在磁场中会出现吸热、放热现象的材料称为磁热材料。

许多物质原子或分子中电荷的运动会造成分子电流。根据安培定则，环形电流会在特定方向造成一个小磁场，或称为磁矩。磁热材料中大量原子各自磁矩的方向通常呈现杂乱无章的无序分布状态。如果把磁热材料置入一个外磁场

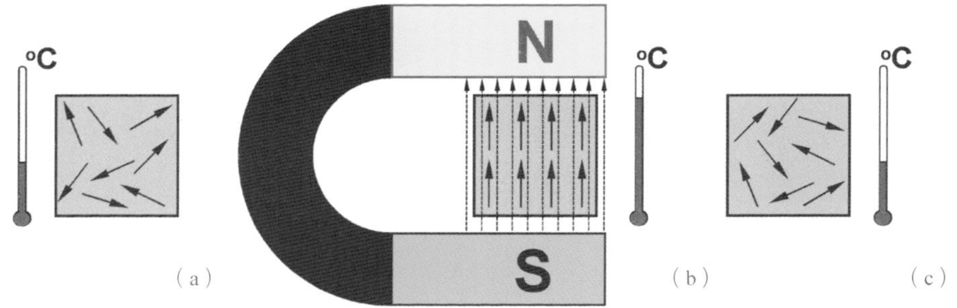

图 5.25　磁热效应示意图（蓝色实线矢量表示磁矩方向，棕色虚线矢量表示磁场方向）。(a) 无磁场时的磁矩分布及温度；(b) 加磁场时的磁矩分布及温度；(c) 去掉磁场后的磁矩分布及温度

中，则各个原子的磁矩方向会转向与外磁场一致的有序状态。去除外磁场，则磁矩方向又会恢复到杂乱无章的无序分布状态。根据物理学中的热力学原理，可以用熵来度量物质内部特定的有序与无序状态，熵的单位为 J/(kg · K)。磁矩的有序、无序状态的转换会改变物质的熵值。有序化的磁矩排列使物质的熵值降低，并在等温过程中释放出热量，在绝热过程中使温度升高；无序化的磁矩排列使物质的熵值升高，并在等温过程中吸收热量，在绝热过程中使温度降低。可以看出，外加磁场造成的熵值减小是一个非自然的过程；根据热力学的原理，这里熵值的减小会释放热量并引起温度的升高。外加磁场的磁感应强度越高，则释放的热量或温度的升高幅度越大。

20 世纪初科学家就从理论上推导出，磁热材料具备制冷的能力，利用磁热材料来降低温度的技术称为磁制冷技术。

5.7.2　磁制冷原理

到目前为止，我们日常生活中使用的诸如电冰箱、空调等制冷设备都是采用已有一个多世纪历史的传统气体压缩式制冷技术。在压缩状态下气态制冷剂会凝结为液态并因产生大量汽化热而造成温度升高；通过管线把液态制冷剂传输到外部冷凝器，进而把产生的热量散发到周围空气中并使温度降低。然后再把高压下的液态制冷剂传输回蒸发器，随后借助降低压力的方式使其因转变成气态制冷剂而膨胀，并吸收大量的外界热量（汽化热），进而造成周围温度降低，由此形成了制冷效果。

20 世纪 50 年代制冷技术中使用的制冷剂主要是氯氟烃，它逸出后会严

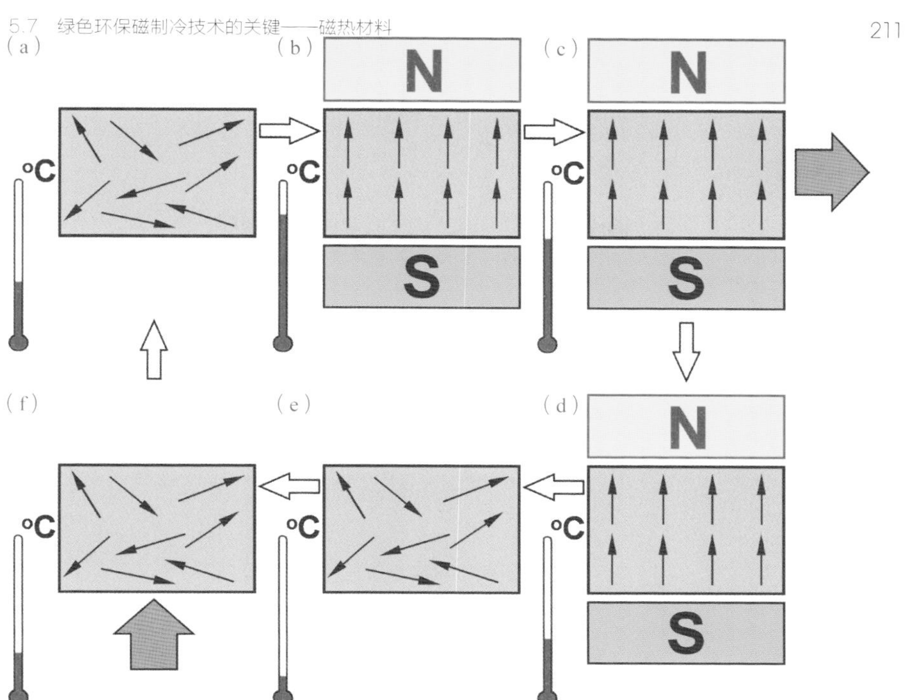

图5.26 磁热材料循环磁制冷原理示意图（蓝色实线矢量表示磁矩方向，红色箭头表示热量传递方向，空心箭头表示磁制冷循环路径或温度变化方向）。（a）磁矩无序分布的磁热材料初始状态；（b）外磁场使磁矩有序分布并导致温度升高；（c）热量从磁热材料中散失；（d）散热后温度降低；（e）去除外磁场后温度进一步降低；（f）吸收环境热量以发挥制冷作用，温度升高而恢复到初始状态

重损害臭氧层，已被禁止使用。目前新型的制冷剂为对臭氧层影响不大或没有影响的氢氟烃化合物。最近研究发现氢氟烃化合物气体所造成的全球暖化效应是标准的温室气体二氧化碳的数千倍。如果全球市场的所有空调都使用这种制冷剂，则到2050年造成全球变暖的二氧化碳当量排放量中有高达20%的份额是由氢氟烃化合物造成的。随着经济条件的改善和空调设备销量每年20%的递增，温室效应问题会更加恶化。因此全球面临着逐步减少氢氟烃化合物的消费和生产的需求。在人们寻找新型的制冷剂以及相应的制冷方式的过程中，借助磁热材料实施室温磁制冷技术成为了被关注的焦点之一。

利用磁热效应实施磁制冷的基本原理如下。将磁矩无序分布、具有一定温度的初始磁热材料推入一个外磁场中，外磁场使磁矩的分布有序化并导致温度升高，借助热量从磁热材料中的散失使磁热材料的温度逐渐降低。随后去除外磁场使磁热材料的温度进一步降低，很低温度的磁热材料从被制冷的环境中吸收热量以使被制冷对象的温度降低，进而造成磁热材料的温度升高而恢复到初始状态。从初始状态出发不断实施上述循环过程，就可以实现连续的制冷效果。

目前人们认识到，在接近绝对零度（0 K）的超低温下磁制冷技术可以发挥重要作用。根据热力学第三定律，人们无法获得绝对零度的温度，因为不可能通过有限的过程把一个物体冷却到绝对零度。但人们可以采取绝热去磁技术使被制冷物体尽可能地接近绝对零度。

绝热去磁技术可以大致描述如下。已知，在4.2 K以下氦就处于液态。若以特定顺磁性盐作为磁热材料，将其悬置在一个装有低压氦气的制冷室中，关闭制冷室上部的阀门，再把制冷室安置在借助其他制冷及保温方式冷至温度为1 K左右的液态氦容器内；则制冷室内的氦气会与液氦进行热交换，使顺磁性盐的温度达到或接近1 K左右的液氦温度。接着，缓慢加入磁场使顺磁性盐内部磁矩的分布有序化并产生热量；这些热量通过与低压氦气热交换后再传递给了液氦，使得顺磁性盐温度保持在1 K左右不变。以此为初始状态，打开制冷室上的阀门并抽去制冷室内的氦气，使得顺磁性盐因失去传热介质而处于与外部不能进行热交换的绝热状态，再关闭阀门并逐渐减弱磁场，绝热状态顺磁性盐的温度就会下降，称为绝热去磁制冷。选择适当的顺磁性盐和磁场强度可以获得0.001 ～ 0.005 K的超低温度。在持续减弱磁场的绝热去磁过程中，不仅顺磁性盐的温度会下降，而且若此时顺磁性盐与被制冷物体接触，还会从被制冷物体吸收热量，使之冷却。之后，让顺磁性盐

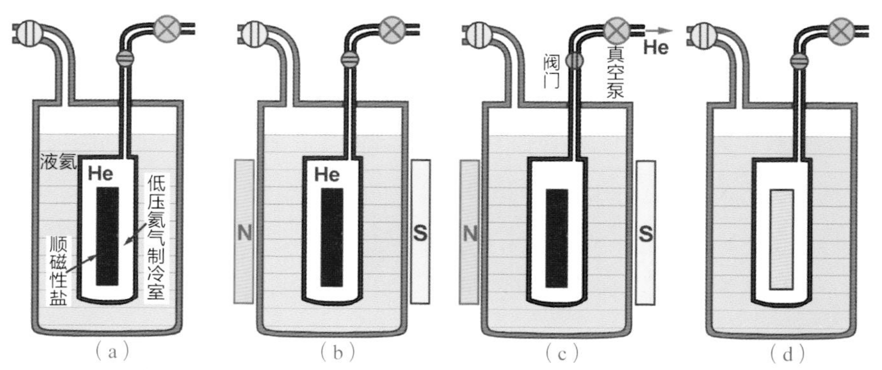

图5.27　绝热去磁制冷技术原理示意图。（a）将装有顺磁性盐的闭合低压氦气制冷室置入温度为1 K左右液氦的容器内；（b）对系统施加外磁场使顺磁性盐磁矩有序化，产生的热量借助热交换传递给液氦并散失；（c）抽除制冷室内的氦气，使顺磁性盐处于绝热状态；（d）关闭阀门并去掉磁场，使绝热状态顺磁性盐的温度下降（用颜色变浅表示）并从被制冷物体吸收热量

与被制冷物体脱离接触，向制冷室内重新输入低压氦气，缓慢加入磁场使顺磁性盐产生热量，借助热交换把热量传递给液氦，进而使过程恢复到初始状态，由此完成了一个绝热去磁制冷周期。循环实施该过程即可实现持续的绝热去磁制冷。

5.7.3 磁热材料的发展与应用

在加外磁场下磁热材料内所有磁矩的方向是否完全沿着外磁场方向排列，不仅与磁场强度有关，也与温度有密切关系。计算表明，在15 K以下产生显著吸热、放热效应需要的磁感应强度大约为5 T，在现实生产和生活中比较容易实现、控制和使用这个强度水平。随着温度升高，分子运动逐渐变得激烈起来；因此，要克服在300 K室温附近激烈分子运动造成磁矩方向的无序排列倾向，并产生显著吸热、放热效应，需要至今人类尚难实现的近300 T的磁感应强度。因找不到在室温范围的磁热效应大到有显著吸热、放热现象的材料，长期以来能用于人类生活的温度范围的室温磁制冷研究一直没有太大的突破和发展。

20世纪90年代后期随着磁制冷研究的发展，人们不仅发现了室温磁热材料，而且还发现了具有很大磁热效应的磁热材料。这些材料虽属于铁磁性材料，但在居里温度点发生磁矩排列方向变化的同时，组成这类材料的分子结构也会发生变化；即在居里温度以下是一种结构，居里温度以上是另一种结构，因此区别于一般的铁磁性材料。结构变化就意味着材料内部原子排列规则发生改变；这与物质液态与固态之间转变的过程类似，会呈现出转变潜热吸热或放热的现象，进而增加了外磁场变化时的吸热或放热值。从一些材料的居里温度及磁热效应特征参数可以看出，虽然有些材料在室温附近的磁熵变化值很大，但制冷损耗也很大，不一定适用于工程制冷。

表5.8 一些材料的居里温度及磁热效应特征参数（Dung et al.，2012；Fujieda et al.，2002；Hu et al.，2014）

材料	居里温度/K	外加磁感应强度/T	磁熵变化/（J·kg⁻¹·K⁻¹）	绝热温差/K	制冷损耗
$Mn_{1.25}Fe_{0.7}P_{0.45}Si_{0.55}$	322	2	−12	—	低
$LaFe_{11.57}Si_{1.43}H_{1.3}$	291	2	−24	6.9	中
$LaFe_{11.5}Si_{1.5}$	195	1	−12.7	3.4	中
$GdSi_2Ge_2$	278	2	−14	7.3	中
Gd	294	2	−5	5.7	无
MnAs	318	2	−31	4.7	高

图5.28 旋转式磁制冷机（赵敏寿 等，1996）

在磁热材料研究取得进展的同时，人们也开始尝试用磁热材料制造新型磁制冷设备，并应用到日常生活之中。如美国出现了一种旋转式磁制冷机，在其中一个圆盘上安放了12组磁制冷材料，并对应设置了2个高磁场区和2个无磁场区；高磁场区和无磁场区相间分布。转动圆盘时磁制冷材料周期性地进、出高磁场区，交替产生升温与降温。目前室温磁制冷技术还没有得到实际应用，如果能够再发现磁热效应更大的材料，将会更有力地推动室温磁制冷技术的实用化发展。

在绝对温度0 K附近的超低温环境中，常规使用的压缩气体制冷的速度已趋近于零，不能有效地制冷。因此，如果在1 K这样接近绝对零度的条件下仍需要进一步降低温度的话，使用上述绝热去磁制冷技术是目前成本较低的唯一途径。绝热去磁制冷技术还可用于模拟太空的极低温环境，以检测卫星、宇宙飞船等航天器的微弱信号，也可用于保持原子能工业和超导领域等科研、工程应用及相关设备所需的超低温环境。

5.7.4 磁蓄冷材料及其原理

有些铁磁性磁热材料被周围环境加热到居里温度时，其内的磁矩会由某种铁磁性规则分布的状态转为顺磁性无序分布状态，并因熵值升高而吸收热量或使环境温度降低。这类材料在不外加磁场的情况下也可以发挥制冷作用。外加磁场下实现磁制冷的材料称为主动式磁热材料，不外加磁场下实现磁制冷的材料称为被动式磁热材料，也称为磁蓄冷材料。如果假设将居里温度以下的磁蓄冷材料置于温度高于该居里温度的气氛中，热传导作用会使磁蓄冷材料的温度升高。根据热力学原理，当磁蓄冷材料的温度升高到居里温度时，就会大量吸收气氛中的热量，降低气氛的温度，从而起到储存热量或制冷的作用。

以氦气为工作气体，将磁蓄冷材料组件水平置入一个密封的氦气通道内，左、右两侧各有一个可水平移动的活塞，由此就可以组建成一个左热、右冷的蓄冷器。对其工作原理可做如下描述。在初始状态下系统的热端存在着温度高于磁蓄冷材料居里温度的高温氦气。在冷端活塞不动的情况下，第一步先驱动热端活塞把高温氦气压入温度低于磁蓄冷材料居里温度的蓄冷器中，使氦气的体积变小、压强增大。根据热力学原理，氦气体积变小、压强增大会使其再释放一定热量。高温氦气及压力引起的热量释放使磁蓄冷材料的温度升高，当磁蓄冷材料温度升高到超越居里温度时，会在居里温度大量吸收氦气中的热量、降低氦气的温度，因而起到储存热量的作用。在第二步，冷端、热端两个活塞一起向右移动，氦气体积、压强不变，低温氦气被送入冷端。随后，在热端活塞不动的情况下冷端活塞继续向右移动，造成低温氦气体积增加、压强减小。同样根据热力学原理，氦气体积增加、压强减小会使其在冷端吸收一定热量，

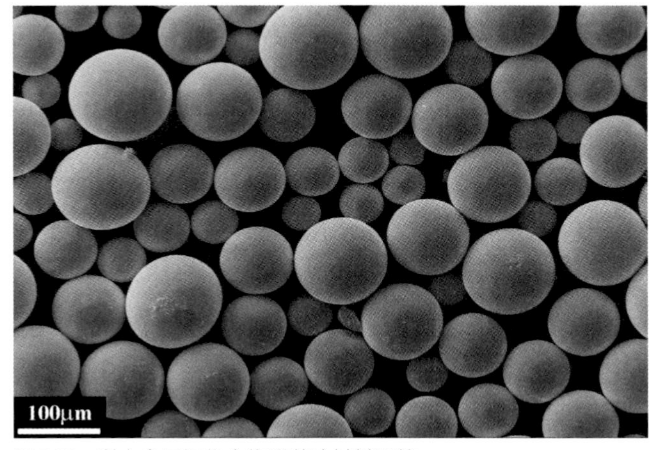

图5.29 稀土金属间化合物磁蓄冷材料颗粒

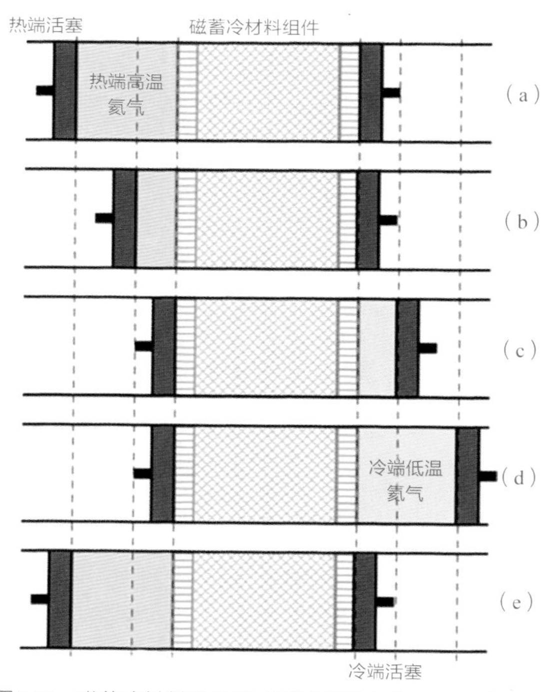

图 5.30　磁蓄冷材料组件构成蓄冷器的工作原理示意图（de Waele，2011）。(a) 初始状态左侧热端存在高温氦气；(b) 右侧冷端活塞不动的情况下，热端活塞把高温氦气压入磁蓄冷材料并增大高温氦气压强；(c) 两个活塞一起右移，冷端出现低温氦气；(d) 热端活塞不动的情况下，冷端活塞继续右移以减小低温氦气压强；(e) 两个活塞一起左移，热端出现高温氦气并恢复到初始状态

以发挥其在冷端的制冷效果；此时氦气温度已低于磁蓄冷材料的居里温度。最后，冷端、热端两个活塞一起向左移动，氦气体积、压强不变。冷端低温氦气穿越居里温度以上的磁蓄冷材料，使其温度降低，当磁蓄冷材料温度降低到穿越居里温度时，会在居里温度大量向氦气释放热量，使氦气温度升高，并在热端出现高温氦气，进而恢复到了初始状态。

根据以上原理，在制冷系统工作温度范围内磁蓄冷材料须具备足够高的吸热和放热能力，以确保工作气体能快速有效地做热量交换。研究发现，只有磁蓄冷材料的热量交换能力才可以使温度在 15 K 以下的超低温范围轻松地降到 4 K。这样的超低工作温度环境非常符合超导体对工作温度的要求，可以为可控核聚变热核反应、大型粒子加速器、医用核磁共振成像仪、电磁推进系统、定向聚能武器等方面的超导体系提供适当的工作环境。

5.8 地球脉搏的监护者——磁电阻材料

5.8.1 地球的磁场及持续磁场的工业应用

自古以来人类就认识到，在地球的周围存在着微弱的磁场，称为地磁场，因而观察到了许多与地磁场相关的自然现象。如果用细线挂起细小的磁石，它就可以指向特定的方向。中国古代利用这一现象制作了司南，即古代的指南针。在茫茫大海中可以通过用指南针辨认地磁场的南北极来指引方向。研究发现，自然界中飞翔的候鸟、跨越大洋远游的海龟等远程迁徙的动物能够感受到地磁场，并借此辨明方向，最终到达目的地。研究表明，地磁场还能够避免宇宙中的高能粒子直接轰击地球，保护地球上的生命。地磁场可以捕获宇宙高能粒子，使其在南北极降落时撞击高层大气中的原子，进而形成美丽的极光。

大多数科学家相信，地磁场是地球内部液态铁磁性物质流围绕地核中心旋转产生的，因此探测地磁场类似于感知地球的脉搏。但是，地磁场产生的真正原因至今仍然不能被科学家完全解释清楚。

1820年丹麦科学家奥斯特（H.C.Oersted）发现通电导线周围会产生磁场，根据安培定则可以确定出电流方向与磁场方向的关系。但这种磁场并不能永久保持，一旦切断电流，则磁场往往会随之消失。现代工业发展和社会生活的很多方面都需要各种特殊的、可以持续保持磁场的材料。按照现代的概念，制造司南的关键材料——磁石就是一种永磁材料。通俗地说，永磁材料就是能够恒定地对外界提供磁场的物质；其内部各原子磁矩会保持一致性和稳定性，很难随外磁场的变化而改变，从而保证了所提供磁场的稳定性。日常见到的吸铁石就是一种永磁材料。

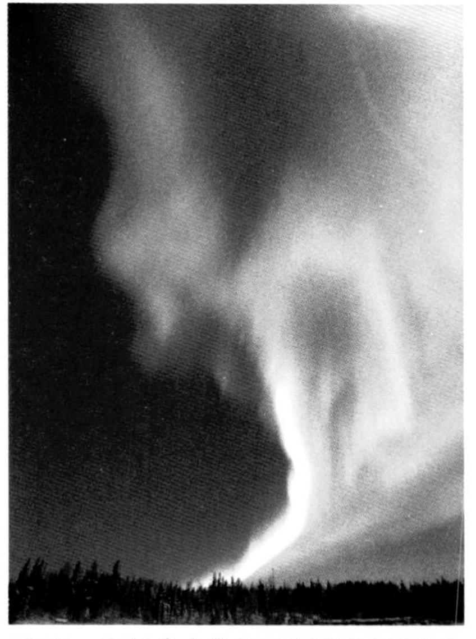

图5.31 在加拿大北方观察到的极光现象（埃德蒙顿，2013）

根据法拉第电磁感应定律，一个闭合回路产生的感应电动势正比于通过这个回路磁通量的变化率，其中磁通量为磁感应强度B与磁场穿过回路面积S的乘积，即为$B\times S$。例如，把一个线圈放在永磁材料的磁场里面，让磁感应线穿过线圈，只要不断转动线圈，通过线圈的磁通量就会持续变化，并在线圈的输出端造成感应电动势。利用这个原理人们制造出了各种类型的发电机，而在永磁材料的帮助下产生的电能是现代社会赖以生存的重要基础。

在现代社会中，永磁材料除了制作指南针、用于发电机外，还广泛地应用于移动电话、计算机、空调、微波炉、洗衣机、扬声器、汽车电机、电动车、各种类型的电动机、各种医疗设备等。

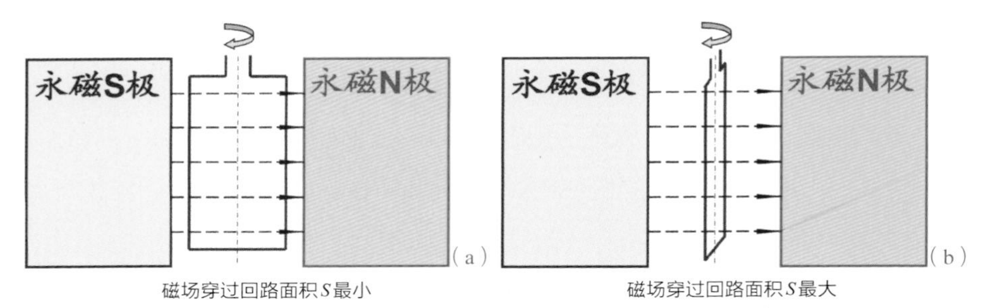

图 5.32　发电机工作原理（回路在磁场中旋转使穿过回路的磁通量持续变化）

5.8.2　磁电阻材料和地磁场测量原理

在外磁场作用下，磁性材料中原子的磁矩会发生旋转，并趋于与外磁场一致，与此同时该磁性材料的电阻会发生变化。在磁性材料的不同方向上施加外磁场也会改变该磁性材料的电阻，这一现象称为磁电阻效应。可以利用一些磁性材料的磁电阻效应测量地磁场方向，这种材料称为磁电阻材料。

根据磁电阻效应，磁电阻材料内部的磁矩的分布情况会影响其电阻。假如在某磁电阻材料特定方向上施加一个电场，则在该方向上会出现一个电流。若设材料内部磁矩方向与电场方向的夹角为θ，则改变θ就会使材料的电阻R发生变化。如果定义$\theta=0$时材料的电阻为R_0，则研究发现有大致的关系$R=R_0\cos\theta$，即$\theta=0$时材料的电阻R最高。如果在垂直于电场方向施加外磁场，使材料内磁矩都偏转到外磁场方向，即有$\theta=\pm 2/\pi$时电阻最小。

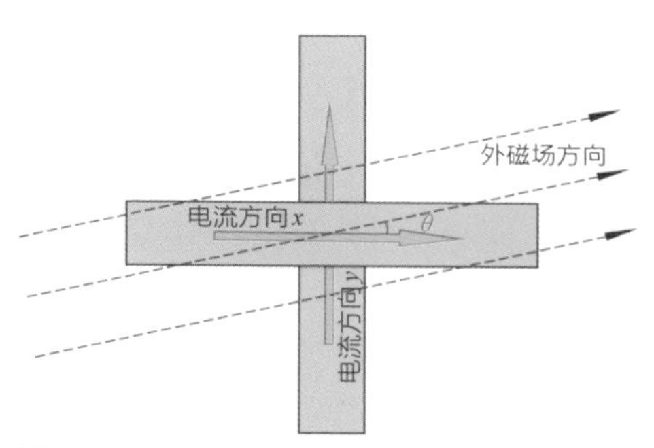

图5.33 在互相垂直的两个磁电阻材料的x、y方向加电场时，外磁场与x方向的夹角θ的示意图

将两块同样的磁电阻材料放置在一起，在两个互相垂直的方向x和y上分别对这两块磁电阻材料施加一个电场，则在这两个电场方向所决定平面内任意方向有外磁场时，一块磁电阻材料x方向的电阻为$R_x=R_0\cos\theta$；而另一块磁电阻材料y方向的电阻为$R_y=R_0\cos(\theta+2/\pi)=R_0\sin\theta$。这里可以把$\theta$看做外磁场与第一块磁电阻材料电场方向的夹角，而这两块磁电阻材料电阻变化的规律实际上分别反映了外磁场在两个电场方向上的作用效果；根据所测量的两个方向上的电阻或电压数值及其变化规律，可以确定出外磁场的方向及其变化规律。

如果外磁场是地磁场，则利用这种测量原理不仅可以确定出地磁场相对于测量装置的方向，而且还可能确定出地磁场的强弱。如果地磁场的磁感应强度为一常量B_0，则x方向电阻$R_x=R_0\cos\theta$所对应的磁感应强度为$B_x=B_0\cos\theta$，y方向电阻$R_y=R_0\sin\theta$所对应的磁感应强度为$B_y=B_0\sin\theta$。根据所测量x、y方向电阻的比值$R_y/R_x=B_y/B_x=\tan\theta$可以计算出地磁场方向与$x$方向的夹角$\theta$为$\arctan(R_y/R_x)=\arctan(B_y/B_x)$，进而确定出地磁场方向。

然而，地磁场是非常微弱的磁场，它在地面空气中的平均磁感应强度B_0约为5×10^{-5} T，弱到人体感受不到。因此，不是所有具备磁电阻效应的磁性材料都可以用来测量地磁场。例如不能使用上述内部磁场过于稳定的永磁材料，因为只有很强的外磁场才能把永磁材料内所有磁矩都转向外磁场的方向，而微弱的地磁场对永磁材料内磁矩偏转的影响几乎为零。只有在地磁场作用下其内多数磁矩都会比较容易地偏转到地磁场方向的那些磁性材料才可以用于测量地磁场。

鉴于磁特性的差异，不同磁电阻材料能够适用磁场的最高真空磁感应强度值有所限制，且其感知磁场变化的灵敏度也各自不同。根据其特征，各种磁电阻材料可用做电子罗盘、磁电阻传感器、计算机的磁读写头、计算机磁随机存储器等。

表5.9 几种类型的磁电阻材料及其特性

典型材料	磁电阻最高变化率/%	适用磁场的最高真空磁感应强度/T	磁场灵敏度①
金属、半导体等	很低	1	很低
NiFe、NiCo	2 ~ 3	0.000 5 ~ 0.002	$0.3\%/10^{-4}$ T
$[Fe/Cr]_n$（n层）	10 ~ 80	0.01 ~ 0.2	$0.1\%/10^{-4}$ T
FeMn/NiFe/Cu/NiFe（多层）	5 ~ 25	0.000 5 ~ 0.005	$1\%/10^{-4}$ T
Fe/MgO/Fe（三层）	30 ~ 70	0.000 5 ~ 0.005	$4\%/10^{-4}$ T
La-Ca-Mn-O系列	1 000	>0.1	$1\%/10^{-4}$ T

① 磁场灵敏度大体指真空磁感应强度每发生10^{-4} T变化时所发生的磁电阻变化的百分数。

图5.34 确定地磁场方向的电子罗盘（其中两个互相垂直的黑色器件即用磁电阻材料制成）

5.8.3 磁电阻材料的结构及其应用

许多新型的磁电阻材料都具备多层的复杂结构。以NiFe磁电阻材料为例，制备过程中以最下层的Ta作为基础来制作NiFe，以便人为控制形成所需要的NiFe层晶体结构；最终形成Ta-Al_2O_3-NiFe-Al_2O_3-Ta的多层结构，其中只有NiFe是磁电阻材料。上、下层的Ta还可以起到保护作用，Ta与NiFe层间极薄的Al_2O_3层可以增强所需的磁电阻效应。整个磁电阻薄膜材料约20 nm厚，如此细小的材料尺寸为制备微小的电子器件创造了条件，也为相关电器产品的微型化奠定了基础。

目前，磁电阻技术已经应用于几乎所有计算机、数码相机和电子播放器等电子产品。用磁电阻薄膜技术所制作的磁性随机存储器具有读写速度快、容量大、寿命长、使用安全等特点。如果在集成电路或微机电系统中植入很微小的磁场，就可以使其内的磁电阻薄膜发生感应，从而制造出极微小的可执行系统，以实现操控集成电路或微机电系统的目的。

此外，磁电阻效应还可用于制作测量微量位移和转角的传感器，并广泛地应用于数控机床、汽车导航、非接触开关和旋转编码器中。与光电等传统传感

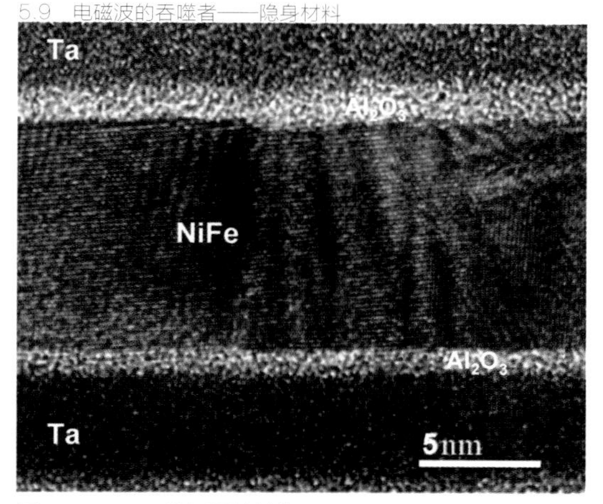

图5.35 NiFe磁电阻材料的Ta−Al_2O_3−NiFe−Al_2O_3−Ta多层结构（Ding et al.，2009）

器相比，磁电阻传感器具有功耗小、可靠性高、体积小、能工作于恶劣的环境条件等优点。

5.9 电磁波的吞噬者——隐身材料

5.9.1 电磁感应与电磁波

1820年丹麦科学家奥斯特发现，导线通电时会在周围造成磁场，即电场可在周围引起磁场，电场与磁场的方向互相垂直。1831年英国科学家法拉第（M. Faraday）发现，变化的磁场会使其附近的导线中产生电流，即变化磁场的周围产生了电场，磁场与电场的方向互相垂直；这就是电磁感应现象。系统的观察发现，变化的电场会产生磁场，变化的磁场则会产生电场。变化的电场和变化的磁场构成了一个不可分离的统一的场，称为电磁场。电磁场会在空间传播，电磁场的运动形态称为电磁波，也称为电波或电磁辐射。电磁波的传播方向与电磁波中变化的电场强度E的方向及变化的磁感应强度B的方向同时垂直。基于电磁感应现象，1865年英国物理学家麦克斯韦（J.C. Maxwell）根据自己的研究预测了电磁波的存在，这一预测于1888年得到了德国物理学家赫兹（H.R. Hertz）的实验证实。

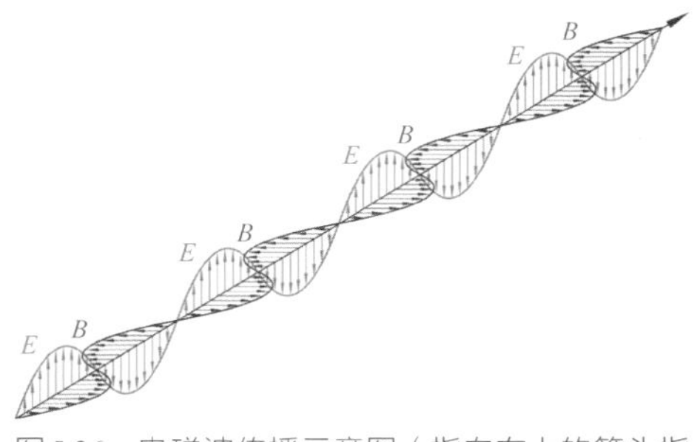

图5.36 电磁波传播示意图（指向右上的箭头指示电磁波传播方向）

电磁波广泛存在于现实生活中。研究发现，一切物体的温度都不可能低于绝对零度，而温度高于绝对零度的物体都可以发射电磁波。日常生活所涉及的普通无线电波、雷达波、微波、红外线、可见光、紫外线、X射线，以及许多物理射线的物理本质实际上都是电磁波，只是它们的波长和频率范围各有不同。普通无线电波可用于多种通信技术以及电台和电视广播，雷达波可以远程探测各种物体，微波可用于微波炉加热和卫星通信，红外线可广泛用于工业和军事的各个领域，可见光是人类观察事物的基础，紫外线可用于医用消毒及各种工业领域，X射线可用于医学检查和材料结构分析，许多高能物理射线可以用做医学治疗或用做物理研究手段。

5.9.2 物质对电磁波的散射与吸收

鉴于电磁感应原理，当传播中的电磁波入射到电阻率极低的金属表面时，会在金属的外表层引发感生电流，并阻止电磁波的继续传播。感生电流借助电磁感应原理又会在周围产生电磁场，并引起朝向远离金属表面方向传播的电磁波。由此可见，导电良好的金属表面实际上起到向相反方向散射电磁波的作用。感生电流的产生会少量损耗入射电磁波的能量，使散射的电磁波有所减弱。金属导体阻挡了电磁波的继续传播、改变了其传播方向，因此呈现了一种屏蔽电磁波的作用。如果电磁波入射到电阻率极高的绝缘物质，则电磁波往往会穿越该物质，经过折射后以透射电磁波的形式继续传播。电磁波穿越物质时是否或多大程度因被物质吸收而损耗衰减，取决于物质的介电性质和磁性质。

平板电容器两平板间充满某物质时获得的电容与平板间为真空时所获得电容的比值称为该物质的相对介电常数σ_r。某物质在一磁场中的磁感应强度与该

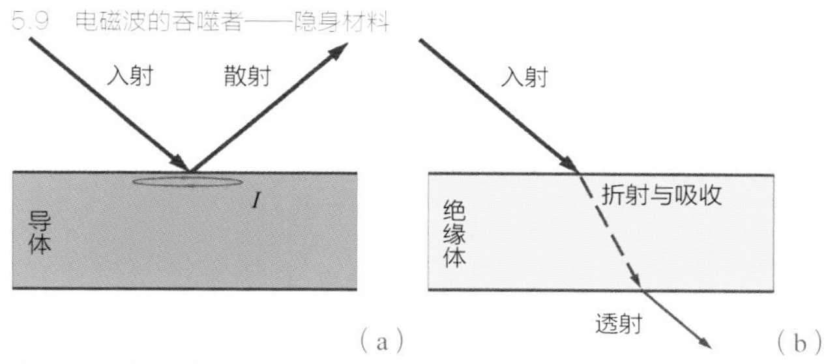

图5.37 电磁波传播过程中与物质作用示意图

磁场在真空中磁感应强度的比值称为该物质的相对磁导率μ_r。推动电磁波传播的电磁场中的电场可能会因推动了高相对介电常数物质内电荷的迁移而明显衰减，电磁场中的磁场可能会因升高了高相对磁导率物质内的磁感应强度而明显衰减。电磁场的衰减说明电磁波一定程度地被高相对介电常数或高相对磁导率物质吸收。能吸收电磁波的物质可称为电磁波吸收剂。

表5.10 一些物质或材料大致可实现的相对介电常数σ_r、相对磁导率μ_r和电阻率ρ

物质/材料	σ_r	μ_r	ρ/（Ω·m）	物质/材料	σ_r	μ_r	ρ/（Ω·m）
真空	1	1	∞	石英玻璃	3.75	~ 1	5×10^{16}
空气	1.000 5	~ 1	—	云母	5 ~ 8	~ 1	10^{13} ~ 10^{15}
铁	0.18	290 ~ 12 000	8.7×10^{-8}	二氧化钛	78 ~ 88	~ 1	7.69×10^{5}
钴	0.27	70 ~ 250	5.25×10^{-8}	钛酸钡	1 700 ~ 2 000	~ 1	0.55
镍	0.20	220 ~ 600	6.84×10^{-8}	四氧化三铁	3 ~ 4	10 ~ 12	~ 4×10^{-4}
银	1.05	~ 1	1.47×10^{-8}	聚乙烯	2.28	~ 1	10^{10} ~ 10^{13}
铜	1.00	~ 1	1.67×10^{-8}	聚氯乙烯	3 ~ 5	~ 1	~ 10^{13}
铝	0.64	~ 1	2.65×10^{-8}	聚苯乙烯	2.45 ~ 2.65	~ 1	10^{15} ~ 10^{16}
水	81	~ 1	10 ~ 1 000	聚苯胺	2 ~ 8	1 ~ 1.4	0.001 ~ 267

电磁波的发现及相应电子产品的发展给现代科学技术和人类的生活带来了极大的便利，但同时也使得人类生存的空间越来越多地充斥着各种类型的电磁场和电磁波。分析表明，电磁波的大量存在也有非常不利的一面。空中到处传播的电磁波会干扰正常运行的电子器件，如飞行器、医疗检测设备、广播电视等电子媒体中的电子设备等可能会因外来电磁场的干扰而不能正常工作，甚至导致事故的发生。电磁波对人体的健康也会产生不利影响。频率在1.5×10^{8} Hz以下的电磁波对人体有很强的透过率，在（1.5 ~ 10）$\times10^{8}$ Hz频段内的电

磁波也能大部分深入人体。在电磁辐射的作用下人体内分子会发生规则排列过程，并消耗电磁能而引起热效应。长期在较强电磁场环境中生活可能会引起人体中枢性神经系统或植物神经系统功能及人体其他生理功能紊乱，出现头晕、全身乏力、记忆力减退、睡眠不好、食欲不振、脱发、多汗、心律不齐、心动过缓等病变，同时身体的免疫功能也会受到损害。随着移动电话的日益普及，长期不正确地使用手机可使神经衰弱、脑瘤和畸形胎儿的诱发率上升。装载着高速脉冲数字电路的工作态计算机会向机外辐射含有内部信息的电磁波，并可以被一定距离以外的检测设备捕获，从而导致军事、政治、经济等方面重要情报和信息的泄露。人们已越来越重视电磁波广泛蔓延对环境造成的污染和危害。联合国人类环境会议已把电磁污染列入了工业生产所造成的废气、废水、废渣之外，且必须控制的第四种主要污染。另一方面，发射强电磁干扰以破坏敌方电子设备的正常工作也是十分重要的现代化军事手段。在有害电磁波的治理、防范和利用上，现代材料技术也发挥着非常关键的作用。

如上所述，导电良好的物质属于电磁波屏蔽材料，金属就是良好的屏蔽材料；而能吸收电磁波的高相对介电常数或高相对磁导率物质属于针对电磁波的吸波材料。面对现代社会中通信、广播、电磁医疗、计算机技术普及所造成的电磁波危害，人们一直在发展对电磁波污染的防护技术。除了利用金属等高导电性材料屏蔽有害电磁波外，吸波材料技术的研究也得到迅速发展。屏蔽材料并没有明显消除有害的电磁波，主要是改变了电磁波的传播方向。因此，屏蔽材料虽然可以保护其所包围的装置免除电磁波干扰，但会把电磁波传向周围，增强了周围的电磁污染，即会造成周围环境的二次电磁污染。如果把电磁波吸波材料涂覆在机场、电站、通信设备、普通建筑结构、装备设施的表面，就有可能明显降低电磁波的散射传播和后续污染。

5.9.3 隐身材料原理

在军事上，以电磁波原理为基础的雷达系统是远程侦测军事目标的主要手段之一；同时，采用电磁波散射和吸收等反雷达侦测技术是保持作战装备战场生存能力的重要手段。1999年3月24日北京时间凌晨3点开始，以美国为首的北约组织发动了科索沃战争，其间北约动用了1 100多架各类飞机进行了35 000多架次飞行，对前南斯拉夫联盟全境的军事指挥和防空系统、军火库、汽车、通信设施、桥梁等军事和民用设施实施了持续78天的轰炸，总共造成约2 000多人死亡，6 000多人受伤，经济损失超过2 000亿美元。其间北约只有一架美国飞机被意外击落，飞行员也被美军救回，整体人员伤亡微乎其微。多数重要的军事装备都是由金属制成，或具备金属外壳，因此它们对电磁波有较强的散射能力，很容易被雷达系统探测到，并遭受雷达引导下的导弹攻击。在科索沃战争中北约获得如此重大战果的重要原因之一在于大规模使用了具有隐身特性的F−117战斗机和B−2轰炸机。这两款飞机除了其他隐身技术外，还在飞机外壳上涂覆了隐身涂料，使照射到机身上的雷达波被大量吸收。隐身涂料可极大削弱飞机对雷达波的散射，以致前南斯拉夫的探测雷达无法发现目标，不能指引导弹实施攻击。其中F−117的隐身性能较差，因而美国被击落的那架飞机正是F−117。实战显示，如果在军事装备外侧薄薄地涂覆一层能完全吸收雷达电磁波的材料，则可以避免被雷达发现。在遭受雷达电磁波探测时，它们处于隐身状态，因此这类雷达电磁波吸收材料被称为隐身材料。目前美国最新的隐身战斗机型号为F−22和F−35。

如上所述，理想的隐身材料应具备与绝缘体类似的极高电阻率，以避免对电磁波产生直接散射；还要同时具备尽可能高的相对介电常数和相对磁导率，以吸收电磁波中的电场能和磁场能，借助把电场和磁场的能量转变成热能或其他形式的能量而吸收电磁波。然而在客观世界中并不存在相对介电常数和相对磁导率都很高的物质。另外，相对介电常数或相对磁导率比较高的物质其电阻率往往都很低，不能排除这些物质在开始吸收进入体内的电磁波之前，一部分电磁波已经被其表面散射。客观物质的这种特征成为了发展高性能隐身材料的先天性障碍。例如，电磁波穿越相对介电常数比较高的物质后其电场能量被吸收，但透射波中仍保留磁场能量；反之，电磁波穿越相对磁导率比较高的物质后其磁场能量被吸收，但透射波中仍保留电场能量。根据电磁感应原理，磁场仍会感应出电场、电场也会再感应出磁场，因此电磁波仍会继续传播，遇到埋在隐身材料下面的金属后仍可被散射。可见，单一的高相对介电常数或高相对磁导率的物质不能获得良好的隐身效果。正是这种原因，很长时间以来人们单独借助高相对介电常数或高相对磁导率的物质研制隐身材料时一直很难获得圆满成功。将两种或两种以上固体材料借助特定的加工方法混合在一起而组成的具有良好综合性能的材料称为复合材料。将高相对介电常数和高相对磁导率的材料混合制成复合材料是使隐身材料获得高隐身特性的重要手段。

然而大量事实显示，当物质具有高相对介电常数或高相对磁导率时，往往也同时会具备明显低于绝缘体的较低电阻率。当电磁波接触低电阻率材料时首先会被散射，使得材料内部的吸波性质难以充分发挥作用。因此，简单地使用复合材料技术并不能获得理想的吸波效果。只有让电磁波充分进入电磁波吸收剂内部，才有机会使电磁波被充分地吸收。可以设想一种制备隐身材料的办法，不使吸收剂均匀地分布在复合材料表面，而是让吸收剂的分布密度由表面向内部逐渐地提高，且吸收剂的表面剧烈起伏以增加表面积，各吸收剂之间保留明显的非吸收剂间隙。这样不仅增加了电磁波与吸收剂的接触机会，而且也可以使电磁波较充分地射入隐身材料内部。其组成、结构、微观尺寸、密度由一侧向另一侧逐渐变化的材料称为梯度材料。可见还需要借助梯度材料的理念制作隐身材料。当电磁波未被材料表面反射而进入材料内部时，在持续遭遇、穿越高相对介电常数和高相对磁导率吸收剂时其电场和磁场会不断衰减，且进入材料内部的电磁波被散射时很难再返回入射表面，而会在材料内部频繁多次地往复散射、衰减，进而最终消耗殆尽。

需要指出的是，任何吸收剂都不可能在所有电磁波频率范围都产生明显吸波效果，而且吸收剂的化学组成、微观结构、分布密度、工作温度、介电和磁导的细致特性等，都会对其吸波效果和有效吸波频率范围产生重要影响。因而需要做细致而系统的分析研究才能掌握相关的规律。例如，实用隐身材料可造成装备对军事雷达波段的电磁波隐身，但对可见光波段的电磁波并不隐身。在

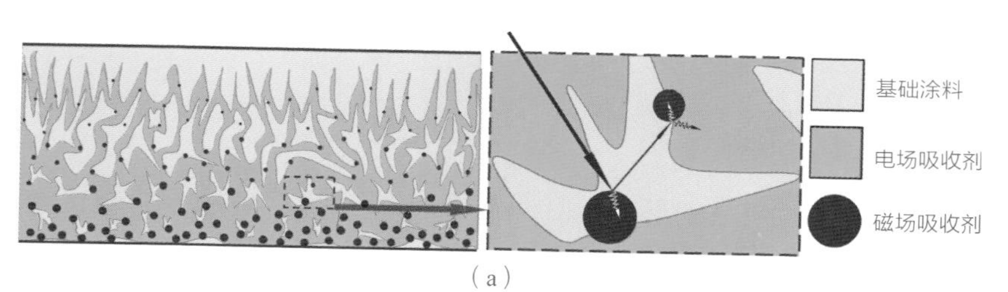

图5.38　隐身材料涂层结构（a）及吸收电磁波示意图（b）。（b）图为（a）图的虚框线部位，（b）图中箭头表示电磁波在隐身材料内的传播

这种情况下隐身良好的军事装备可能被肉眼看见，但并不能被雷达发现。目前，隐身材料已获得越来越广泛的军事应用，且其隐身性能也在不断地提高和改善之中。

5.10 温度与电压的转换介质——热电材料

5.10.1 物质的热电效应

近200年前的1820年前后，德国物理学家塞贝克（T. J. Seebeck）在分析金属的磁性和温度关系时发现，如果把指南针放在一个由上端折弯状金属铜板和下端金属铋直板组成的闭合回路中，当该回路中的一端被加热时，指南针会产生偏转。研究表明，一端被加热后，加热端与未加热端之间的温度差ΔT会造成一个电势差ΔU，进而在金属回路中产生电流I。正是这个电流引发的磁场导致了磁针的偏转。后来人们发现，几乎所有具有一定导电能力材料的两端存在温度差ΔT时，都会形成相应的电势差ΔU。两者之比为

$$\alpha = \Delta U/\Delta T \qquad (5.5)$$

α称为温差电势系数，或称为塞贝克系数。不同的材料具有不同的塞贝克系数，在相同温差下可能产生大小和方向不同的温差电势。大多数金属的塞贝克系数在10^{-5} V/K数量级或以下，因此在可能达到的温差下，单段材料所能产生的温差电势还是很小的；人们并不用担心手持一根两端温度不同的金属棒会触电。半导体材料的塞贝克系数会比较高，n型半导体与p型半导体组成如上回路后，其塞贝克系数的数量级通常为10^{-4} V/K，甚至可达到10^{-3} V/K的水平。

即便非常微小的温差电势也可以被人们所利用。例如把多组n型半导体与p型半导体对相互间隔串联排列并在一端高温加热，由此每对半导体形成温差电势差的同时，串联而成的多组半导体对的温差电势差相互叠加，进而可在串联电路引出端获得较高的串联电压。

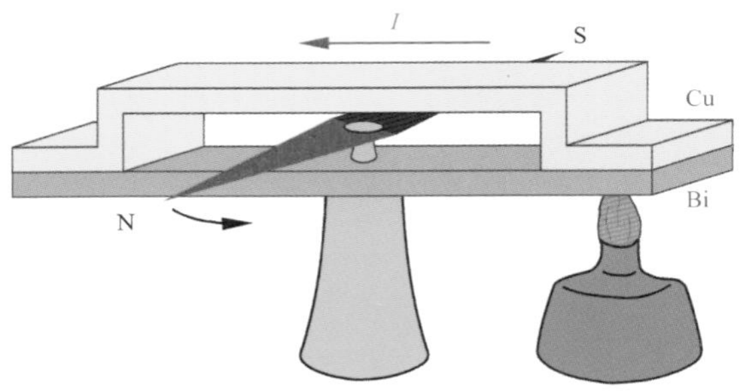

图5.39　塞贝克效应实验示意图

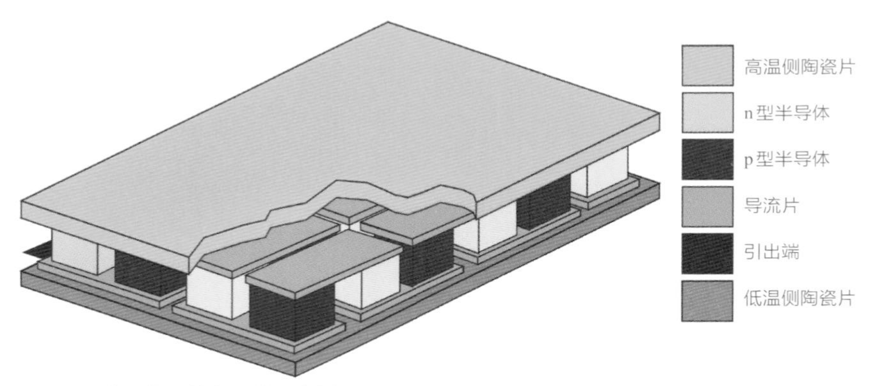

图5.40　半导体温差电器件示意图

物理学家欧姆（G.S. Ohm）于1827年制作了世界上第一个利用磁针偏转在恒压下测量电流与电阻关系的实验装置，其中所使用的恒压电源就是一个温差发电装置。该装置的热端用沸水加热（100 ℃），冷端用冰水冷却（0 ℃），从而可以获得一个恒定的输出电压。在19世纪20年代，这是最可靠的恒压直流电源。

1834年喜欢做物理实验的法国钟表匠佩尔捷（J.C.A.Peltier）将一根金属铋棒和一根金属锑棒的端部对接焊在一起，并在焊接处挖了一个小凹坑，放入少量水。然后用导线将铋棒和锑棒的另一个端部与一个电池连接起来。结果显示，当这个回路中通电时小凹坑中的水结冰了。当时通电使物体发热已经为人们熟知，但通电致冷却是非常新奇的现象。这种电致冷效应被称为佩尔捷效应。后来人们发现，佩尔捷效应实际上是前述温差产生电流的塞贝克效应的逆效应，二者可统称为热电效应。

5.10.2 热电原理和热电材料

20世纪初，德国科学家E. Altenkirch提出了一个相对完整的热电理论，指出热电效应良好的物质需要具有较大的塞贝克系数α、较高的电导率σ和较低的热导率κ。这些值所反映的热电综合性能可以用热电优值Z表示：

$$Z = \alpha^2\sigma/\kappa \tag{5.6}$$

其量纲为K^{-1}。在实际应用中，也常用无量纲优值ZT描述热电材料的性能，其中T是用绝对温标K作为单位的温度。

材料的热电效应源于材料内部载流子，即携带负电荷的电子和携带正电荷的空穴的分布及其运动特性。在处于均一温度场的孤立均质物质中，载流子的分布是均一的，但是当物质两端存在温差时，热端附近的载流子将具有比冷端附近载流子更高的动能，从而在物质内部形成载流子从热端向冷端的输运。这种载流子的运动会破坏材料内部原来的载流子和相应电荷的均匀分布，冷热两端的载流子浓度差异将造成一个电场，以阻止载流子从热端向冷端的进一步输运。此时两端的电场电动势，即塞贝克电势差ΔV，其方向和大小与物质本身的塞贝克系数α以及两端的温差ΔT相关。

理论上塞贝克效应和佩尔捷效应可存在于所有物质中。但通常只有那些具有明显热电效应，并可以或可望用于实现热能和电能相互转换应用的材料才被称为热电材料。

通常用一块p型半导体和一块n型半导体组成一个器件，两个半导体一端互相连接，或用金属导电片连接半导体对，即为最简单的热电材料器件。借助金属导电片可把热电材料器件中半导体对的非连接端与外电路连接，或与相邻半导体对串联。热电材料目前主要有温度传感、温差发电和固态制冷等三方面的实际应用，其基本原理是通过载流子在热电材料中的运动将材料两端的温差转换为电压，或者人为施加电压使相应电流即载流子的运动在材料两端制造温差。

假设连接端温度较高，载流子将向非连接端运动，使n型材料中带负电荷的电子和p型材料中带正电荷的空穴富集在连接端，并造成非连接端两节点之间因塞贝克效应而产生一个电势差ΔV。当材料确定以后，ΔV的大小完全取决于连接端与非连接端的温度差。如果把非连接端浸入熔融冰水使之保

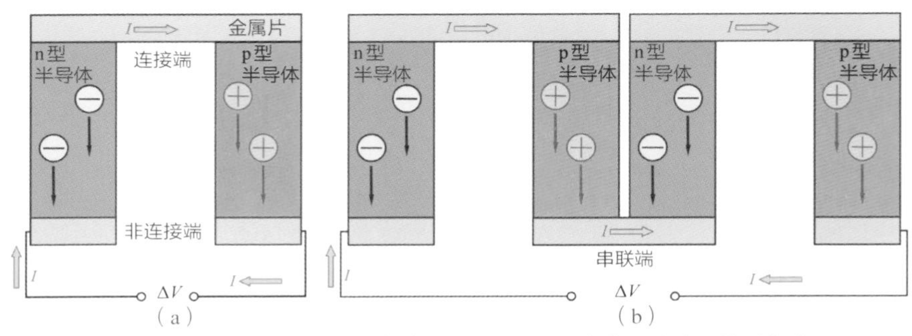

图5.41 半导体热电器件结构原理图。(a)单个半导体对;(b)两个半导体对串联

持在0 ℃，则可以根据在非连接端测得的电压ΔV及已知的ΔV与连接端温度的固定关系计算出连接端的温度。这就是热电材料作为温度传感器的基本原理，这种温度传感器通常称为热电偶，是目前工业上和科学实验中应用最广泛的温度测量器件。

如果加热连接端并在非连接端接通一个外部负载电阻，则聚集在n型半导体非连接端的电子将通过导线和负载电阻流向p型半导体非连接端，与聚集到p型半导体非连接端空穴复合而消失。此时在连接端，闭合回路中的电子通过导电金属片从p型半导体向n型半导体流动，使得由于塞贝克效应产生的电子和空穴运动得以维持。这样就会在这个闭合回路中产生电流，并为外部负载提供功率输出。这就是利用热电材料的塞贝克效应实现温差发电和做功的基本原理。

假设p型半导体和n型半导体的塞贝克系数分别为α_p和α_n（一般情况下，$\alpha_p>0$，而$\alpha_n<0$），冷热两端温差为ΔT，整个半导体对的电阻为R_0，外部负载电阻为R，则闭合回路中的电流I为

$$I=\left(\alpha_p-\alpha_n\right)\Delta T/\left(R_0+R\right) \tag{5.7}$$

这样，半导体对可为负载R提供的功率输出为I^2R。

如果在半导体对非连接端接入一个直流电源，并假设电源使得回路中产生与上述温差发电时同方向的电流，则在外电场作用下热电器件中n型和p型半导体内的载流子也将产生类似的定向运动。不同半导体中载流子具有不同的势能，当载流子从一种半导体进入另一种半导体时，需要吸热或放热以达到能量平衡。当电子从势能较低的p型半导体通过半导体对连接端进入金属片，进而再从金属片进入势能较高的n型半导体时，都需要吸收热量；在非连接端电子从势能较高的n型半导体进入金属导体会释放热量，二电子在非连接端的p型

半导体一侧与空穴复合也会释放热量。因此，连接端会吸热，非连接端会放热。这就是热电材料佩尔捷效应的基本原理。

电流通过导体产生焦耳热是很普通的事情，所以热电材料的佩尔捷效应主要被用做制冷技术。假设回路中的电流强度为I，则单位时间内在连接端的吸热量或吸热速率q为

$$q=(\alpha_p-\alpha_n)T\cdot I \tag{5.8}$$

一般情况下有$\alpha_p>0$、$\alpha_n<0$。通过改变电流的大小和方向，可以非常容易地实现对特定物体的温度控制。

5.10.3 热电材料的实际应用

自塞贝克发现材料的热电现象以来，热电材料已有近两个世纪的研究和发展历史。其中大致可分为三个阶段。在20世纪50年代以前为第一个阶段。在那时人们一般都认为只有金属才有导电能力，所以热电材料的研究也仅仅局限于金属及其合金。但由于金属材料的塞贝克系数只有10 μV/K数量级，那时的热电材料性能很低，无量纲优值ZT在0.1以下。热电材料发展的第二个阶段始于第二次世界大战后期的20世纪40年代。人们发现一些半导体材料具有超过100 μV/K的塞贝克系数，从而引发了半导体热电材料研究热潮。在这个阶段中，不仅开发了一些至今仍广泛使用的半导体热电材料，实现了热电材料在温差发电和固态制冷领域的实际应用，而且全面发展了有关半导体材料的物理理论。这方面的理论也是第二次世界大战以后硅材料技术和信息技术高速发展的基础。20世纪五六十年代开发的碲化铋、碲化铅等化合物半导体热电材料最高的ZT值已接近1，比以前的金属类热电材料提高了一个数量级。但由于热电材料的塞贝克系数α、电导率σ和热导率κ之间存在相互制约关系，提高材料的塞贝克系数会同时降低电导率，而电导率高的材料热导率也很高，因此在此后的数十年中热电材料的ZT值一直徘徊在1以下。从20世纪90年代中期开始，以一些特殊晶体结构新化合物和纳米复合热电材料为标志，被认为开始进入热电材料发展的第三阶段。这些化合物的主要特征是保障高电导率的同时可

以使热导率有效降低。近年来开发的一些新化合物热电材料和纳米复合热电材料的性能ZT值已达到1.5以上，实验室制备的个别材料甚至已超过2.0，显示出良好的发展前景。

用热电材料制造的温差发电器件或者固态制冷器件中没有机械运动零部件，因此热电器件具有无噪声、无磨损、可靠性高、免维护、无污染等突出优点；同时，其尺寸形状可以根据需要灵活设计。目前热电材料的能量转换效率还不很理想，但由于热电材料的种种优点，热电器件在一些领域已经具有不可替代的重要应用，并将在更多领域具有广阔的应用前景。

当前，利用佩尔捷效应制造各种固态制冷器件是热电材料最主要的商业化发展方向，用于那些不适合于采用传统压缩机制冷的小型或者移动场合。例如，用碲化铋（Bi_2Te_3）基半导体热电材料制造的制冷器件已广泛应用于冰水饮水机、便携式冷藏箱、小型冷藏酒柜等。近年来，在高档汽车座椅局部冷却、无线通信中继站以及光纤接头和红外探测器的局部制冷系统等领域也有越来越多的应用。

热电材料在温差发电方面应用的原始设想始于20世纪初，但20世纪50年代开发了半导体热电材料以后才开始实际应用。热电材料温差发电的应用主要包括特殊领域发电、余热利用发电以及环境温差发电等三个方面。

在木星及以外的远日空间以及月球背阳表面，太空中的航天器不能使用太阳能电池供电，从而需要一种能够提供长期、稳定电力供应的装置。在目前的科学技术条件下，放射性同位素温差发电装置是唯一的选择。因此，美国宇航局利用热电材料制造了放射性同位素温差发电装置。这种装置以半衰期长达80余年的钚-238为燃料，利用其衰变过程中释放的热量，通过热电材料转化为电能，为航天器提供可靠和稳定的电力。自20世纪60年代以来，美国已在数十个远离太阳的航天器上使用类似的温差发电装置。这类发电装置也被俄罗斯用于北冰洋沿海的导航灯塔。在民用领域，例如可利用煤油灯火焰热能借助热电材料发电而驱动收音机，用于一些缺乏稳定电力供应的野外或边远地区的无线广播。用热电材料制造的温差发电器也已用于燃气热水器和燃气或燃油取暖器中电驱动的风扇排风系统，避免因外部电力供应中断时影响供暖。热电温差发电器可利用热水器或取暖器工作时自身产生的热量实现发电，保障取暖器在极端寒冷环境下的正常工作。此外，热电温差发电器也已用于穿越荒漠地带的天然气输送管道，通过在管道上开设细管引出并燃烧极少量天然气供热发电，为管道的检测器和无线信号发射器供电。

据统计，目前全社会直接消耗的能源中，实际只有40%左右转换为有用功，其余60%左右未得到充分利用，主要被作为余热排放。因此节能、环保的时代要求也极大促进了热电材料在利用余热发电方面的推广应用。例如可以利用汽车发动机的余热发电，并为汽车提供额外的电力。汽车燃油所提供的能量中有70%左右分别通过排气管和发动机冷却系统排放，5%由于各种传动摩擦和辐射而损耗。在剩余约25%的有用功中，还有约占总燃油能量的2% ~ 3%、或有用功10%的一部分能量要消耗于车载发电机。若利用汽车排气管的余热借助热电材料温差发电，可望获得500 W以上的电力输出。这些电力仅替代车载发电机就可使原消耗于发电机的有用功用于驱动汽车，并至少可降低10%左右的能耗。随着热电材料温差发电技术的发展，未来可望通过余热发电获得更多的电能，并用于汽车的辅助驱动，从而进一步提高汽车的燃油能量利用效率。根据美国通用汽车公司的估计，目前全球约有10亿辆汽车。按1%的车辆持续在道路上跑计，如果每辆车用余热发电500 W，总量将达到5 GW，相当于新建5个核电站。近年来，中、美、日、德等国的一些研究机构和汽车公司先后开展了汽车发动机余热发电应用的研究，并组装了一些回收功率达到500 W左右的原理验证性样车。中国一些研究机构也已开展类似研究，并进行了汽车发动机排气管余热温差发电的台架实验。

利用自然环境的微小温差发电，也是热电材料温差发电技术的一个重要应

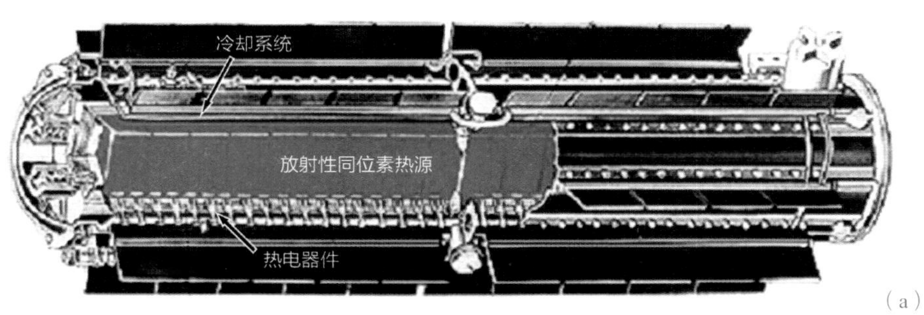

（a）

（b）

图5.42 放射性同位素温差发电装置示意图（a）及煤油灯收音机（b）

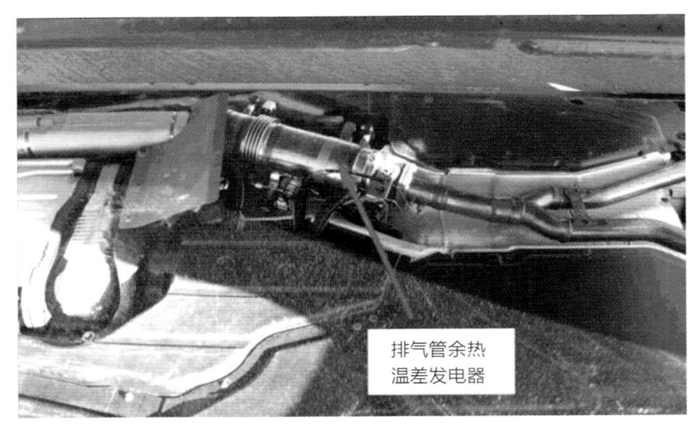

图 5.43　配备排气管热电发电装置的汽车

图 5.44　配置环境温差发电器（中部矩形器件）的自供电无线传感器

用领域。例如利用人的体温与周围环境之间的温差发电，可为手表、体温测量或其他微电子随身设备供电。利用环境微小温差发电的微型发电装置，还可以与各类数据采集、传感、存储、计算、接收和发送单元集成，制造自供电无线传感器。这种自供电传感器可用于地质、环境以及一些运动部件的实时监测，同时在物联网领域也具有广 阔的应用前景。

目前，热电材料正处于快速发展阶段。中国已成为国际热电材料研究领域的重要力量，近年来也为热电材料研究的发展做出了重要的贡献。在热电材料问世近200周年之际展望未来，热电材料的性能优化、绿色环保新型热电材料以及热电材料的规模化应用，将成为未来的发展方向。

5.11　小尺寸引起大效应——纳米材料

5.11.1　纳米材料的概念

纳米（nanometer）是一种长度单位，单位符号为nm，$1\ \text{nm}=10^{-9}\ \text{m}$，约等于3 ~ 5个原子排列起来的长度。人的头发直径为50 ~ 100微米（μm），相当于50 000 ~ 100 000 nm。假如一个乒乓球的尺寸是1 nm，那么地球的尺寸则约为$\frac{1}{3}$ m。广义地讲，如果在三维空间中材料至少在一维方向上处于纳米尺度范围，或者以纳米尺度物质为内部基本单元构成整体且呈现某种特殊性能的材料称为纳米材料；这里纳米尺度范围通常指100 nm以下、1 nm以上的尺寸范围，大约相当于10 ~ 100个原子紧密排列在一起的尺度。

1974年，纳米（nano）这个新名词首次出现在科技论文中。1990年以前，人们重点探索纳米材料不同于常规材料的特殊性能，随后开始研究如何利用纳米材料已挖掘出来的奇特物理、化学和力学性能来设计结构复杂的纳米材料。近些年来，人们更注重探索以纳米颗粒、纳米线、纳米管为基本单元按人的意愿设计并在一维、二维和三维空间组装排列、组装成具有纳米结构体系的材料，构建具有人们所希望的特性的纳米器件，实现其实际应用。

其实，纳米材料并不完全是人类近些年来才接触到的全新物质。自然界中广泛存在着天然形成的纳米材料，如蛋白石、陨石碎片、动物的牙齿、海洋沉积物等都是由纳米微粒构成的。壁虎能飞檐走壁是因为壁虎的每只脚底部长着数百万根极细的刚毛，而每根刚毛末端又有1 000多根顶部直径为上百纳米的末梢。这种精细的结构使得壁虎脚与墙壁或玻璃表面分子间的距离非常近，从而产生刚毛末梢与玻璃分子之间的范德瓦耳斯引力。虽然每根刚毛产生的力微不足道，但几十亿个着力点累积起来就非常大。人工制备纳米材料的实践也已有1 000多年的历史，中国古代曾利用蜡烛燃烧之烟雾制成炭黑，用做墨的原料和着色的染料，这就是最早的人工纳米材料。

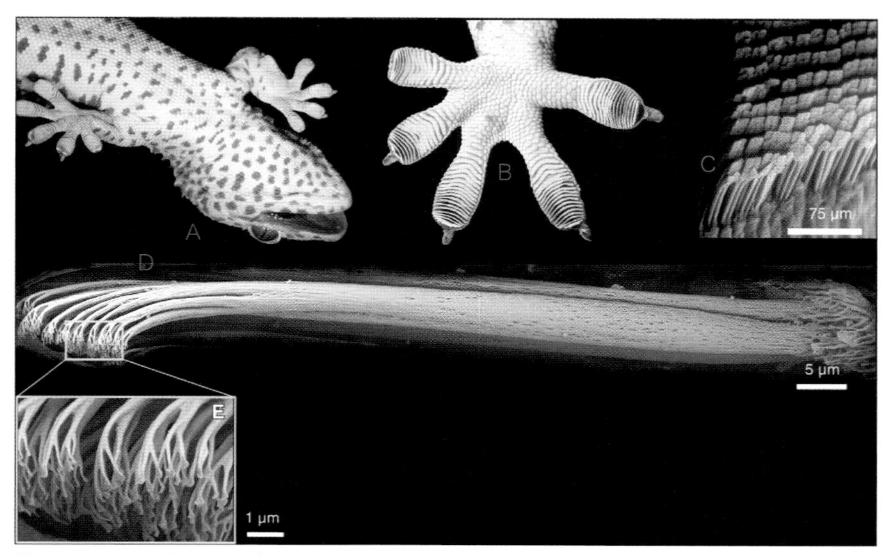

图5.45　壁虎脚底极细的末梢（Autumn et al.，2000；2006）。A–壁虎；B–壁虎脚；C–脚上刚毛束；D–一根刚毛；E–刚毛末梢

纳米材料通常具有不同于常规材料的特殊物理化学性质，即当材料本身或其内在细小微粒的尺寸在100 nm以下时会产生物理化学性质的显著变化，这是纳米科技发展的重要基础。

5.11.2 纳米效应与纳米技术

物质的表面积与其体积的比值称为比表面积，几何尺度越小则物质的比表面积越大，即其表面积及表面原子所占据的比率越高。物质内部原子的周围都与其他原子邻接；但物质表面原子的某一侧则不邻接其他原子，而与外界邻接，进而呈现出一定化学活性和不稳定性。因此内部原子的性质会区别于表面原子。当物质尺寸小到纳米尺度，使得其表面原子比率超过某一局限后，物质整体的性质可能会发生某种突变。例如，直径为100 nm物质的表面原子约占其全部原子的4%；直径为10 nm的物质包含了约4 000个原子，其表面原子约占40%；而直径为1 nm时，微粒包含有30个原子，基本全属于表面原子。表面原子数目增多使物质活性增高，也造成表面能的比例增高。例如金属纳米粒子会在空气中燃烧，会吸附气体等。纳米物质所引起的这类性质变化称为表面效应。

大块晶体物质内各原子会以一定规则和间距整齐排列，其表面原子排列的规则会一定程度偏离内部原子；但这种偏离及其对大块物质整体性能的影响通常可以被忽略。当物质尺寸小到纳米尺度、只有几十层或更少层原子排列时，表面原子偏离规则排列的行为及其对整体性能的影响就不再允许被忽略，甚至纳米尺度物质内部原子的排列也偏离了原有的排列规则；这些会导致宏观性质发生很大变化。其明显改变的性质可能是熔点、磁学性质、光学性质、导热性等。一些金属颗粒达到纳米尺度时的熔点远低于块状金属，如2 nm的金粒子的熔点为600 K，块状金为1 337 K；纳米银粉的熔点甚至可从1 233 K降低至373 K。纳米物质所引起的这类性质变化称为小尺寸效应。

现代理论分析显示，物质原子内各电子可能的能量状态与物质的外观尺寸有一定关系，尤其是当物质达到纳米尺度范围时，电子的能量状态可能会发生很大变化。例如导电良好的铜，当尺寸达到纳米尺度时，导电性能会急剧恶化；绝缘的二氧化硅颗粒在20 nm时反而开始导电。电子能量状态的这种变化还会影响到物质磁学、光学、声学、热学、电学、超导电性能的明显变化。纳米尺度已明显小于波长为400 ~ 750 nm的可见光波长范围，因而会导致物质光学性质的变化。例如有些金属纳米粒子吸收光线的能力非常强，在水里只要放入千分之一这种粒子就会使水变得完全不透明。纳米物质所引起的这类变化称为量子尺寸效应。

迁移中的微小粒子遇到障碍时，若粒子所具备能量足以克服障碍所带来的势垒，则粒子可以穿越障碍而继续迁移。如果当微小粒子具备的能量低于障碍所具备的势垒而仍能穿越这一障碍时，这种微小粒子贯穿势垒的现象就称为隧道效应。现代物理研究发现，纳米尺度物质会呈现某种隧道效应。比如，原子内许多较低能量的电子可在磁场作用下以隧道效应的方式穿越较高势垒而使磁化强度发生改变。纳米物质所呈现的这种能力称为量子隧道效应。

纳米材料之所以拥有种种独特的物理化学性质，源于上述的表面效应、小尺寸效应、量子尺寸效应和量子隧道效应。这些在物质达到纳米尺度时带来其宏观性质明显变化的现象统称为纳米效应。由此可见，纳米材料应该表现出非常特殊的纳米效应；发展纳米材料的关键之一也在于探索和更好地利用其纳米效应。如果所使用材料仅仅是尺度达到纳米，而没有发现和利用其纳米效应，则不能称该材料为纳米材料。

有史以来，人类一直从宏观的角度加工材料以制造各种器具，每个加工步骤都至少要削去或者融合数以亿计的原子，以便把材料按照事先的设计制造成有用的形态。1959年美国物理学家费曼（R.P. Feynman）提出，从单个分子甚至原子开始进行组装，以达到设计要求。费曼的这一理念逐渐得到越来越多科学家的重视和探索，并在20世纪90年代初迅速发展起来，从而使纳米材料的研究进入了一个新阶段；费曼这个理念被认为是纳米技术概念最初始的来源。在100 nm以下的尺寸范围研究物质的组成，以原子和分子尺度组装或创制新物质，并在这种水平上对物质和材料进行研究和处理的技术称为纳米技术。

5.11.3 纳米材料的发展与应用

自20世纪70年代以来，科学家开始从不同角度探索有关纳米科技的构想。1982年宾宁（G. Binnig）和罗雷尔（H. Rohrer）研究发现，当制作出极细针尖状的探针顶部只有一个原子、且探针尖顶部与被观测导电物质间的距离为1 nm左右时，在电场作用下电子会借助隧道效应而穿越该距离形成的势垒，进而实现在二者间的迁移。借助相应的纳米材料量子隧道效应原理发明了研究纳米材料的扫描隧道显微镜，使人类能够实时地在物质表面观察单个原子及其排列状态，或调整和操纵单个原子或分子在表面的排列状态，且可以分辨1 nm以下的距离。1990年美国国际商用机器公司利用扫描隧道显微镜在镍表面用35个氙原子排出了最小的IBM商标。随后，人们不仅能够操纵单个原子，而且还能够连续地操纵原子或分子的排列。晶体物质在人为操纵下的排列生长技术可用于极薄的特殊晶体薄膜，每次可以只造出一层分子。

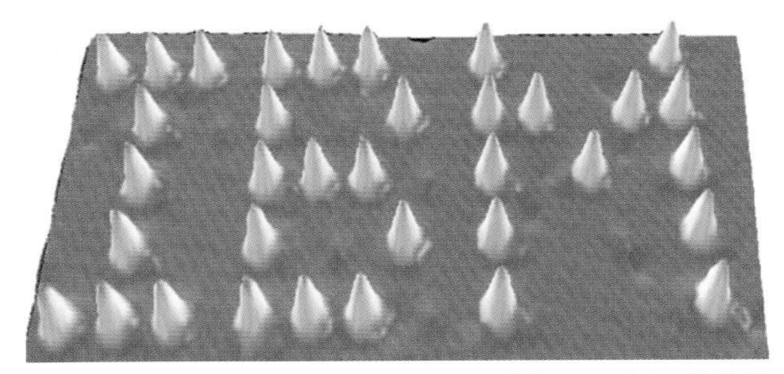

图5.46　由氙原子排列而成的世界上最小的IBM商标（《美国时代周刊》）（Eigler et al.，1990）

1991年人们制成了直径为4 ～ 30 nm、长度达1 μm的碳纳米管。这种纳米尺度的结构受力时，其碳原子间沿其排列平面上的结合键主要承担了外载荷，因而强度超过5×10^{10} Pa，达到高强钢强度的100倍，而其质量是相同体积钢的1/6。同时纳米尺度也造成良好的导电和导热性，以及耐腐蚀、耐高温等特性。

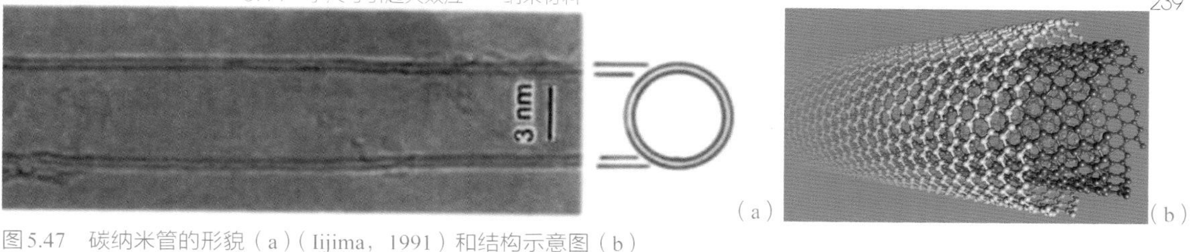

图5.47 碳纳米管的形貌（a）（Iijima，1991）和结构示意图（b）

清华大学2008年的研究发现，碳纳米管的比热容非常低，对其施加音频电流时碳纳米管会释放出很大的声音。音频电流的起伏会造成碳纳米管温度的起伏，进而导致碳纳米管上压力的起伏振动并引发声波，这一现象称为热声效应。借助这一原理可以把大量碳纳米管平行排列，进而制成施加音频电流后即可发声的扬声器材料。这种材料几十纳米厚、透明、无磁性、柔韧、易折弯，可以用于制成各种形状的扬声器。另外，其耐磨性和耐久性优于目前常用屏幕材料的50倍，可用做电子产品的触摸屏材料。

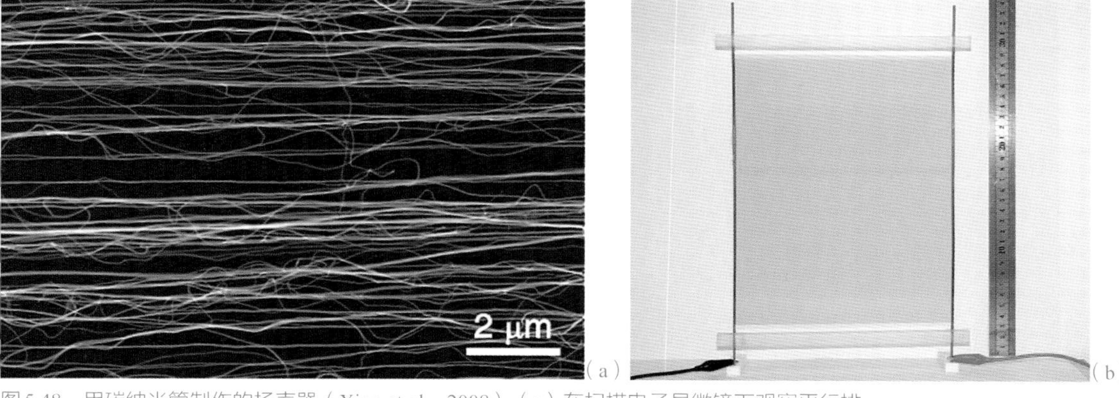

图5.48 用碳纳米管制作的扬声器（Xiao et al.，2008）。（a）在扫描电子显微镜下观察平行排列的碳纳米管；（b）制成A4纸大小且施加音频电流后即可发声的扬声器材料

2013年斯坦福大学开发了全球首台完全以碳纳米管半导体制成的计算机，它使用了178个碳纳米管半导体晶体管，每个晶体管有10 ~ 200个碳纳米管。这台计算机尽管只具备基本功能，但不仅表现出优异的计算能力，而且可节能一个数量级以上；其种种技术优点被认为可用做发展下一代高效率电子设备。

2004年英国物理学家A.K.Geim和K.S. Novoselov在实验中成功地从石墨中分离出只有一个碳原子那么厚、目前世界上最薄的纳米材料，称为石墨烯。检测显示，石墨烯的弹性模量为10^{12} Pa，大约是金属钛的10倍，因此弹性变形

图 5.49 石墨烯结构示意图

抗力很高；强度高达 1.3×10^{11} Pa，为超高强度钢的 100 倍、普通钢的 200 倍以上，也明显高于金刚石，是目前所检测到的强度最高的物质。石墨烯的热导率和电导率都非常高，热导率是纯银和纯铜的十几倍，是纯铝的二十几倍；电导率比纯银和纯铜高 30%，是纯铝的 2 倍。接近 98% 的可见光可以穿越石墨烯，因此对可见光石墨烯几乎是完全透明的。石墨烯的纳米效应在很多方面与碳纳米管类似，它在力学、光学、电学、热学等方面突出的特性造成了其非常良好的发展和广泛工程应用的前景。

石墨烯良好的导电性能和透光性能、优异的强度和柔韧性等使其可应用于各类透明导电电极，也可用做电子设备的触摸屏、液晶显示、有机光伏电池、有机发光二极管等。2010 年韩国制造出了由多层石墨烯和玻璃纤维聚酯片基底组成的柔性透明板，并制成了触摸显示屏。这种触摸屏可以装载在手机、平板电脑等电子设备上。

一些物质在遭受外力作用时会发生极化现象，即正、负电荷向该物质两端表面聚集并在二者之间形成电场，电荷聚集密度与外力成比例。这种由纯外力

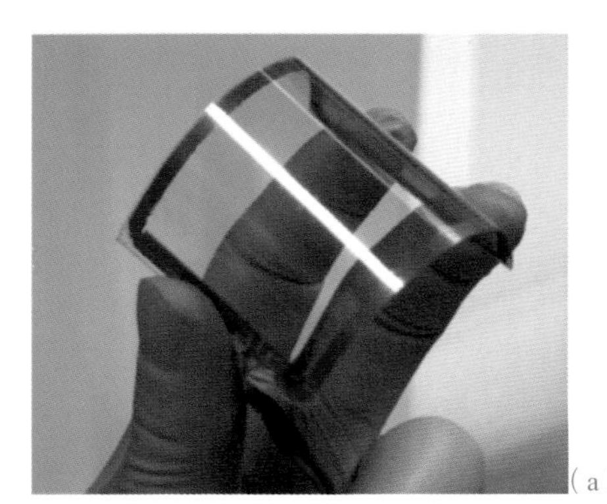
（a）

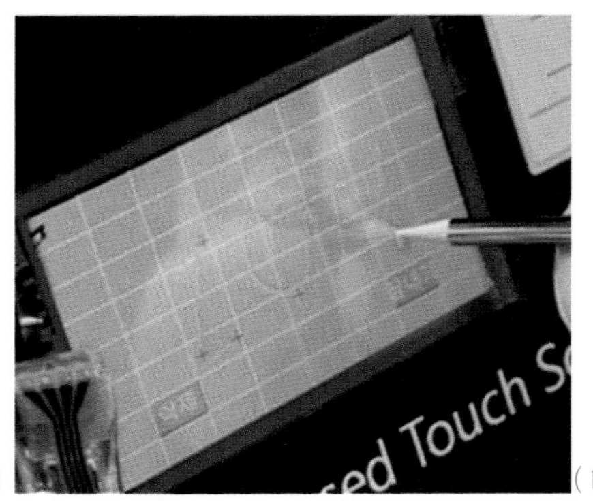

（b）

图 5.50 柔性透明的石墨烯/纤维聚酯板（a）及所制成的触摸屏（b）（Bae et al., 2010）

引起表面电荷极化分布的现象称为压电效应。ZnO就是具有压电效应的物质。观察发现，纳米ZnO细丝细小的尖端与Au触点连接时会出现量子隧道效应，因而电子易于穿越触点边界而形成电流；如果在ZnO细丝外包覆一层Au，扩大的接触面会使量子隧道效应消失，则电子难以穿越接触面边界而形成电流。当包覆Au的ZnO纳米丝与ZnO纳米裸丝互相接触时，就会呈现出类似于二极管的单方向导电性，但与传统p-n结二极管相比，其通断响应速度快、通断电压低。

借助ZnO纳米丝的上述特性可以设计并制成自动发电装置。人们的许多服装都是由合成化学纤维制成的。可以在这些化学纤维外部垂直于其表面制备出密密麻麻排列的镀Au的或裸ZnO纳米丝。把镀Au的和裸ZnO纳米丝以间隔混合排列的方式织成织物做成衣服，其中把镀Au的和裸ZnO纳米丝分别用导线引出，就可以形成一种自动发电的服装。当穿着这种服装的人走动时，镀Au的和裸ZnO纳米丝会互相碰撞、摩擦，并借助ZnO的压电效应产生电荷迁移和电场。镀Au的和裸ZnO纳米丝间的单向导电性也使得所产生的正、负电荷难以直接对消，进而可产生并保持一定电位差。如果把这类装置与自充电电池连接，还可以随时把发出的电储存起来，并驱动随身携带的电子设备。基于这个理念，如果在汽车、飞机、火车等移动设施外部的相应部位安装上述压电发电器，就可以从迎面吹袭的风、机械颠簸、振动等过程获取机械外力，进而转变成电能。

经过几十年对纳米材料的研究探索，纳米技术在基础研究和应用研究方面都取得了突破性进展。金属、半导体、氧化物、氮化物、碳化物等各种体系的纳米材料被相继制备出来。相应的各种纳米效应也造成了这些特殊纳米材料许多奇异的性质。通过深入研究，人们可以设法调整其纳米结构和相应的奇特性能，并不断取得重大成果。可以预见，纳米材料在现代社会发展中将会发挥越来越大的作用。

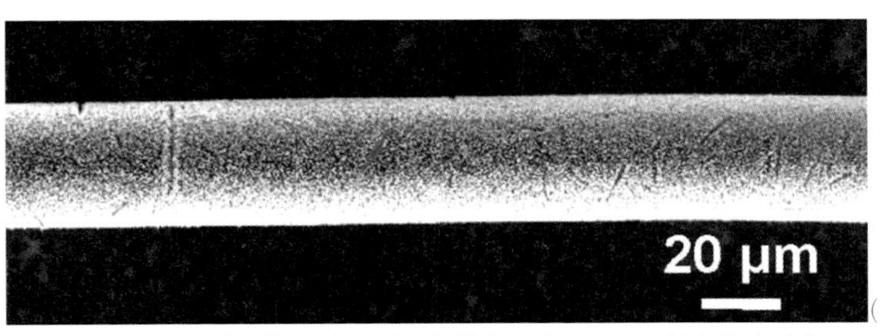

（a）

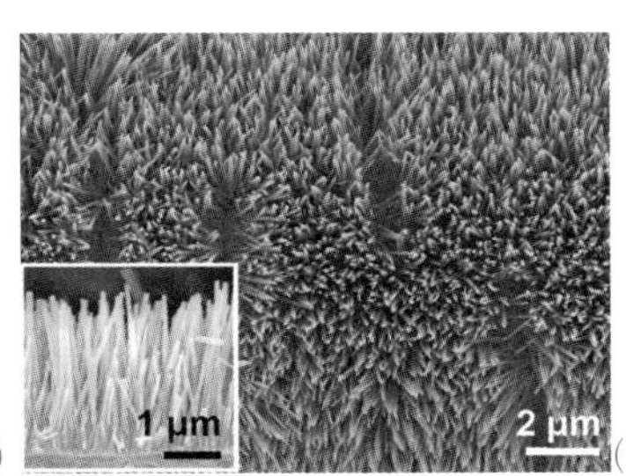

（b）

图5.51 纺织用合成纤维（a）及垂直纤维表面生长的ZnO纳米丝（b）（Qin et al., 2008）

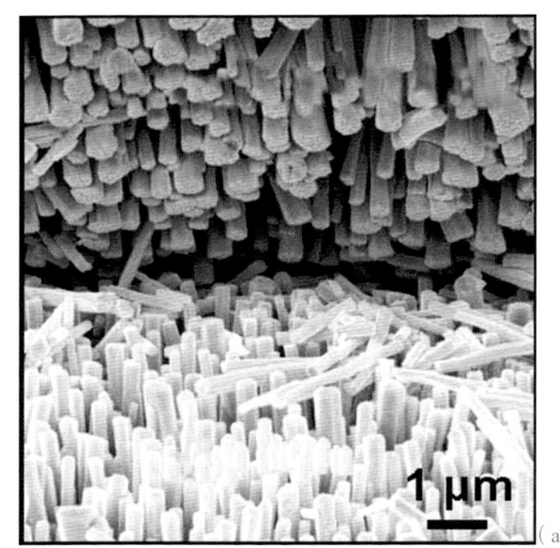

（a）

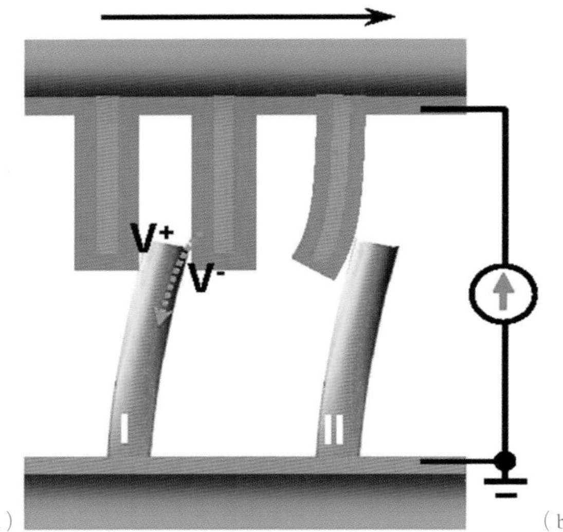

（b）

图 5.52　带镀 Au 的 ZnO 纳米丝与带裸 ZnO 纳米丝的纤维互相接触摩擦（a）及其发电原理示意图（b）（Qin et al.，2008）。上端为镀 Au（蓝色镀层）ZnO 纳米丝，下端为裸 ZnO 纳米丝，ZnO 纳米丝互相移动受力后借助压电效应而发电

5.12　具有晶体特性的流体——液晶材料

5.12.1　液晶的概念

通常，我们生活中所能接触到的物质一般只具有固态、液态和气态三种状态。固态有机物质在加热以后一般变为澄清透明的液体。然而，1888 年奥地利植物学家莱尼茨尔在合成一种新型的有机化合物时发现，将固态的该有机化合物加热到 145.5 ℃时熔化，产生了带有光彩的混浊物，温度升到 178.5 ℃后，光彩消失，液体透明。此澄清液体稍微冷却，混浊又复出现。他将观察到的现象告诉了德国物理学家莱曼，莱曼利用偏光显微镜对该化合物进行了系统观察，重现和肯定了莱尼茨尔发现的双熔点现象。其中较低的温度为熔点 T_M，较高的温度称为清亮点 T_C。莱曼发现，这种混浊液体除了具有液体的流动性外，还具有固态晶体的某些光学性质，即双折射性。于是莱曼将这种介于液态和固态晶体之间的状态命名为液态晶体，简称液晶。

随着人们对液晶的逐渐了解，发现液晶物质基本上都是有机化合物，可以

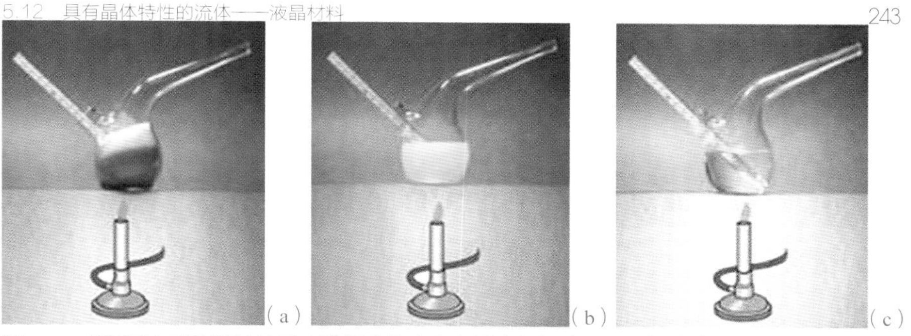

图5.53　莱尼茨尔观察到的液晶态随温度转变示意图（郭仁玮，2010）。（a）加热使固体开始变成混浊液体；（b）升温使固体完全转变成混浊液体；（c）继续升温使混浊液体转变成清亮透明的液体

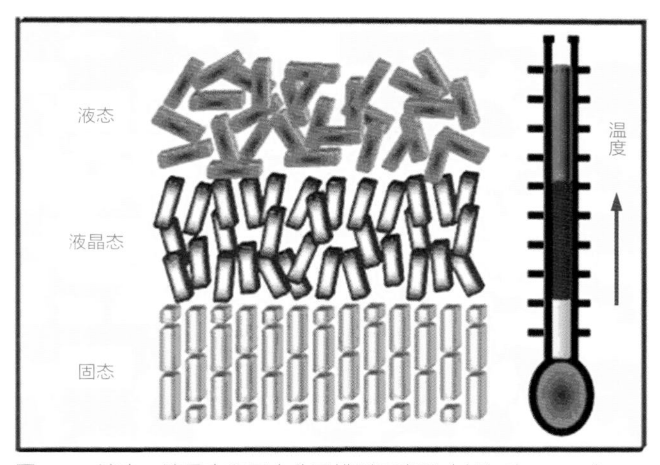

图5.54　液态、液晶态和固态分子排列示意图（郭仁玮，2010）

把此类有机化合物的分子的形状简单理解成棒状或盘状。以棒状液晶为例，在透明液态时具有流动性，其分子无序排列而长轴方向混乱；固态时没有流动性，其分子有序排列而长轴方向规整；当进入液晶态时其分子既具有流动性，长轴方向又能有序排列。现有的有机化合物中每200种中就有一种可以呈现出液晶状态。

5.12.2　液晶的分类和电光效应

液晶材料有多种分类方法，按照液晶分子形成条件可分为溶致液晶和热致液晶。溶致液晶是指当溶液中分子达到一定浓度时形成有序排列而形成的液晶态，即溶致液晶的产生是由于溶液浓度发生变化导致的；热致液晶是分子在熔点和清亮点之间的温度范围内形成一定程度有序性而得到的液晶，液晶的出现是由于温度变化所导致的。目前用于显示的液晶材料基本上都是热致液晶，而溶致液晶大量存在于生物系统中，在生命活动中起着重要的作用。

当前最常见的液晶分类方法是按照液晶结构有序性的类型和程度划分，一般分为近晶型液晶、向列型液晶和胆甾型液晶。近晶型液晶因有序程度接近晶体而得名，分子排列成层，层内分子长轴互相平行，垂直于层片平面。分子可在本层活动，不能上下层移动，沿二维方向排列有序。向列型液晶分子沿长轴方向平行排列，分子间保持与近晶型液晶类似的平行关系。分子能上下、左右、前后滑动，沿一维方向有序，有很大的流动性。胆甾型液晶是向列型液晶的一种特殊形式。分子排列成层，层内分子排列成向列型；分子长轴平行于层的平面，层与层间分子长轴逐渐偏转，形成螺旋状。

从微观结构上看，多数液晶中分子沿某方向优先排列的现象会造成该优先方向与其他方向物理性质有所差异，称为各向异性。由于液晶具有类似液体的流动性，其优先排列方向可由外电场或磁场来控制。研究发现，在外电场作用下液晶分子会改变其排列状态，从而引起整体液晶的光学性质的改变，如折射率随之改变，称为电光调制现象。在工程上常利用电场来控制液晶中分子排列方向。有的液晶的分子长轴和电场平行时电势能较低，所以在外加电场下长轴会朝着电场方向转动。有的液晶的分子长轴和电场垂直时电势能较低，所以在外加电场下长轴会向着与电场垂直的方向转动。

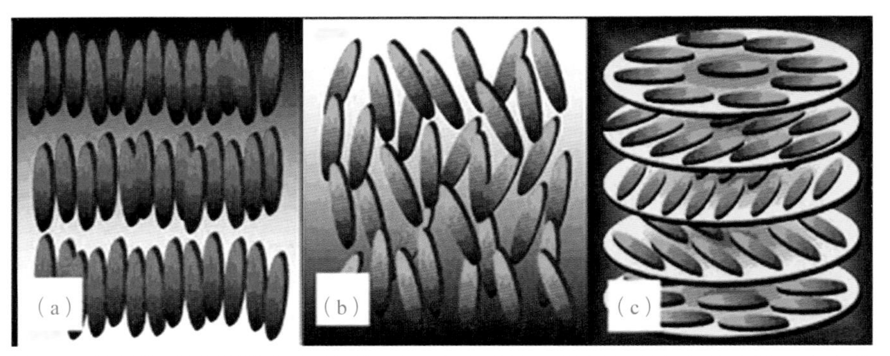

图5.55　液晶分子排列模拟图（郭仁玮，2010）。（a）近晶型液晶；（b）向列型液晶；（c）胆甾型液晶

5.12.3　液晶显示器的发展和广泛应用

经过几十年的发展，目前液晶显示器已是整个显示领域中的佼佼者。只要稍加留意，不难发现市场上用液晶显示器的仪器仪表、计算器、计算机、彩色电视机等不仅品种越来越多，而且显示品质也越来越高，价格越来越便宜。在液晶显示中，开发最成功、市场占有量最大、发展最快的是向列型液晶显示器。据统计，2007年全球平板显示产业产值首次突破1 000亿美元；预计2015年全球平面显示器产值将达到1 400亿美元，其中薄膜晶体管液晶显示器为1 270亿美元，所占比重将达到90%。

向列型液晶显示器的基本构件是液晶盒，液晶盒的两个外侧贴有偏振片，里面由上下两片平行且通常间隔十几微米的透明导电玻璃基片支撑，盒中间充有液晶，四周用胶密封。上下玻璃基片内侧镀有透明的氧化铟锡导电薄膜作为显示电极。外部电场信号可以通过电极加载到盒中间的液晶区。液晶盒中玻璃片内侧的整个显示区通常覆盖着一层经处理过的高分子有机薄层，其作用是使向列型液晶分子按特定的方向排列。将外电场施加于液晶盒两侧时，液晶分子以其长轴排列与电场相互作用能尽可能低为原则发生排列状态的改变，进而调制通过的光线，这种现象就是液晶显示的基础。

任何复杂的图形或画面都是由许许多多细小单元组成的，组成画面的这些细小单元称为像素。液晶显示器就是由大量的像素排列组合而成。每个像素都

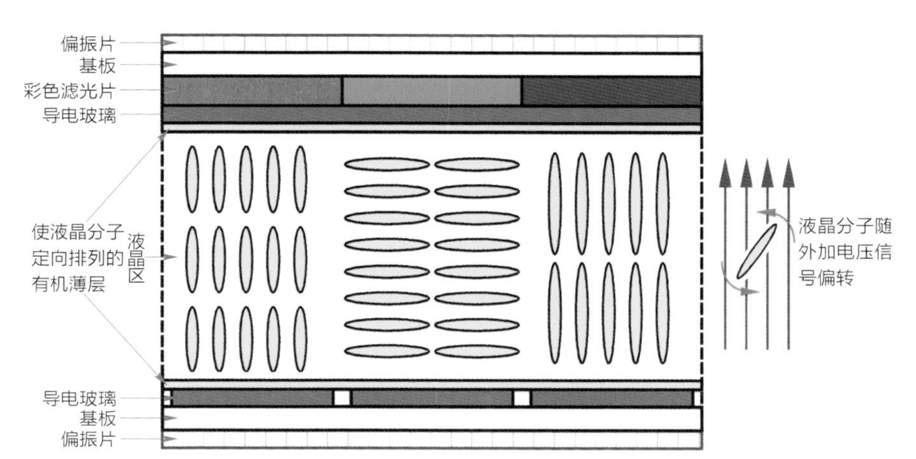

图5.56　常见的向列型液晶显示器中液晶盒结构及电场作用下液晶分子改变排列方向示意图

非常小而不能被肉眼分辨，但是通过控制每个像素中液晶的旋转方向，可以控制不同像素的透光强度，即亮度，进而整体呈现出不同明暗信息的画面，达到信息显示的目的。无论是哪种液晶显示器件，其基本显示原理都是利用液晶的电光效应做成电光调制器件，控制外界光在显示屏上不同区域的强弱和明暗，以达到显示的效果。在彩色液晶显示器中，每个像素又分成三个单元，或称子像素，由下部照射的白光进入液晶后，将被液晶按电信号进行调制，并透射过滤光片继续传播。滤光片的作用是只允许某一种颜色通过，其余各色全部滤除，而附加的滤光片通常由红色、绿色和蓝色三种基本颜色按一定的顺序排列而成。这样，人们在液晶屏上看到的就是由红、绿、蓝三基色混合相加后绚丽多彩的画面。

除了电场、磁场外，温度、光照等许多周围环境物理条件的变化也会改变一些特定液晶的透光特性，这些特性可以在很多方面得到实际应用。如在玻璃建筑构件或汽车挡风玻璃上涂覆适当液晶后，可借助人为改变液晶所承受的电场、磁场来改变其透光性，或随自然光照和玻璃温度的变化自动改变其透光性，以满足各种特殊的需求。

将某些结构的胆甾型液晶加热到接近清亮点的时候会发生结构变化而形成蓝相液晶。出现蓝相液晶的温度区间通常比较窄，但蓝相液晶具备一些特殊的光学性能，当用做显示技术时蓝相液晶具有亚毫秒级的极快响应速度、简单的液晶盒结构和制造工艺、较低的能耗以及更宽的视角等特点，被认为是下一代的液晶显示技术，因而近些年来受到了越来越多的重视。与前述的普通液晶不同，未施加电场时蓝相液晶的初始态是光学各向同性的，在偏振片作用下会得到一个无光线的暗场；当施加电场的时候，液晶分子的长轴将沿着电场方向重新排列，由光学各向同性变为各向异性状态，产生双折射现象，入射光通过偏振片后可呈现亮度场。借助蓝相液晶可以实现光学显示状态的切换和改变，即为蓝相显示。

随着人们生活水平的提高，大尺寸、高清晰的液晶电视以及液晶显示器成为了时代的需要，这就要求液晶显示器的响应速度进一步提高。因此，开展快速电光响应的显示材料的研究也就具有非常重要的理论意义和应用价值。蓝相液晶材料被认为是最具发展前途的下一代快速光电响应的液晶显示材料，2008年三星公司已展出了蓝相显示的概念机，据称其运动图像品质可提升达到近乎真实的运动效果。

5.13 人类组织或器官的替代者——生物医用材料

5.13.1 生物医用材料的基本概念与特点

在日常的生活中常观察到许多人的口腔中装有假牙；由于各种疾病或事故使人丧失某些肢体或肢体功能时往往需要装上假肢；出于损伤的原因，人们有时需要换装人工关节或人造皮肤；另外，有心血管疾病的患者需要在血管内放置人工支架。由此可见，现代社会中的人类在克服疾病、改善生存状态和能力时常需要更换或修复自身的某些器官或部位，而在这一过程中不可避免地会使用到与人类生物体相关且需要借助医学技术使用的各种材料。一般来说，在对生物系统的疾病进行诊断、治疗、外科修复、理疗康复过程中，或替换生物体组织或器官以增进或恢复其功能的过程中所使用的材料或相应的替代材料称为生物医用材料。通常要求，生物医用材料不能对人体组织产生显著的不良影响。生物医用材料本身并不是药物，而是为植入体内或与人体器官组织相接触而设计的天然或人工材料，以便通过与生物机体直接结合和相互作用实现治疗的目的。

生物医用材料的研究和应用由来已久。早在约公元前3500年，古埃及人就利用棉花纤维、马鬃作为缝合线缝合伤口。而这些棉花纤维、马鬃则可称为原始的生物医用材料。墨西哥的印第安人曾使用木片修补受伤的颅骨。在公元前500年的中国和埃及墓葬中均发现了假牙、假鼻和假耳。1936年发明了有机玻璃后，有机玻璃很快被用于制作假牙和补牙，至今仍在使用。1949年美国第一次介绍了利用聚甲基丙烯酸甲酯（PMMA）做头盖骨、关节和股骨，以及利用聚酰胺纤维做手术缝合线的临床应用情况。在20世纪50年代有机硅聚合物开始被用于医学领域，如在器官代替、整容等临床上有广泛的应用。近年来生物医用材料迅猛发展，全球对生物医用材料的需求也以大于20%的速度逐年增长。

作为植入人体的材料，不仅需要在生理条件下长期保持力学性能的稳定，而且还不能对人体的组织、血液、免疫等系统产生不良影响。因此，除了要求生物医用材料具备相应的力学性能、物理性能、成形加工性能外，在灭菌性能、生物稳定性、生物相容性、溶出物及可渗出物等特性方面均有比常规材料更高的要求。

在长期的服役过程中，生物医用材料与人体器官或组织长期共存，因此生物相容性是生物医用材料非常关键的特性指标；即材料与人体之间相互作用后所产生的各种复杂的生物、物理、化学反应等应不对人体器官或组织造成负面效应，且能保持材料的基本特性。比如，植入人体内的生物医用材料及各种人工器官、医用辅助装置等医疗器械，必须对人体无毒性、无致敏性、无刺激性、无遗传毒性和无致癌性，对人体组织、血液、免疫等系统不产生不良反应，同时又能在体内生理环境中保持其应有的物理、化学、力学性能。

生物相容性通常包括组织相容性与血液相容性两大类。组织相容性涵盖细胞吸附性、无抑制细胞生长性、细胞激活性、抗细胞原生质转化性、抗类症性、无抗原性、无诱变性、无致癌性、无致畸性等。血液相容性是指能抗血小板血栓形成、抗凝血性、抗溶血性、抗白细胞减少性、抗补体系统亢进性、抗血浆蛋白吸附性和抗细胞因子吸附性等。目前，常用于体内植入装置的生物医用材料包括硅橡胶、环氧树脂、聚乙烯、聚酯等各种高分子材料，铂、钛、钽、不锈钢等各种金属材料。长期植入装置还须选用耐腐蚀的贵金属作为封装材料，例如钛合金、铂合金、钴合金等。这些贵金属除具备较好的生物相容性外，还具有较高的稳定性、密封性，以及高刚性、高强度等优点。

生物医用材料的生物相容性和相关质量直接关系到患者的生命安全。因此，根据其在人体内接触部位（皮肤、黏膜、组织、血液等）、接触方式（直接或间接）、接触时间（暂时、中期和长期）和用途，还须对生物医用材料做生物学实验评估，包括细胞毒性试验、致敏试验、刺激反应试验、亚急性毒性试验、植入试验、血液相容性试验、慢性毒性试验、致癌性试验、生殖与发育毒性试验、生物降解试验等。

按照材料的化学本质，生物医用材料可分为生物医用金属材料、生物医用陶瓷材料、生物医用高分子材料等几大类。

5.13.2 生物医用金属材料

生物医用金属材料具有高强度、抗疲劳、抗生理腐蚀和优良的生物相容性等特点，可以用于各种人工器官及外科辅助器械。实际应用的生物医用金属材料

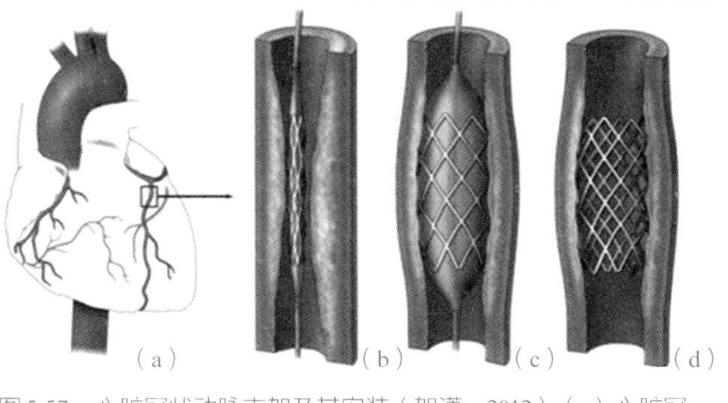

图5.57 心脏冠状动脉支架及其安装（贺潇，2012）。(a) 心脏冠状动脉血管的位置；(b) 用纤维管将收缩的金属网状支架输入冠状动脉血管内部适当位置；(c) 将纤维管局部充气以撑开金属网状支架；(d) 放气并撤除纤维管

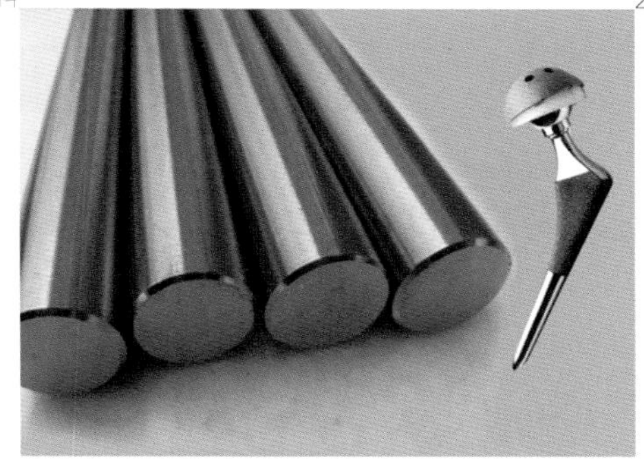

图5.58 钛合金质人工髋关节（Lutjering et al., 2011）

有不锈钢、钴基合金、钛及钛合金、镍钛形状记忆合金、金银等贵重金属、银汞合金、钽、铌等金属和合金。医用不锈钢具有一定的耐腐蚀性和良好的综合力学性能，且加工工艺简便，是生物医用金属材料中应用最多、最广的材料，适于制造体内承载苛刻的长期植入件。医用不锈钢在骨外科和齿科中应用较多，常用于制造人工髋关节、膝关节以及接骨板、骨钉、关节扣钉和骨针等。在心脏外科中，它也用于制造人工心脏瓣膜、血管支架等。医用不锈钢最大的缺点是化学稳定性尚不理想；临床前消毒、电解抛光和钝化处理只能一定程度改善其化学稳定性，因而影响了其植入人体后的服役性能和寿命。医用钛和钛合金也是一种应用越来越广泛的医用金属材料，它不仅具有良好的力学性能，而且在生理环境下具有优良的生物相容性。钛合金的密度较低，弹性模量较其他金属更接近天然骨，故广泛用于制造各种髋、膝、肘、肩等人造关节。此外，钛合金还在心血管系统具有广泛的应用。钛合金的缺点是耐磨性能不够理想，限制了其使用范围。

例如，随着年龄的增长，人体心脏的冠状动脉血管会出现硬化、变窄、梗死的现象，危及生命。临床上通常采用安装心脏冠状动脉支架的方法撑开血管，以方便血液的流动。理想的支架须具备抗血栓、生物相容性好、表面积小、扩张可靠、支撑力优异等特点，且便于灵活安装和跟踪监视，常选用不锈钢、镍钛合金或钴铬合金的网状支架。

5.13.3 生物医用陶瓷材料

生物医用陶瓷材料由各种生物相容性良好的氧化物、碳化物、硅化物等组成，常见的生物医用陶瓷材料有氧化铝、氧化锆、碳化硅、氮化硅、硅酸盐、羟基磷灰石、生物活性玻璃等。又可根据生物医用陶瓷材料与生物体的反应特性，分为生物惰性陶瓷、生物活性陶瓷、生物吸收性陶瓷。世界各国已相继发展了各类用于人体硬组织的代用植入陶瓷材料，可以广泛用于骨科、整形外科、牙科、口腔外科、心血管外科、眼外科等方面。如氧化铝是最常用的生物惰性陶瓷，具有高强度、高耐磨、化学稳定性和耐腐蚀性好等特点，克服了生物医用金属材料存在的溶析、腐蚀和疲劳等问题，以及塑料稳定性差、强度低等问题，因而在骨科、牙科、五官科骨缺损修复上得到广泛应用。此外，生物活性玻璃是一类兼具生物相容性和生物降解性的陶瓷材料，在生物体内可与体液发生反应生成类骨羟基磷灰石，并可逐渐降解吸收，常用于骨填充、骨植入体、骨科和牙科器械表面改性等。与天然骨比较，生物活性玻璃韧性较差，易脆断，在生理环境中抗疲劳性能较差，目前还不能直接用于承力较大的人工骨。

因外伤、肿瘤及其他眼科致盲疾病有时需要摘除眼球，其后如不及时填充材料就会造成眼窝塌陷，严重影响患者的容颜及身心健康。传统的硅胶球、陶瓷和玻璃球等填充材料植入人体后，不易被机体接受，易发生排斥反应，且不能活动。1985年，美国设计发明了用与人体骨骼的化学和物理结构相似的羟基磷灰石（HA）制作义眼台，即眼球摘除术后进行眼窝修补的植入性填充物，由此大大扩展了生物医用陶瓷材料的应用前景。人工制备羟基磷灰石义眼台的多孔物理结构孔孔相通，非常接近人骨物质；植入后人体的组织纤维、血管甚至骨细胞可自由长入。因此，这种义眼台的组织相容性好、质量

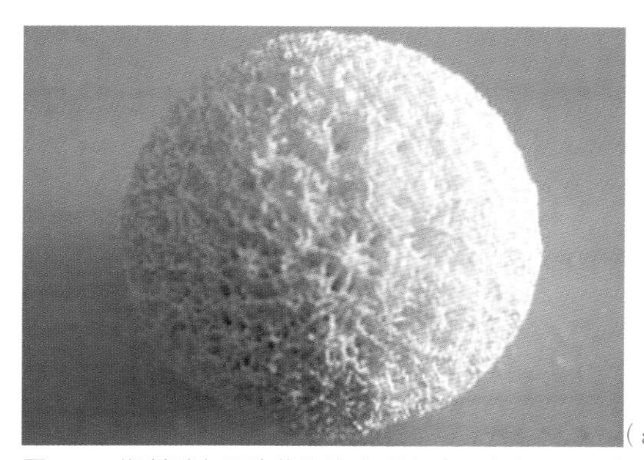
（a）

（b）

图5.59　羟基磷灰石生物陶瓷义眼台（王庆良，2010）

轻、无刺激性、化学性质稳定、可生殖出血管、无毒、不排异、眼窝凹陷部充盈、可侧眼转动、可一次植入终身受益，已被广泛用于矫正眼球摘除术后眼眶凹陷畸形。

5.13.4 生物医用高分子材料

生物医用高分子材料是生物医用材料中发展最早、应用最广泛、用量最大的材料，也是一类正在迅速发展的材料。它既可以来源于天然产物，又可以人工合成。此类材料除应满足一般的物理、化学性能要求外，还须具有足够好的生物相容性。根据不同的来源，生物医用高分子材料可分为天然医用高分子材料、人工合成高分子材料、天然生物组织与器官等。按照不同的性质，生物医用高分子材料可分为非降解型和可降解型两类。对于前者，要求其在生物环境中能长期保持稳定，不发生降解等化学反应或物理磨损等，并具有良好的力学性能。对于后者，则要求其在体内逐渐降解，同时降解产物能被机体吸收代谢，并通过排泄系统排出体外，不对人体健康产生影响。根据使用的目的或用途，生物医用高分子材料还可分为心血管系统、软组织或硬组织修复材料等。生物医用高分子材料可满足人体组织器官的大部分要求，因而在医学上受到广泛重视。目前已有数十种高分子材料用于人体的植入材料。例如聚乙烯膜、聚四氟乙烯膜、硅橡胶膜和管，可用于制造人工肺、人工肾、人工心脏、人工喉头、人工气管、人工胆管、人工角膜；聚酯纤维可用于制造血管、腹膜等。硬组织材料包括丙烯酸高分子（即骨水泥）、聚碳酸酯、超高相对分子质量聚乙烯、聚甲基丙烯酸甲酯（PMMA）、尼龙、硅橡胶等，可用于制造人工骨和人工关节。可降解材料包括具有生物降解特性的脂肪族聚酯，多用于手术缝线、可吸收骨板、组织工程支架材料等。

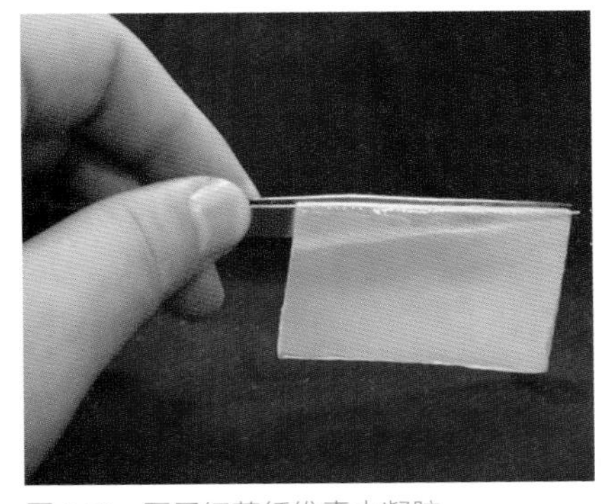

图 5.60 医用细菌纤维素水凝胶

医学中的凝胶材料常指溶液中的高分子链在一定条件下互相连接形成空间网状结构，且结构空隙中充满了大量作为分散介质的液体，其整体几乎无流动性。生物医用水凝胶是一种以水为分散介质的高分子网络体系，性质柔软，能保持一定的形状；在水中吸收大量的水分后体积会增大，并继续保持其原有结构而不被溶解。医用水凝胶这种特性与生命组织材料类似，表现出良好的生物相容性和适当的力学性能。医用水凝胶比其他任何合成生物材料都接近活体组织，它在性质上类似于细胞外基质部分，吸水后可减少对周围组织的摩擦和机械损伤，显著改善材料的生物学性能。水凝胶在生物医药、组织工程等方面得到了广泛应用，如可作为组织填充剂、药物缓释剂、接触眼镜、人工血浆、人造皮肤、组织工程支架材料等。

思考题

1. 观察周围环境，哪些属于高技术新结构材料？它们发挥什么特殊性能？
2. 观察周围环境，哪些属于高技术新功能材料？它们发挥什么特殊性能？
3. 认识所能接触到的一种高技术新材料，探讨其发展历史和相关原理。
4. 设想一种能满足人类社会发展需求的高技术新材料，并探讨其制造技术。

参考文献

- 埃德蒙顿. 2013. 极光梦境. 新经济，(3): 30-31.
- 陈光华，张阳. 2004. 金刚石薄膜的制备与应用. 化学工业出版社.
- 陈国邦. 2003. 最新低温制冷技术. 机械工业出版社.
- 大塚泰一郎，橋本巍洲. 1984. 磁気冷凍. 未踏加工技術協会.
- 董振超，张杨，陶兴，杨金龙，侯建国. 2009. 扫描隧道显微镜诱导发光的历史和进展. 科学通报，54(8): 984-998.
- 高亚宁，冯坤仑. 2008. 中日东海油田开发的国际法探讨. 今日南国，(6): 151，159.
- 郭仁玮. 2010. 利用聚合物稳定胆甾相液晶制备宽波反射薄膜的研究. 北京科技大学博士学位论文.
- 贺潇. 2012. 国产支架多仿制，过度医疗属个别. 新京报，2012.3.27.

刘永锋. 2011. 高容量储氢材料的研究进展. 自然杂志，33 (1): 19−26.

路凤香. 2008. 金伯利岩与金刚石. 自然杂志，30 (2): 63−66.

罗祥林. 2010. 功能高分子材料. 化学工业出版社.

马如璋，蒋民华，徐祖雄. 1999. 功能材料概论. 冶金工业出版社.

毛丰昕. 2006. 高速公路金属护栏的选材与改进. 金属世界，(5): 47−49.

毛卫民. 2009. 工程材料学原理. 高等教育出版社.

毛卫民，朱景川，郦剑，龙毅，范群成. 2007. 金属材料结构与性能. 清华大学出版社.

钱志清. 2012. 当A380成为一种新的交通方式. 国际经济合作/中国民用航空，(7): 94.

汤文权. 1990. 东海陆架盆地石油天然气资源的开发利用前景. 科技通报，6 (6): 305−310.

田莳. 2001. 材料物理性能. 北京航空航天大学出版社.

王冬梅. 2008. 磁致伸缩测量仪的研制与测定. 吉林大学硕士学位论文.

王良御，廖松生. 1988. 液晶化学. 科学出版社.

王庆良. 2010. 羟基磷灰石仿生陶瓷及其生物摩擦学研究. 中国矿业大学出版社.

吴健，郑裕东，刘向阳，何欣扬. 2011. 医用敷料产业发展现状及前景分析与探讨. 新材料产业，(10): 71−76.

闫慧忠. 2012. 储氢材料产业现状及发展. 高技术与产业化，(8): 68−71.

张立德，牟季美. 2001. 纳米材料和纳米结构. 科学出版社.

张晓芳，钟全林，邵秀英，陈世发. 2008. 中日东海石油之争及对我国的启示. 世界地理研究，17 (3): 43−49.

赵敏寿，孙长英. 1996. 稀土金属间化合物磁蓄冷材料. 稀有金属，20 (6): 467−471.

赵新兵，凌国平，钱国栋. 2006. 材料的性能. 高等教育出版社.

郑玉峰，李莉. 2009. 生物医用材料学. 西北工业大学出版社.

周寿增，高学绪. 2006. 稀土巨磁致伸缩材料. 见：中国材料工程大典. 第12卷. 化学工业出版社：663−694.

朱宏喜，毛卫民，冯惠平，吕反修. 2007. 甲烷浓度对CVD金刚石薄膜晶体学生长过程的影响. 无机材料学报，22 (3), 570−576.

Askeland D R, Phulé P P. 2004. The Science and Engineering of Materials, II. 4th. Ed. Thomson Learning.

- Autumn K, Liang Y A, Hsieh S T, Zesch W, Chan W P, Kenny T W, Fearing R, Full R J. 2000. Adhesive force of a single gecko foot-hair. Nature, 405: 681-684.
- Autumn K, Majidi C, Groff R E, Dittmore A, Fearing R. 2006. Effective elastic modulus of isolated gecko setal arrays. The Journal of Experimental Biology, 209: 3558-3568.
- Bae S, Kim H, Lee Y, Xu X, Park J S, Zheng Y, Balakrishnan J, Lei T, Kim H R, Song Y I, Kim Y J, Kim K S, Ozyilmaz B, Ahn J H, Hong B H, Iijima S. 2010. Roll-to-roll production of 30-inch graphene films for transparent electrodes. Nature Nanotechnology, 5(8): 574-578.
- BP Statistical Review of World Energy, June 2013(www.bp.com)
- Clark A E, Abbundi R, Gillmor W R. 1978. Magnetization and magnetic anisotrophy of $TbFe_2$, $DyFe_2$, $Tb_{0.27}Dy_{0.73}Fe_2$ and $TmFe_2$. IEEE Transactions on Magnetics, 14(5): 542-544.
- de Waele A T A M. 2011. Basic operation of cryocoolers and related thermal machines. Journal of Low Temperature Physics, 164: 179-236.
- Ding L, Teng J, Zhan Q, Feng C, Li M, Han G, Wang L, Yu G, Wang S. 2009.Enhancement of the magnetic field sensitivity in Al_2O_3 encapsulated NiFe films with anisotropic magnetoresistance. Applied Physics Letters, 94(16): 162506/1-3.
- Dung N H, Zhang L, Ou Z Q, Brück E. 2012. Magnetoelastic coupling and magnetocaloric effect in hexagonal Mn-Fe-P-Si compounds. Scripta Materialia, 67(12): 975-978.
- Eigler D M, Schweizer E K. 1990. Positioning single atoms with a scanning tunneling microscope. Nature, 344: 524-526.
- Feng C, Liu K, Wu J, Liu L, Cheng J, Zhang Y, Sun Y, Li Q, Fan S, Jiang K. 2010.Flexible, stretchable, transparent conducting films made from superaligned carbon nanotubes. Advanced Functional Materials, 20: 885-891.
- Fujieda S, Fujita A, Fukamichi K. 2002. Large magnetocaloric effect in La $(Fe_xSi_{1-x})_{13}$ itinerant-electron metamagnetic compounds. Applied Physics Letters, 81: 1276-1278.
- Geim A K, Novoselov K S. 2007. The rise of graphene. Nature Materials, 6: 183-191.
- Guruswamy S, Srisukhumbowornchai N, Clark A E, Restoff J B, Wun-Fogle M. 2000. Strong, ductile, and low-field-magnetostrictive alloys based on Fe-Ga. Scripta Materialia, 43(3): 239-244.
- Hu J, Guan L, Fu S, Sun Y, Long Y. 2014. Corrosion and latent heat in thermal cycles

for La(Fe, Mn, Si)$_{13}$ magnetocaloric compounds. Journal of Magnetism and Magnetic Materials, 354: 336-339.

Iijima S. 1991. Helical microtubules of graphitic carbon. Nature, 354: 56-58.

Iwauchi K, Kita Y, Koizumi N. 1980. Magnetic and dielectric properties of Fe_3O_4. Journal of the Physical Society of Japan, 49(4): 1328-1335.

Johansen T H, Bratsberg H, Riise A B, Mest H, Skjeltorp A T. 1994. Measurements and model calculations of forces between a magnet and granular high-Tc superconductor. Applied Superconductivity, 2(7-8): 535-548.

Kitzerow H S. 2006. Blue phases at work. ChemPhysChem, 7(1): 63-66.

Lee C, Wei X, Kysar J W, Hone1 H. 2008. Measurement of the elastic properties and intrinsic strength of monolayer graphene. Science, 321: 385-388.

Li J, Gao X, Xie J, Zhu J, Bao X, Yu R. 2012. Large magnetostriction and structural characteristics of $Fe_{83}Ga_{17}$ wires. Physica B, 407(8): 1186-1190.

Lü F X, Tang W Z, Huang T B, Liu J M, Song J H, Yu W X, Tong Y M. 2001. Large area high quality diamond film deposition by high power DC arc plasma jet operating at gas recycling mode. Diamond and Related Materials, 10, 1551-1558.

Lutjering G, Williams J C. 2011. 钛. 第2版. 雷霆，杨晓源，方树铭，译. 冶金工业出版社.

Morris E R,Williams Q. 1997. Electrical resistivity of Fe_3O_4 to 48 GPa, compression-induced changes in electron hopping at mantle pressures. Journal of Geophysical Research, 102(B8): 18,139-18,148.

Nair R R, Blake P, Grigorenko A N, Novoselov K S, Booth T J, Stauber T, Peres N M R, Geim A K. 2008. Fine structure constant defines visual transparency of grapheme. Science, 320: 1308.

Park W I, Yi G C, Kim J W, Park S M. 2003. Schottky nanocontacts on ZnO nanorod arrays. Applied Physics Letters, 82(24): 4358-4360.

Qin Y, Wang X, Wang Z L. 2008. Microfibre-nanowire hybrid structure for energy scavenging. Nature, 451: 809-813.

Shulaker M M, Hills G, Patil N, Wei H, Chen H Y, Wong H S P, Mitra S. 2013. Carbon nanotube computer. Nature, 501: 526-530.

- Smith W F, Hashemi J. 2006. Foundations of Materials Science and Engineering. 4th. Ed. McGraw-Hill Companies Inc.
- Sussmann R S. 1993. A new diamond material for optics and electronics. Industrial Diamond Review, 53(2): 63-68.
- Xiao L, Chen Z, Feng C, Liu L, Bai Z, Wang Y, Qian L, Zhang Y, Li Q, Jiang K, Fan S. 2008. Flexible, stretchable, transparent carbon nanotube thin film loudspeakers. Nano Letters, 8(12): 4539-4545.
- Xue X, Wang S, Guo W, Zhang Y, Wang Z L. 2012. Hybridizing energy conversion and storage in a mechanical-to-electrochemical process for self-charging power cell. Nano Letters, 12: 5048-5054.
- Yang Z J, Johansen T H, Bratsberg H, Bhatnagar A, Skjeltorp A T. 1992. Lifting forces acting on a cylindrical magnet above a superconducting plane. Physica C, Superconductivity, 197(1-2): 136-146.
- Zimm C, Auringer J, Boeder A, Chell J, Russek S, Sternberg A. 2007. Design and initial performance of a magnetic refrigerator with a rotating permanent magnet. In: Proceedings of 2nd International Conference on Magnetic Refrigeration at Room Temperature.Portoroz, Slovenia, 341-347.
- http://cn.best-wallpaper.net/F-35-fighter-in-blue-sky_2560x1600.html
- http://dl.zhishi.sina.com.cn/upload/06/08/30/1403060830.1443971311.jpg
- http://solarsystem.nasa.gov/rps/rtg.cfm
- http://www.ce.cn/aero/201304/03/t20130403_21460699.shtml
- http://www.controlglobal.com/blogs/soundoff/power-scavenging-strikes-again/
- http://www.jingme.net/content/2012-10/23/content_7316032.htm
- http://www.lanternnet.com/lanterns_lufo.html
- http://zh.wikipedia.org/wiki/File:Graphen.jpg

名词索引

图书在版编目（CIP）数据

材料与人类社会：材料科学与工程入门 / 毛卫民编著. -- 北京：高等教育出版社，2014.10
（材料科学与工程著作系列）
ISBN 978-7-04-040807-2

Ⅰ. ①材… Ⅱ. ①毛… Ⅲ. ①材料科学 - 关系 - 社会发展 - 研究 Ⅳ. ①TB3 ②K02

中国版本图书馆CIP数据核字（2014）第190452号

策划编辑 刘剑波
责任编辑 刘剑波
封面设计 王凌波
版式设计 王凌波
责任校对 刘丽娴
责任印制 朱学忠

出版发行 高等教育出版社
社　　址 北京市西城区德外大街4号
邮政编码 100120
印　　刷 北京信彩瑞禾印刷厂
开　　本 787mm × 1092mm　1/16
印　　张 18.25
字　　数 270千字
购书热线 010-58581118
咨询电话 400-810-0598
网　　址 http://www.hep.edu.cn
　　　　 http://www.hep.com.cn
网上订购 http://www.landraco.com
　　　　 http://www.landraco.com.cn
版　　次 2014年10月第1版
印　　次 2014年10月第1次印刷
定　　价 59.00元

物 料 号 40807-00